高等职业教育建筑工程技术专业
精 品 系 列 教 材

GONGCHENG CELIANG

工程测量

主　编/姚锡伟　许　翊
副主编/唐　勇　黄　勇
　　　　刘　涛　唐崇凯
主　审/骆志勇

重庆大学出版社

内容提要

本书由9个项目共32个任务组成，分为两大部分。第1部分：项目1到项目5为基本测量工具的认知和测量基本原理部分，主要介绍测量常规仪器的构造及使用，高程、平面、地形图测量基本理论，测量基本工作及测量误差的基本知识；第2部分：项目6到项目9为应用部分，即应用测量原理和测量设备解决工程问题，主要介绍建筑工程的定位、放线及基础施工测量、墙体施工测量、高层建筑施工测量，道路中线测量、纵横断面测量及施工测量，水利工程施工控制网布设、混凝土重力坝放样、渠道测量、隧洞施工测量，建筑物变形观测等。本书配有配套用书《工程测量实训指导》。

本书内容力求理论联系实际，将传统测量技术与现代测绘科技相结合，增加了现代测绘技术如GPS技术和数字化测绘技术以及全站仪测量技术在工程建设中的应用。

本书可作为高职高专院校建筑工程类、水利工程类、交通工程类、工程管理类、农林类、建筑学、城市规划、环境工程等专业的教材，也可供相关工程技术人员参考使用。

图书在版编目(CIP)数据

工程测量/姚锡伟，许翊主编.—重庆：重庆大学出版社，2015.8(2021.7重印)
高等职业教育建筑工程技术专业精品系列教材
ISBN 978-7-5624-9235-1

Ⅰ.①工… Ⅱ.①姚… ②许… Ⅲ.①工程测量—高等职业教育—教材 Ⅳ.①TB22

中国版本图书馆CIP数据核字(2015)第142450号

高等职业教育建筑工程技术专业精品系列教材
工程测量
主 编 姚锡伟 许 翊
副主编 唐 勇 黄 勇
刘 涛 唐崇凯
主 审 骆志勇
责任编辑：刘颖果 版式设计：刘颖果
责任校对：关德强 责任印制：赵 晟
*
重庆大学出版社出版发行
出版人：饶帮华
社址：重庆市沙坪坝区大学城西路21号
邮编：401331
电话：(023) 88617190 88617185(中小学)
传真：(023) 88617186 88617166
网址：http://www.cqup.com.cn
邮箱：fxk@cqup.com.cn (营销中心)
全国新华书店经销
POD：重庆新生代彩印技术有限公司
*
开本：787mm×1092mm 1/16 印张：14.5 字数：344千
2015年8月第1版 2021年7月第2次印刷
ISBN 978-7-5624-9235-1 定价：39.00元

前言

20 世纪 80 年代以来，人造卫星、计算机、电磁波测距、遥感等高新技术的迅速发展及在测绘领域的应用，使得测绘科技获得了前所未有的发展速度，一跃成为现代信息科学的重要组成部分之一。

“工程测量”是高等职业教育土建类建筑工程技术专业的一门重要的专业基础课，重点学习工程测量的基本知识、测量仪器的使用、工程实地测设以及施工测量和变形测量等内容。本课程与“建筑施工技术”、“道路工程勘测”、“路基路面施工”、“高层建筑施工”、“水工建筑物”等课程联系密切，对培养学生的专业和岗位能力具有重要作用。

本书以高职高专土建类专业培养高端技能型专门人才目标为指导，依据“立足使用、打好基础、强化能力”的教学原则，结合高职教育教学特点编写。为使本书更具先进性和实用性，编写人员多次深入施工现场进行调研，与现场施工技术人员进行探讨，征求了部分测绘单位和施工单位专家的意见，对一些测绘新仪器、新技术和新方法作了相应的介绍，以便学生今后更快、更好地使用这些技术。同时，在编写思路上采用“一体化（实训）工作任务单”的方式统筹了教材内容。

本书依据《工程测量规范》（GB 50026—2007）、《国家三、四等水准测量规范》（GB/T 12898—2009）、《建筑变形测量规范》（JGJ 8—2007）、《全球定位系统（GPS）测量规范》（GB/T 18314—2009）、《国家基本比例尺地图图式》（GB/T 20257.1—2007）进行编写。本教材共分 9 个项目：项目 1 测绘基础知识、项目 2 高程控制测量、项目 3 平面控制测量、项目 4 地形图的测绘与应用、项目 5 地面点的测设、项目 6 建筑工程测量、项目 7 道路工程测量、项目 8 水利工程测量、项目 9 建筑物变形观测。在实际教学活动中可以结合各专业方向进行选择。

本书由姚锡伟主持编写并完成全书的统稿工作，具体分工为：姚锡伟编写项目 1、项目 5、项目 9，许翊编写项目 2、项目 3，唐崇凯编写项目 4，唐勇编写项目 6，刘涛编写项目 7，黄勇编写项目 8。此外，骆志勇参与了本书大纲的制订及书稿审核工作，并提出了宝贵的修改意见。

本书内容深入而具体，不仅可满足建筑工程、道桥工程、水利工程、农林类、建筑学、城市规划、环境工程、工程管理、工程监理等专业“工程测量”课程教学的需要，对于从事工程实践的专业技术人员也有一定的参考价值。

本书在编写过程中参阅了大量的文献，并引用了其中的一些资料，在此谨向有关作者表示衷心的感谢！此外，重庆大学出版社为本书的出版做了大量工作，其专业水平及敬业精神令人印象深刻，在此深表谢意！

尽管本书作者在编写本书的过程中，倾注了极大的热情，付出了艰辛的劳动，但是受专业水平局限，教材中仍可能存在一些错误和不足，恳请各教学单位和读者在使用本教材时多提宝贵意见，以便下次修订时改进。

编　者

2015 年 6 月 10 日

目录

项目1　测绘基础知识 …… 1
任务1.1　测量学发展概况 …… 1
任务1.2　工程测量学的发展展望 …… 7
任务1.3　测量基础 …… 9
任务1.4　测量误差 …… 25
练习与思考题 …… 35
项目2　高程控制测量 …… 36
任务2.1　认识水准仪 …… 36
任务2.2　普通水准测量 …… 43
任务2.3　三、四等水准测量 …… 50
练习与思考题 …… 53
项目3　平面控制测量 …… 55
任务3.1　认识经纬仪 …… 55
任务3.2　水平角观测 …… 60
任务3.3　距离测量和直线定向 …… 63
任务3.4　导线测量 …… 73
任务3.5　全站仪坐标测量 …… 80
任务3.6　GPS测量技术 …… 89
练习与思考题 …… 94
项目4　地形图的测绘与应用 …… 97
任务4.1　地形图的基本知识 …… 97
任务4.2　地形图测绘 …… 103
任务4.3　地形图的应用 …… 120
练习与思考题 …… 131
项目5　地面点的测设 …… 135
任务5.1　地面点的测设 …… 135
任务5.2　GPS-RTK放样平面点位置 …… 142
练习与思考题 …… 146

项目6　建筑工程测量 ······ 147
任务6.1　建筑物的定位 ······ 147
任务6.2　建筑物的放线 ······ 150
任务6.3　建筑物基础施工测量 ······ 151
任务6.4　墙体施工测量 ······ 153
任务6.5　高层建筑施工测量 ······ 154
练习与思考题 ······ 157

项目7　道路工程测量 ······ 158
任务7.1　中线测量 ······ 158
任务7.2　纵横断面测量 ······ 174
任务7.3　道路工程施工测量 ······ 180
练习与思考题 ······ 185

项目8　水利工程测量 ······ 187
任务8.1　施工控制网 ······ 187
任务8.2　混凝土重力坝的放样 ······ 190
任务8.3　渠道测量 ······ 194
任务8.4　隧洞施工测量 ······ 199
练习与思考题 ······ 208

项目9　建筑物变形观测 ······ 209
任务9.1　建筑物变形观测 ······ 209
任务9.2　变形观测的成果分析 ······ 222
练习与思考题 ······ 225

参考文献 ······ 226

项目1 测绘基础知识

工程测量学是一门历史悠久的学科,是从人类生产实践中逐渐发展起来的。在古代,它与测量学并没有严格的界限。到近代,随着工程建设的大规模发展,才逐渐形成了工程测量学。

任务1.1 测量学发展概况

1.1.1 我国古代测量学的成就

我国是世界文明古国,由于生活和生产的需要,测量工作开始得很早,在测量方面也取得了辉煌的成就。

①长沙马王堆三号墓出土的西汉时期长沙国地图——世界上发现的最早的军用地图(图1.1)。

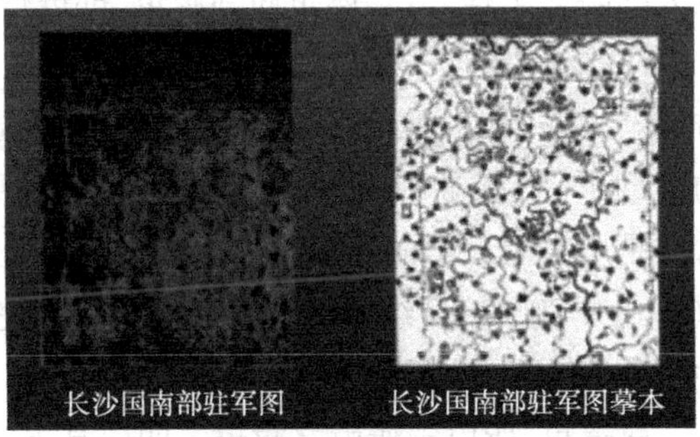

图1.1 长沙马王堆三号墓出土的西汉时期长沙国地图

注:世界上现存最古老的地图是在古巴比伦北部的加苏古巴城(今伊拉克境内)发掘的刻在陶片上的地图。图上绘有古巴比伦城、底格里斯河和幼发拉底河。大约是公元前2 500年刻制的,距今4 000余年了。

②地形图测绘。清朝康熙年间,1718年完成了世界上最早的地形图之一《皇与全图》。在清朝康、雍、乾三位皇帝的先后主持下,自康熙十七年至乾隆二十五年,是中国大地测量工作取得辉煌成就,绘制全国地图、省区地图和各项专门地图最多的兴盛时期,亦是世界测

绘史上中外人士合作的先例,在1 000余万平方千米的中国大陆上完成了大规模三角测量的宏伟业绩。

③水利工程测量。司马迁在《史记》中对夏禹治水有这样的描述:“陆行乘车,水行乘船,泥行乘橇,山行乘撵,左准绳,右规矩。载四时,以开九州,通九道,陂九泽,度九山。”这里所记录的就是当时的工程勘测情景,准绳和规矩就是当时所用的测量工具,准是可揆(kuí)平的水准器,绳是丈量距离的工具,规是画圆的器具,矩则是一种可定平、测长度、高度、深度和画圆、画矩形的通用测量仪器。早期的水利工程多为河道的疏导,以利防洪和灌溉,其主要的测量工作是确定水位和堤坝的高度。

秦代李冰父子领导修建的都江堰水利枢纽工程,曾用一个石头人来标定水位,当水位超过石头人的肩时,下游将受到洪水的威胁;当水位低于石头人的脚背时,下游将出现干旱。这种标定水位的办法与现代水位测量的原理完全一样。北宋时,沈括为了治理汴渠,测得“京师之地比泗州凡高十九丈四尺八寸六分”,就是水准测量的结果。

④道路工程测量。战国时期修筑的午道,公元前210年秦始皇修建的“堑山堙谷,千八百里”直道,古罗马构筑的兵道,以及公元前218年欧洲修建的通向意大利的“汉尼拔通道”等,都是著名的军用道路。修建中应用了测量工具进行地形勘测、定线测量和隧道定向开挖测量。

⑤地籍测量。我国的地籍管理和土地测量最早出现在殷周时期,秦、汉过渡到私田制。隋唐实行均田制,建立户籍册。宋朝按乡登记和清丈土地,出现地块图。到了明朝洪武四年,全国进行土地大清查和勘丈,编制的鱼鳞图册是世界上最早的地籍图册。

⑥施工测量。唐代李筌指出“以水佐攻者强……先设水平测其高下,可以漂城,灌军,浸营,败将也”,说明测量地势高低对军事成败的作用。中华民族伟大象征的万里长城修建于秦汉时期,这一规模巨大的防御工程,从整体布局到修筑,都进行了详细的勘察测量和施工放样工作。

⑦地图制图。裴秀根据“六军所经,地域远近,山川险易,征路迂直”,校验了魏国留下的旧图,并在门客京相的帮助下,编制了中国最早的地图集——《禹贡地域图》《地形方丈图》。《禹贡地域图》18篇,是历史上最早的地图集。这些地图都是一丈见方,按“一分为十里,一寸为百里”的比例(即1∶1 800 000)绘制而成。这是当时最完备、最精详的地图。

《禹贡地域图》序言中说:“制图之体有六焉。一曰分率,所以辨广轮之度也。二曰准望,所以正彼此之体也。三曰道里,所以定所由之数也。四曰高下,五曰方邪,六曰迂直,此三者各因地而制宜,所以校夷险之异也。有图像而无分率,则无以审远近之。”

换言之,制图六体是指:

一分率:用于反映面积长宽之比例尺。(比例尺)

二准望:用于确定地貌地物彼此间的相互方位关系。(方位、坐标体系)

三道里:用以确定两地之间道路的距离。(距离、道路里程)

四高下:即相对高程(地势起伏)。高取下,下为水平直线距离。

五方邪:即地面坡度的起伏(倾斜角度)。方取斜,斜为直线距离。

六迂直:即实地高低起伏与图上距离的换算(河流、道路的曲直)。迂取直,直为直线距离。

制图六体是中国古代唯一的系统制图理论,直至今天,地图绘制考虑的主要问题除经纬线和投影外,裴秀几乎都扼要地提到了。它一直影响着清代以前中国传统的制图学,在中国地图学的发展史上具有划时代的意义,在世界地图学史上亦占有重要地位。

1.1.2　测绘仪器发展

(1)古代测量仪器

古代测量仪器的发展如图1.2至图1.7所示。

图1.2　司南——确定方向(公元前3世纪)

图1.3　浑天仪——测量天体球面坐标(张衡公元117年)

图1.4　地动仪——测量地震(张衡公元132年)

图1.5　记里鼓车——测量距离(公元400年)

图 1.6　简仪——测定天体方位（元朝郭守敬 1276 年）

图 1.7　望远镜（荷兰汉斯 1608 年）

(2)近代测量仪器

近代测量仪器的发展如图 1.8 至图 1.11 所示。

图 1.8　第一台经纬仪（英国西森 1730 年）

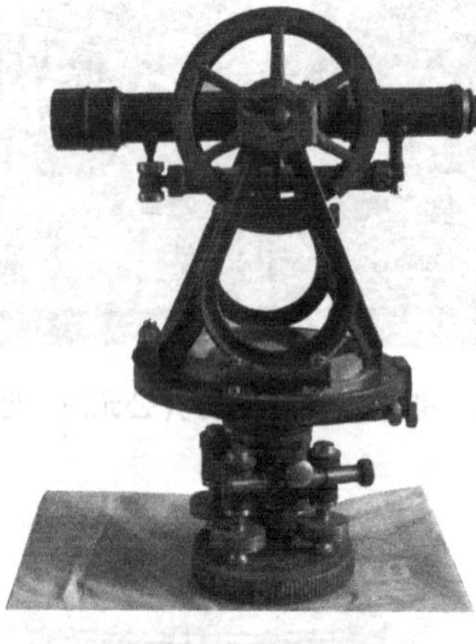

图 1.9　游标经纬仪（英国 1870 年）

图 1.10　玻璃度盘经纬仪（德国 1904 年）

图 1.11　威特 T2 型光学经纬仪（汉斯 1920 年）

(3)当代测量仪器

当代测量仪器的发展如图1.12至图1.15所示。

图1.12　光学经纬仪(20世纪40年代)

图1.13　编码电子经纬仪(20世纪60年代)

图1.14　工具型全站仪(TC1 1978年)

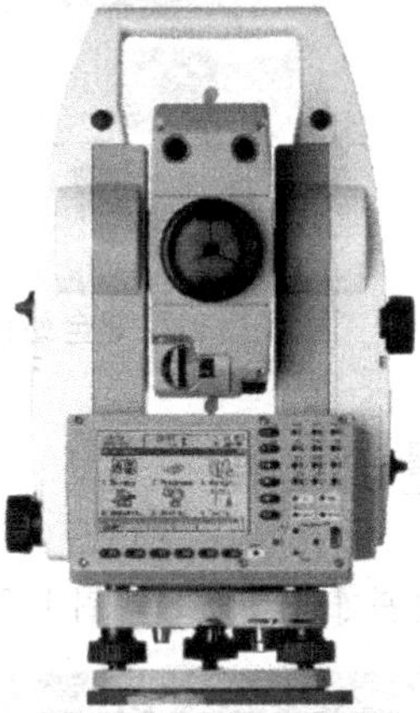

图1.15　电脑型全站仪(20世纪90年代)

(4)现代测量仪器

现代测量仪器的发展如图1.16至图1.19所示。

图1.16　自动激光准直仪

图1.17　全自动数字水准仪

图 1.18　陀螺全站仪

图 1.19　RTK

1.1.3　测量学发展

测量学的发展如图 1.20 至图 1.24 所示。

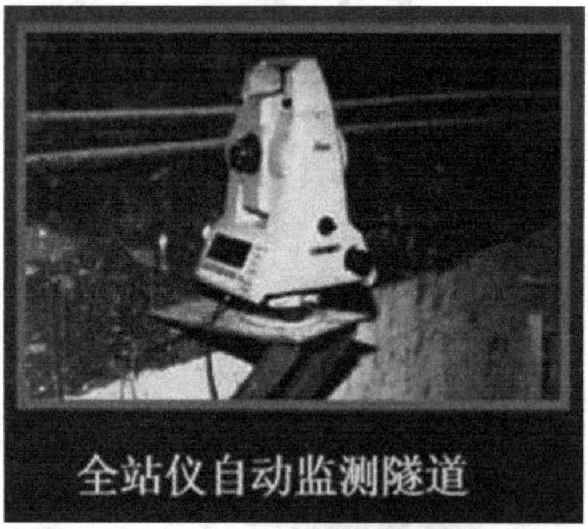

图 1.20　全站仪内外业一体化

图 1.21　全球定位系统 GPS
(Global Positioning System)

图 1.22　遥感 RS(Remote Sense)

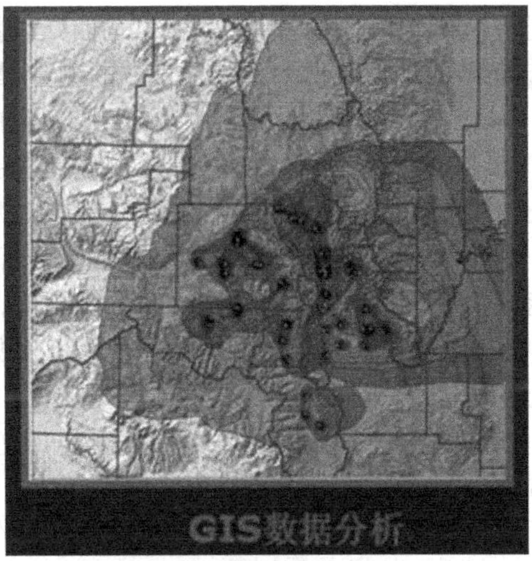

图 1.23　地理信息系统 GIS (Geographic Information System)

图 1.24　3S 技术的结合和数字地球(Digital Earth)

任务 1.2　工程测量学的发展展望

仪器的进步和测量精度的提高,使得工程测量的领域日益扩大,除了传统的工程建设三阶段的测量工作外,在地震观测、海底探测、巨型机器、车床、设备的荷载试验、高大建筑物(电视发射塔、冷却塔)变形观测、文物保护,甚至在医学上和罪证调查中,都应用了最新的精密工程测量仪器和方法。1964 年,国际测量师联合会(FIG)为了促进和繁荣工程测量,成立了工程测量委员会(第六委员会)。从此,工程测量学在国际上作为一门独立的学科开展活动。

现代工程测量已经远远突破了为工程建设服务的狭窄概念,而向所谓的"广义工程测量学”发展。苏黎世高等工业大学马西斯教授指出：“**一切不属于地球测量，不属于国家地图集范畴的地形测量和不属于官方的测量，都属于工程测量。**”

从工程测量学的发展历史可以看出，它的发展经历了一条从简单到复杂，从手工操作到测量自动化，从常规测量到精密测量的发展道路。它的发展始终与当时的生产力水平相同步，并且能够满足大型特种精密工程中对测量所提出的越来越高的需求。

工程测量的发展趋势和特点可概括为：测量内外业作业的一体化；数据获取及处理的自动化；测量过程控制和系统行为的智能化；测量成果和产品的数字化；测量信息管理的可视化；信息共享和传播的网络化。现代工程测量发展的特点可概括为：精确、可靠、快速、简便、连续、动态、遥测、实时。

测量内外业作业的一体化系指测量内业和外业工作已无明确的界限，过去只能在内业完成的事情现在在外业可以很方便地完成。测图时可在野外编辑修改图形，控制测量时可在测站上平差和得到坐标，施工放样数据可在放样过程中随时计算。

数据获取及处理的自动化主要指数据的自动化流程。电子全站仪、电子水准仪、GPS接收机都是自动化地进行数据获取，大比例尺测图系统、水下地形测量系统、大坝变形监测系统等都可实现或都已实现数据获取及处理的自动化。用测量机器人还可实现无人观测即测量过程的自动化。

测量过程控制和系统行为的智能化主要指通过程序实现对自动化观测仪器的智能化控制。

测量成果和产品的数字化是指成果的形式和提交方式，只有数字化才能实现计算机处理和管理。

测量信息管理的可视化包含图形可视化、三维可视化和虚拟现实等。

信息共享和传播的网络化是在数字化基础上进一步锦上添花，包括在局域网和国际互联网上实现。

从整个学科的发展来看，精密工程测量的理论技术与方法、工程的形变监测分析与灾害预报、工程信息系统的建立与应用是工程测量学研究的三个主要方向。

展望未来，工程测量学在以下方面将得到显著发展：

①测量机器人将作为多传感器集成系统在人工智能方面得到进一步发展，其应用范围将进一步扩大，影像、图形和数据处理方面的能力进一步增强。

②在变形观测数据处理和大型工程建设中，将发展基于知识的信息系统，并进一步与大地测量、地球物理、工程与水文地质以及土木建筑等学科相结合，解决工程建设中以及运行期间的安全监测、灾害防治和环境保护的各种问题。

③工程测量将从土木工程测量、三维工业测量扩展到人体科学测量，如人体各器官或部位的显微测量和显微图像处理。

④多传感器的混合测量系统将得到迅速发展和广泛应用，如GPS接收机与电子全站仪或测量机器人集成，可在大区域乃至国家范围内进行无控制网的各种测量工作。

⑤GPS、GIS技术将紧密结合工程项目，在勘测、设计、施工管理一体化方面发挥重大作用。

⑥大型和复杂结构建筑、设备的三维测量、几何重构以及质量控制将是工程测量学发展的一个热点。固定式、移动式、车载、机载三维激光扫瞄仪将成为快速获取被测物体乃至

地面建筑物、构筑物及地形信息的重要仪器。

⑦数据处理中数学物理模型的建立、分析和辨识将成为工程测量学专业教育的重要内容。

综上所述，工程测量学的发展主要表现在从一维、二维到三维乃至四维，从点信息到面信息获取，从静态到动态，从后处理到实时处理，从人眼观测操作到机器人自动寻标观测，从大型特种工程到人体测量工程，从高空到地面、地下以及水下，从人工量测到无接触遥测，从周期观测到持续测量。测量精度从毫米级到微米乃至纳米级。一方面，随着人类文明的进展，对工程测量学的要求越来越高，服务范围不断扩大；另一方面，现代科技新成就，为工程测量学提供了新的工具和手段，从而推动了工程测量学的不断发展。而工程测量学的发展又对改善人们的生活环境，提高人们的生活质量起重要作用。

任务1.3 测量基础

1.3.1 测量学的任务、分类和作用

1)测量绘学的任务和分类

测绘是指对自然地理要素或者地表人工设施的形状、大小、空间位置及其属性等进行测定、采集、表述以及对获取的数据、信息、成果进行处理和提供的活动。

测量学是一门研究地球的形状、大小以及确定地面（包括空中、地下和海底）点位的科学。它的任务包括测绘和测设两个部分。

测绘：是指使用测量仪器和工具，通过观测和计算，得到一系列测量数据，把地球表面的地形按一定比例尺缩绘成地形图，供经济建设、规划设计、科学研究和国防建设使用，测绘也称测定。

测设：是指把图纸上规划设计好的建筑物、构筑物的位置用测量方法标定在地面上，作为施工的依据，测设也称放样。

按照研究的范围、研究对象及采用技术手段的不同，一般把测量学分为以下几大类：

(1)大地测量学

大地测量学是研究和确定地球的形状、大小、重力场、整体与局部运动和地表面点的几何位置以及它们的变化理论和技术的学科。现代大地测量学包括三个基本分支：几何大地测量学、物理大地测量学和空间大地测量学。

(2)摄影测量与遥感学

摄影测量与遥感学是研究利用电磁波传感器获取目标物的影像数据，从中提取语义和非语义信息，并用图形、图像和数字形式表达的学科。根据获得影像的方式及遥感距离的不同，又分为地面摄影测量学、航空摄影测量学和航天遥感测量学。

(3)地图学

地图学是研究模拟和数字地图的基础理论、设计、编绘、复制的技术方法以及应用的学科。

地图学由理论部分、制图方法和地图应用三部分组成。地图是测绘工作的重要产品形式。学科发展促使地图产品从模拟地图向数字地图转变,从二维静态向三维立体、四维动态转变。利用遥感技术获得的信息进行遥感图像制图,利用虚拟现实技术实现对现实环境的模拟,借助特殊装备可使用户有身临其境的感觉。计算机制图技术和地图数据库的发展,促使地理信息系统(GIS)产生。数字地图的发展及宽广的应用领域为地图学的发展和地图的应用展现出光辉的前景,使数字地图成为21世纪测绘工作的基础和支柱。

(4)工程测量学

工程测量学是研究工程建设和自然环境开发中,在规划、勘探设计、施工和运营管理各阶段进行的控制测量、大比例尺地形图测绘、不动产测量、施工放样、设备安装、变形监测及分析与预报等的理论和技术的学科。

工程测量学是一门应用学科,按其研究的对象可分为建筑工程测量、水利工程测量、公路工程测量、桥梁工程测量、铁路工程测量、矿山测量、输电线路与输油管道测量、隧道工程测量、港口工程测量、军事工程测量、城市建设测量以及三维工业测量、精密工程测量、工程摄影测量等。

(5)海洋测绘学

海洋测绘学是以海洋水体和海底为对象,研究海洋定位,测定海洋大地水准面和平均海水面、海底和海面地形、海洋重力、海洋磁力、海洋环境等自然和社会信息的地理分布及编制各种海图的理论和技术的学科。内容包括海洋大地测量、海道测量、海底地形测量和海图编制。

(6)地形测量学

地形测量学是研究地球表面较小区域内测绘工作的基本理论、技术、方法及应用的学科。地形测量学又称普通测量学或测量学。它是测绘各个专业的一门专业技术基础课。由于是在地球表面的一个小区域内进行测绘工作,地球半径较大,地球表面曲率较小,故可以把这块球面看做平面而不顾及地球曲率的影响。地形测量学的主要内容包括角度测量、距离测量、高程测量、控制测量、地形图测绘及地形图的应用。

2)测绘科学技术的地位和作用

测绘科学技术的应用范围非常广阔,测绘科学技术在国民经济建设、国防建设以及科学研究等领域都占有重要的地位。测绘工作者常被称为是社会发展规划中国民经济建设的"尖兵",不论是国民经济建设还是国防建设,其勘测、设计、施工、竣工及运营等阶段都需要测绘工作,而且都要求测绘工作"先行"。

测绘工作是一项精细而严谨的工作。测绘成果、成图质量的好坏对各项建设有着重大影响。我国幅员辽阔,物产丰富,建设事业蓬勃发展,测绘任务十分繁重。为了适应时代的发展和现代化测绘技术的需要,我们必须努力学习专业知识,勇于实践,培养刻苦钻研的良好学风;要树立同心协力,不畏艰辛,对人民高度负责任的思想作风;要发扬测绘技术人员真实、准确、细致、及时完成任务的优良传统,担负起艰辛而光荣的测绘使命,为祖国的现代化建设贡献力量。

1.3.2　地球的形状和大小

测量工作研究的主要对象是地球的自然表面(地球在长期的自然变化过程中形成的表面)及岩石圈的表面。它是一个形状极其复杂而又不规则的曲面。地面上有高山、丘陵、平原、江河、湖泊、海洋等。例如,我国西藏与尼泊尔交界处的珠穆朗玛峰高达 8 844.43 m,而在太平洋西部的马里亚纳海沟深达 11 022 m。不过,从整体来看,地面的起伏与地球的平均半径(约 6 371 000 m)相比是微不足道的。就像月亮上的环形山一样,虽然高达数千米,但我们从地球上看,月亮仍然是一个光滑而滚圆的球体。因此,仅从某一局部地区来推断,很难确定出地球的整体形状和大小。正所谓"横看成岭侧成峰,远近高低各不同。不识庐山真面目,只缘身在此山中。"

通过长期的测绘工作和科学调查,人们了解到地球表面上的海洋面积约占 71%,陆地面积约占 29%。我们可以把地球总的形状看成是一个被海水包围的形体,也就是设想一个静止的海水面(即没有波浪、无潮汐的海水面)向大陆内部延伸,最后包围起来的闭合形体。我们将海水在静止时的表面叫做**水准面(水在静止时的表面)**。水准面有无穷多个,其中一个与平均海平面重合并延伸到大陆内部,且包围整个地球的特定重力等位面叫做**大地水准面**,如图 1.25 所示。它是一个没有皱纹和棱角的、连续的封闭曲面。大地水准面是决定地面点高程的起算面。由大地水准面所包围的形体称为**大地体**,通常认为大地体可以代表整个地球的形状。

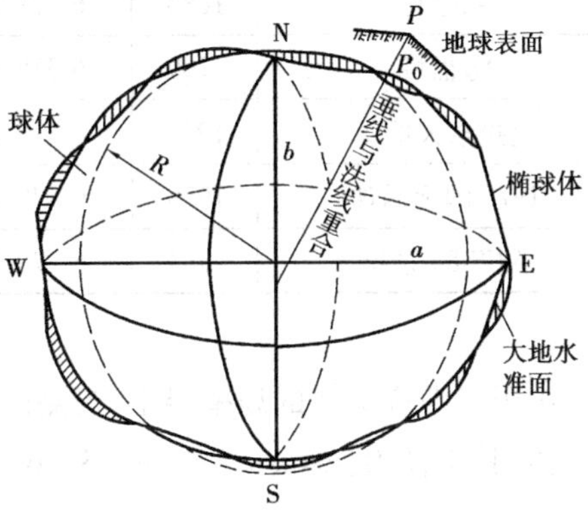

图 1.25　大地水准面示意图

水准面是一个曲面,通过水准面上某一点而与水准面相切的平面称为过该点的水平面。水平面有这样的物理特征:水准面处处都与其铅垂线方向相垂直。铅垂线方向又称为**重力方向**。

由于地球内部质量分布不均匀,致使地面上各点的铅垂线方向产生不规则变化,故大地水准面是一个不规则的无法用数学式表述的曲面,在这样的面上是无法进行测量数据的计算及处理的。因此人们进一步设想,用一个与大地体非常接近的又能用数学式表述的规则球体即旋转椭球体来代表地球的形状,它是由椭圆 NESW 绕短轴 NS 旋转而成。旋转椭球体的形状和大小由椭球基本元素确定,即

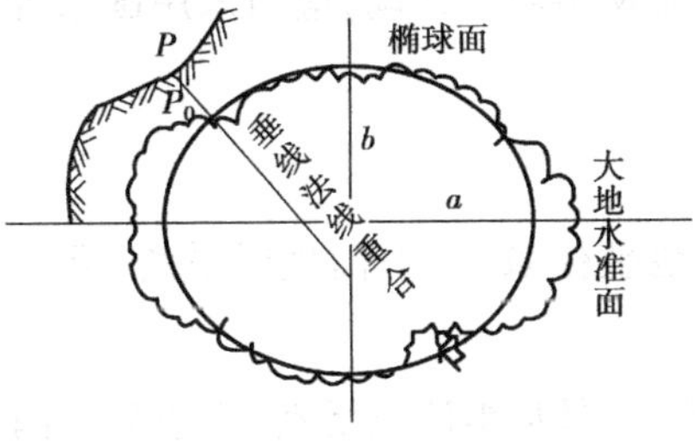

图 1.26　参考椭球定位

长半轴 a

短半轴 b

$$扁率\ \alpha = \frac{|a-b|}{a} \tag{1.1}$$

某一国家或地区为处理测量成果而采用与大地体的形状大小最接近,又适合本国或本地区要求的旋转椭球,这样的椭球体称为**参考椭球体**。确定参考椭球体与大地体之间的相对位置关系,称为椭

球体定位(图 1.26)。参考椭球体面只具有几何意义而无物理意义,它是严格意义上的测量计算基准面。

几个世纪以来,许多学者分别测算出了许多椭球体元素值,表 1.1 列出了几个著名的椭球体。我国的 1954 年北京坐标系采用的是克拉索夫斯基椭球,1980 国家大地坐标系采用的是 1975 国际椭球,而全球定位系统(GPS)采用的是 WGS-84 椭球。

表 1.1 地球椭球几何参数

椭球名称	年 份	长半轴 a/m	扁率 α	备 注
德兰布尔	1800	6 375 653	1:334.0	法国
白塞尔	1841	6 377 397.155	1:299.152 8128	德国
克拉克	1880	6 378 249	1:293.459	英国
海福特	1909	6 378 388	1:297.0	美国
克拉索夫斯基	1940	6 378 245	1:298.3	苏联
1975 国际椭球	1975	6 378 140	1:298.257	1975 国际第三个推荐值
WGS-84 系统	1984	6 378 137	1:298.257 223 563	美国国防部制图局(DMA)

由于参考椭球体的扁率很小,当测区面积不大时,在普通测量中,可把地球近似地看成圆球体,其半径为:$R=(a+a+b)/3=6\ 371\ \text{km}$。

1.3.3 测量坐标系

1)测绘基准

《测绘法》第八条规定:"国家设立和采用全国统一的大地基准、高程基准、深度基准和重力基准,其数据由国务院测绘行政主管部门审核,并与国务院其他有关部门、军队测绘主管部门会商后,报国务院批准。"

包含几层意思:一是国家设立全国统一的测绘基准;二是设立测绘基准要有严格的审核审批程序,测绘基准数据由国务院测绘行政主管部门审核,并与国务院其他有关部门、军队测绘主管部门会商后,报国务院批准后方可设定;三是从事测绘活动,应当采用国家规定的测绘基准。

2)测绘系统

《测绘法》第九条规定:"国家建立全国统一的大地坐标系统、平面坐标系统、高程系统、地心坐标系统和重力测量系统。"

包含几层意思:一是国家设立全国统一的测绘系统;二是从事测绘活动,应当采用国家统一的测绘系统。

测量学的根本任务是确定地面点的位置。要确定地面点的空间位置,通常是求出该点相对于某基准面和基准线的三维坐标或二维坐标，由于地球自然表面高低起伏变化较大，要确定地面点的空间位置，就必须有一个统一的坐标系统。在测量工作中，通常用地面点在基准面（如参考椭球面）上的投影位置和该点沿投影方向到大地水准面的距离三个量来表示。

投影位置通常用地理坐标或平面直角坐标来表示，到大地水准面的距离用高程表示。

3）地理坐标系

当研究和测定整个地球的形状或进行大区域的测绘工作时，可用地理坐标来确定地面点的位置。地理坐标系属球面坐标系，依据球体的不同而分为天文地理坐标系和大地地理坐标系。

（1）天文地理坐标系

以大地水准面为基准面，地面点沿铅垂线投影在该基准面上的位置，称为该点的天文地理坐标，又称**天文坐标**。该坐标用天文经度 λ 和天文纬度 φ 表示。如图 1.27 所示，将大地体看作地球，NS 即为地球的自转轴，N 为北极，S 为南极，O 为地球体中心。包含地面点 P 的铅垂线且平行于地球自转轴的平面称为 P 点的**天文子午面**。天文子午面与地球表面的交线称为**天文子午线**，也称**经线**。而将通过英国格林尼治天文台埃里中星仪的子午面称为**起始子午面**，相应的子午线称为**起始子午线**或**零子午线**，并作为经度计量的起点。过点 P 的天文子午面与起始子午面所夹的两面角就称为 P 点的天文经度，用 λ 表示，其值为 0°～180°，在本初子午线以东的称为东经，以西的称为西经。

通过地球体中心 O 且垂直于地轴的平面称为**赤道面**。它是纬度计量的起始面。赤道面与地球表面的交线称为**赤道**。其他垂直于地轴的平面与地球表面的交线称为**纬线**。过点 P 的铅垂线与赤道面之间所夹的线面角就称为 P 点的**天文纬度**，用 φ 表示，其值为 0°～90°，在赤道以北的叫北纬，以南的叫南纬。

天文坐标（λ，φ）是用天文测量的方法实测得到的。

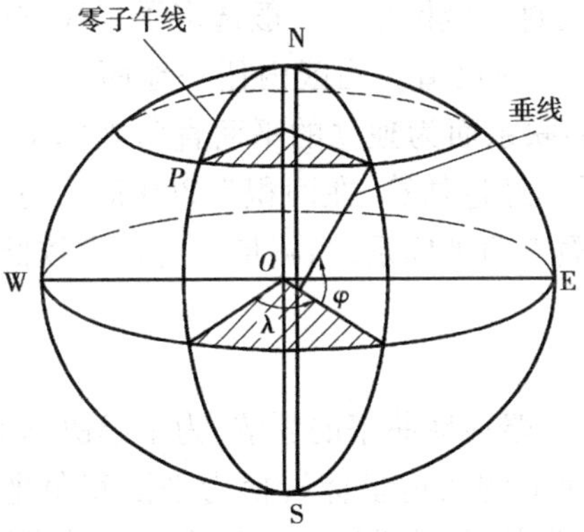

图 1.27　天文坐标

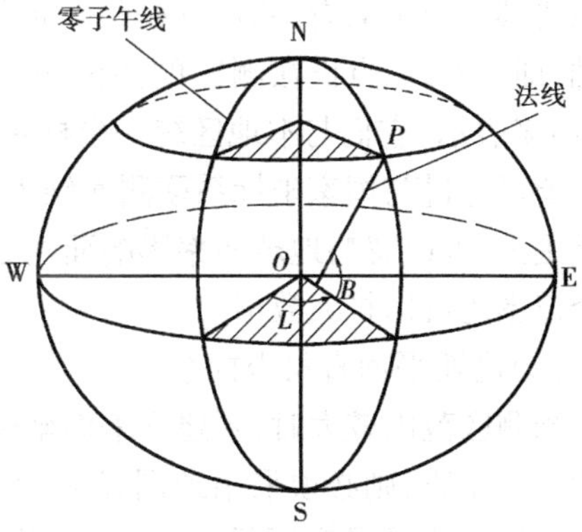

图 1.28　大地坐标

（2）大地地理坐标系

大地地埋坐标系用大地经度 L 和大地纬度 B 表示地面点投影在地球椭球面上的位置。地面上一点的空间位置可用大地坐标（L，B，H）表示。如图 1.28 所示，包含地面点 P 的法线且通过椭球旋转轴的平面称为 P 的**大地子午面**。过 P 点的大地子午面与起始大地子午面所夹的两面角就称为 P 点的**大地经度**，用 L 表示，其值分为东经 0°～180°和西经 0°～

180°。过点 P 的法线与椭球赤道面所夹的线面角就称为 P 点的**大地纬度**,用 B 表示,其值分为北纬 0°~90°和南纬 0°~90°。我国 1954 年北京坐标系和 1980 年国家大地坐标系就是分别依据两个不同的椭球建立的大地坐标系。

大地坐标 (L,B) 因所依据的椭球体面不具有物理意义而不能直接测得,只可通过计算得到。它与天文坐标有以下关系式:

$$L = \lambda - \frac{\eta}{\cos\varphi}$$

$$B = \varphi - \xi \tag{1.2}$$

式中,η 为过同一地面点的垂线与法线的夹角在东西方向上的垂线偏差分量,ξ 为在南北方向上的垂线偏差分量。

地形图上的经纬度一般都是用大地坐标表示。

4)平面直角坐标系

在实际测量工作中,若用以角度为度量单位的球面坐标来表示地面点的位置是不方便的,通常是采用平面直角坐标。测量工作中所用的平面直角坐标与数学上的直角坐标基本相同,只是测量工作以 x 轴为纵轴,一般表示南北方向,以 y 轴为横轴一般表示东西方向,象限为顺时针编号,直线的方向都是从纵轴北端按顺时针方向度量的,如图 1.29 所示。这样的规定,使数学中的三角公式在测量坐标系中完全适用。

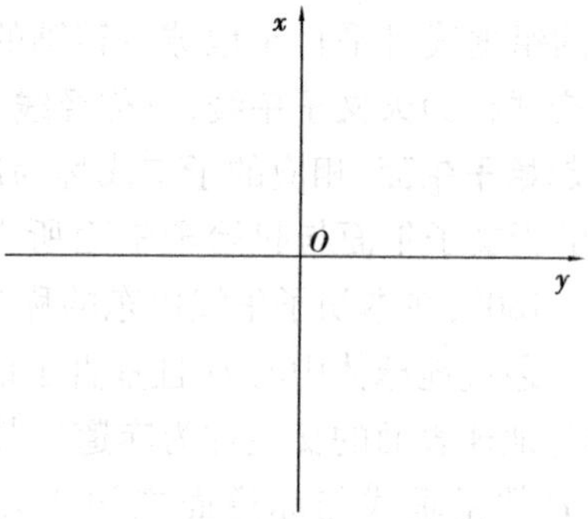

图 1.29　测量平面直角坐标系

(1)独立测区的平面直角坐标

当测区的范围较小,能够忽略该区地球曲率的影响而将其当作平面看待时,可在此平面上建立独立的直角坐标系。一般选定子午线方向为纵轴,即 x 轴,原点设在测区的西南角,以避免坐标出现负值。测区内任一地面点用坐标 (x,y) 来表示,它们与本地区统一坐标系没有必然的联系而为独立的平面直角坐标系。如有必要可通过与国家坐标系联测而纳入统一坐标系。经过估算,在面积为 300 km^2 的多边形范围内,可以忽略地球曲率影响而建立独立的平面直角坐标系,当测量精度要求较低时,这个范围还可以扩大数倍。

(2)高斯平面直角坐标系

当测区范围较大时,要建立平面坐标系,就不能忽略地球曲率的影响,为了解决球面与平面这对矛盾,则必须采用地图投影的方法,将球面上的大地坐标转换为平面直角坐标。目前我国采用的是高斯投影,高斯投影是由德国数学家、测量学家高斯提出的一种横轴等角切椭圆柱投影,该投影解决了将椭球面转换为平面的问题。从几何意义上看,就是假设一个椭圆柱横套在地球椭球体外,并与椭球面上的某一条子午线相切,这条相切的子午线称为中央子午线。假想在椭球体中心放置一个光源,通过光线将椭球面上一定范围内的物象映射到椭圆柱的内表面上,然后将椭圆柱面沿一条母线剪开并展开成平面,即获得投影后的平面图形,如图 1.30 所示。

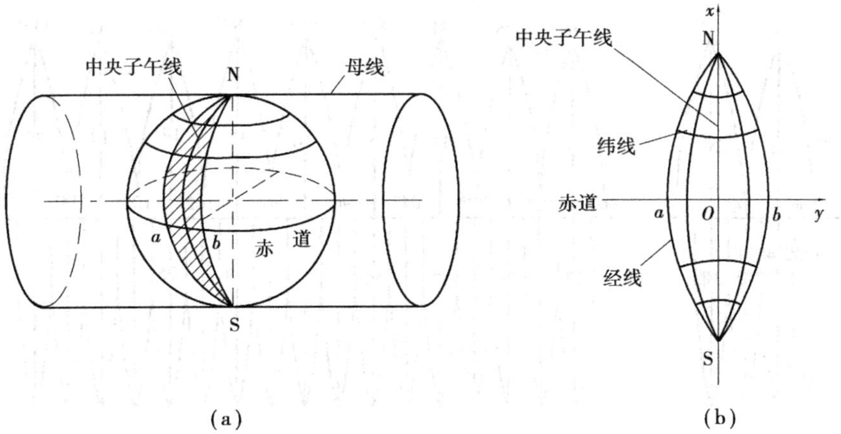

图1.30 高斯投影概念

该投影的经纬线图形有以下特点：

①投影后的中央子午线为直线，无长度变化。其余的经线投影为凹向中央子午线的对称曲线，长度较球面上的相应经线略长。

②赤道的投影也为一直线，并与中央子午线正交。其余的纬线投影为凸向赤道的对称曲线。

③经纬线投影后仍然保持相互垂直的关系，说明投影后的角度无变形。

高斯投影没有角度变形，但有长度变形和面积变形，离中央子午线越远，变形就越大。为了对变形加以控制，测量中采用限制投影区域的办法，即将投影区域限制在中央子午线两侧一定的范围，这就是所谓的分带投影，如图1.31所示。投影带一般分为6°带和3°带两种，如图1.32所示。

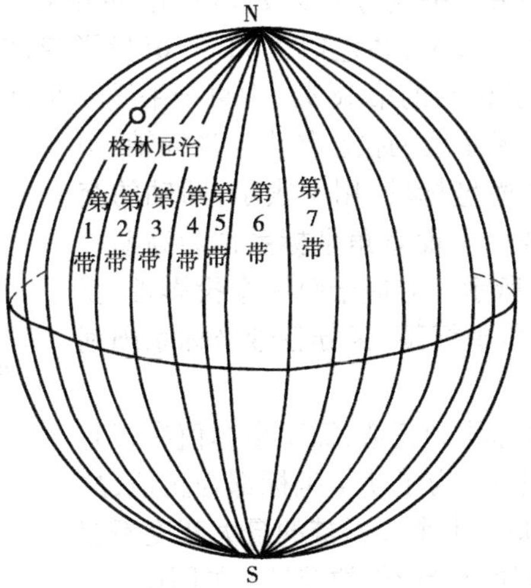

图1.31 投影分带

6°带投影是从英国格林尼治起始子午线开始，自西向东，每隔经差6°分为一带，将地球分成60个带，其编号分别用阿拉伯数字1,2,…,60表示，东经0°~6°为第一带，6°~12°为第二带……位于各带中央的子午线称为该带的中央子午线，第一带的中央子午线的经度为

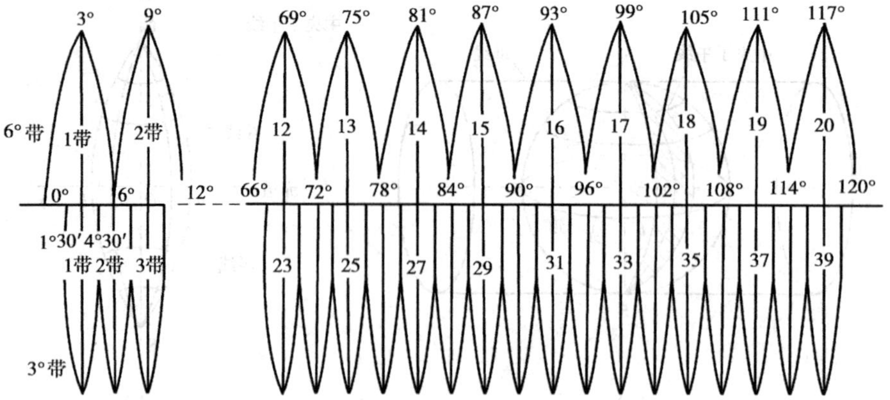

图 1.32　6°带和 3°带投影

3°,第二带中央子午线的经度为 9°,依此类推,第 N 带的中央子午线的经度 L_0 可用下式计算:

$$L_0 = 6N° - 3° \tag{1.3}$$

式中,N 为 6°带的带号。6°带的最大变形在赤道与投影带最外一条经线的交点上,长度变形为 0.14%,面积变形为 0.27%。

3°投影带是在 6°带的基础上划分的。每 3°为一带,共 120 带,其中央子午线在奇数带时与 6°带中央子午线重合,每带的中央子午线经度可用下式计算:

$$L_0 = 3N° \tag{1.4}$$

式中,N 为 3°带的带号。3°带的边缘最大变形现缩小为长度 0.04%,面积 0.14%。

如果投影精度要求更高,还可以采用 1.5°分带和任意带。1.5°分带和任意带不必全球统一划分,任意带可以将中央子午线的精度设置在测区的中心。

我国领土位于东经 72° ~136°,共包括了 11 个 6°投影带,即 13 ~23 带;22 个 3°投影带,即 24 ~45 带。成都位于 6°带的第 18 带,中央子午线经度为 105°。

通过高斯投影,将中央子午线的投影作为纵坐标轴,用 x 表示,将赤道的投影作为横坐标轴,用 y 表示,两轴的交点作为坐标原点,由此构成的平面直角坐标系称为高斯平面直角坐标系,如图 1.33 所示。对应于每一个投影带,就有一个独立的高斯平面直角坐标系,区分各带坐标系则利用相应投影带的带号。

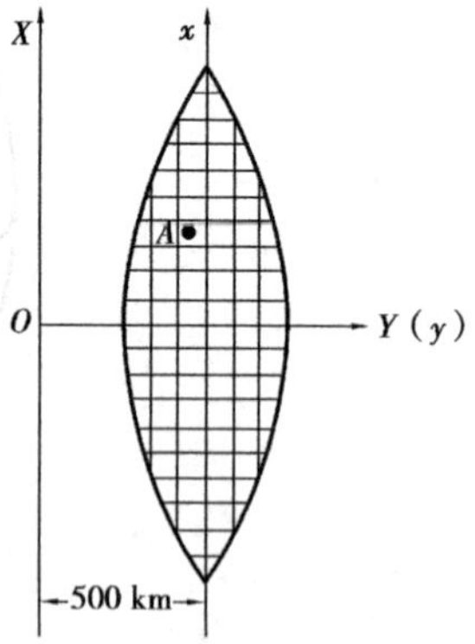

图 1.33　高斯平面直角坐标系

我国位于北半球,x 坐标均为正值,而 y 坐标值有正有负,这对计算和使用均不方便,为了使 y 坐标都为正值,故将纵坐标轴向西平移 500 km(半个投影带的最大宽度不超过 500 km),并在 y 坐标前加上投影带的带号。如图1.33中的 A 点位于 18 投影带,其自然坐标为 x = 3 395 451 m,y = −82 261 m,它在 18 带中的高斯通用坐标则为:X = 3 395 451 m,Y = 18 417 739 m。

5)地心坐标系

卫星大地测量是利用空中卫星的位置来确定地面点的位置。由于卫星围绕地球质心运动,所以卫星大地测量中需采用地心坐标系。该系统一般有两种表达式,如图 1.34 所示。

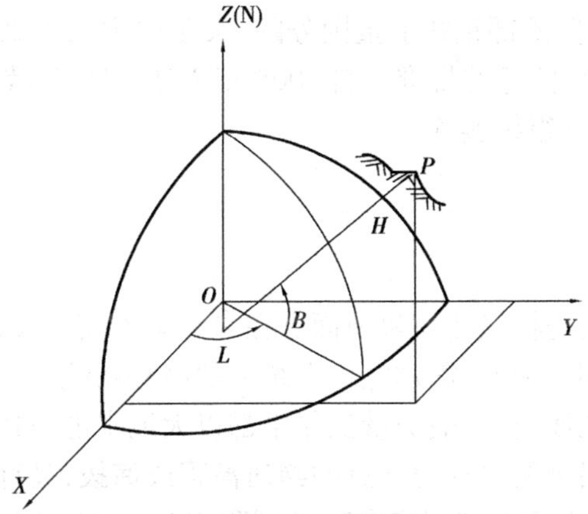

图 1.34　空间直角坐标系

地心空间直角坐标系:坐标系原点 O 与地球质心重合,Z 轴指向地球北极,X 轴指向格林尼治平子午面与地球赤道的交点 E,Y 轴垂直于 XOZ 平面构成右手坐标系。

地心大地坐标系:地球椭球中心与地球质心重合,椭球短轴与地球自转轴重合,大地经度 L 为过地面点的椭球子午面与格林尼治平大地子午面之间的夹角,大地纬度 B 为过地面点的椭球法线与椭球赤道面的夹角,大地高 H 为地面点沿法线至椭球面的距离。

于是,任一地面点 P 在地心坐标系中的坐标,可表示为(X,Y,Z)或(L,B,H),二者之间有一定的换算关系。我国的 2000 国家大地坐标系、美国的全球定位系统(GPS)用的WGS-84坐标就属于地心坐标系。

6)我国的大地坐标系统

新中国成立后,我国先后采用三套大地坐标系。

(1)1954 年北京坐标系

20 世纪 50 年代,由于国家建设的急需,我国地面点的大地坐标是通过与苏联 1942 年普尔科沃(pulkovo)坐标系中的控制点进行联测,经过我国东北传算过来的,经平差后于 1954 年完成,所以称为“1954 年北京坐标系”。实际上,这个坐标系是苏联普尔科沃坐标系的延伸,采用的是克拉索夫斯基椭球元素值,大地原点在苏联普尔科沃天文台,由于大地原点距我国甚远,在我国范围内该参考椭球面与大地水准面存在着明显差距,在东部地区,两面的差距最大达 69 m 之多。因此,1978 年全国天文大地网平差会议决定建立我国独立的大地坐标系。

(2)1980 西安坐标系

自 1980 年起,我国采用 1975 年国际大地测量协会推荐的 1975 大地测量参考系统作为参考椭球,并将大地原点定在西安附近(陕西省泾阳县永乐镇,距西安约 60 km),由此建立了我国新的国家大地坐标系——1980 西安坐标系,又称 1980 年国家大地坐标系。

(3)2000 国家大地坐标系

随着社会的进步,国民经济建设、国防建设和社会发展、科学研究等对国家大地坐标系提出了新的要求,迫切需要采用原点位于地球质量中心的坐标系统(以下简称地心坐标系)作为国家大地坐标系。采用地心坐标系,有利于采用现代空间技术对坐标系进行维护和快速更新,测定高精度大地控制点三维坐标,并提高测图工作效率。

2008 年3 月,由国土资源部正式上报国务院《关于中国采用2000 国家大地坐标系的请示》,并于2008 年4 月获得国务院批准。自2008 年7 月1 日起,我国全面启用2000 国家大地坐标系,国家测绘局受权组织实施。

1.3.4 高程

地理坐标或平面直角坐标只能反映地面点在参考椭球面上或某一投影面上的位置,并不反映其高低起伏的差别。为此,需建立一个统一的高程系统。

首先要选择一个基准面,在一般测量工作中都以大地水准面作为基准面。因而地面上某一点到大地水准面的铅垂距离称为该点的**绝对高程**或**海拔**,又称**绝对高度**、**真高**,简称**高程**,用 H 表示。当测区附近暂没有国家高程点可联测时,可临时假定一个水准面作为该测区的高程起算面。到任一假定水准面的垂直距离称为该点的**假定高程**或**相对高程**,用 H' 表示,如图 1.35 所示。假定高程必须在成果表中加以说明。

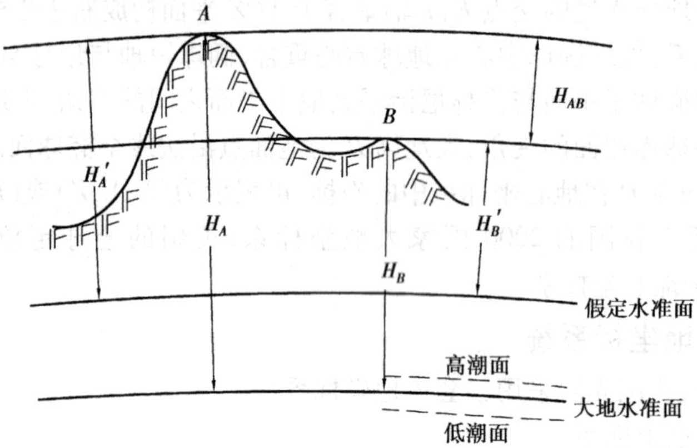

图 1.35 地面点的高程

地面上两点之间的高程之差称为高差,用 h 表示。例如,A 点至 B 点的高差可写为:

$$h_{AB} = H_B - H_A = H'_B - H'_A \tag{1.5}$$

由上式可知,高差有正、有负,并用下标注明其方向。在土木建筑工程中,又将绝对高程和相对高程统称为标高。

我国先后采用两套高程系统。

1)1956 年黄海高程系

我国以青岛验潮站 1950—1956 年连续验潮的结果求得的平均海水面作为全国统一的高程基准面。由此基准面起算所建立的高程系统,称为 1956 **年黄海高程系**。为了明显而稳固地表示高程基准面的位置,在山东省青岛市观象山上的一个山洞里,建立了一个与该点平均海水面相联系的水准点,这个水准点称为**国家水准原点**。用精密水准测量方法测出该原点高出黄海平均海水面 77.289 m。原点是以坚固的标石加以相应的标志表示的,它就是推算国家高程控制点的高程起算点。

2)1985 国家高程基准

1985 年,国家测绘局根据青岛验潮站 1952—1979 年连续观测的潮汐资料,推算出验潮井口横安铜丝距黄海平均海平面的高度为 3.571 m,即该横安铜丝以下 3.571 m 为平均海水面。1980 年用精密水准测量方法测得横安铜丝与青岛水准原点的高差为 68.689 m,从而求得青岛水准原点的高程为 H_o = 3.571 m + 68.689 m = 72.260 m。于 1987 年 5 月正式通告启用,并以此定名为 1985 **国家高程基准**。同时"1956 年黄海高程系"即相应废止。

"1985 国家高程基准"与"1956 年黄海高程系"比较,验潮站和水准原点的位置未变,只是更精确,两者相差 0.029 m(1985 国家高程基准"低"0.029 m)

《工程测量规范》(GB 50026—2007)4.1.3 规定:"测区的高程系统,宜采用 1985 国家高程基准。在已有高程控制网的地区测量时,可沿用原有的高程系统;当小测区联测有困难时,也可采用假定高程系统。"

1.3.5　测量工作概述

测量工作的基本任务是确定地面点的几何位置。地面点间的相互位置关系,是以水平角(方向)、距离和高差来确定的,故**测角**、**量距**、**测高程**是测量基本工作,观测、计算和绘图是测量工作的基本技能。

1)测量的基本工作

如图 1.36 所示,A、B、C、D、E 为地面上高低不同的一系列点,构成空间多边形 $ABCDE$,图下方为水平面。从 A、B、C、D、E 分别向水平面作铅垂线,这些垂线的垂足在水平面上构成多边形 $abcde$,水平面上各点就是空间相应各点的正射投影;水平面上多边形的各边就是各空间斜边的正射投影;水平面上的角就是包含空间两斜边的两面角在水平面上的投影。地形图就是将地面点正射投影到水平面上后,再按一定的比例尺缩绘至图纸上而成的。由此看出,地形图上各点之间的相对位置是由水平距离 D、水平角 β 和高差 h 决定的,若已知其中一点的坐标(x,y)和过该点的标准方向及该点高程 H,则可借助 D、β 和 h 将其他点的坐标和高程算出。因此,不论进行任何测量工作,在实地要测量的基本要素都是:

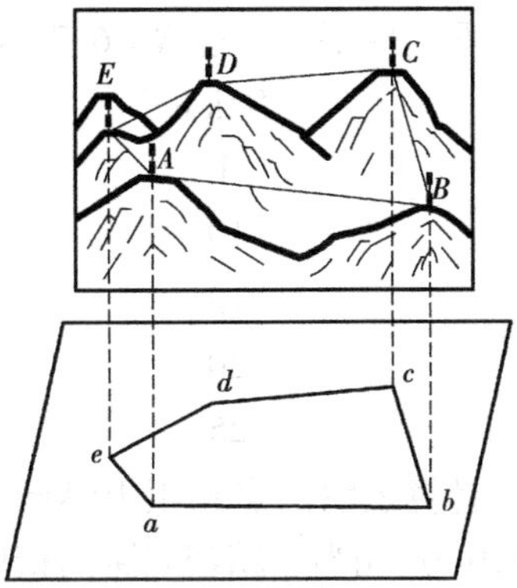

图 1.36　测量的基本工作

①距离(水平距离或斜距);

②角度(水平角和竖直角);

③直线的方向;

④高程(高差)。

2)测量工作中用水平面代替水准面的限度

用水平面来代替水准面,可以使测量和绘图工作大为简化。

(1)对距离的影响

如图 1.37 所示,在地球表面上有一个小范围测区,R 为地球半径,P 为大地水准面,地球表面有 A、B 两点。该两点沿垂线投影到大地水准面上为 a、b。过 a 点作切平面 P'。用 P' 代替该测区的水平面。大地水准面上两点间距离为 $ab=S$,在平面上的距离为 $ab'=D$。由平面代替曲面产生的误差为 ΔD。

$$\begin{aligned}\Delta D &= ab' - ab = D - S \\ &= R\tan\theta - R\theta = R(\tan\theta - \theta) \qquad (1.6)\end{aligned}$$

在小范围测区 θ 角很小。$\tan\theta$ 可用级数展开,略去五次方项,则

$$\Delta D = R\left[\left(\theta + \frac{1}{3}\theta^3 + \cdots\right) - \theta\right] = R\frac{\theta^3}{3} \qquad (1.7)$$

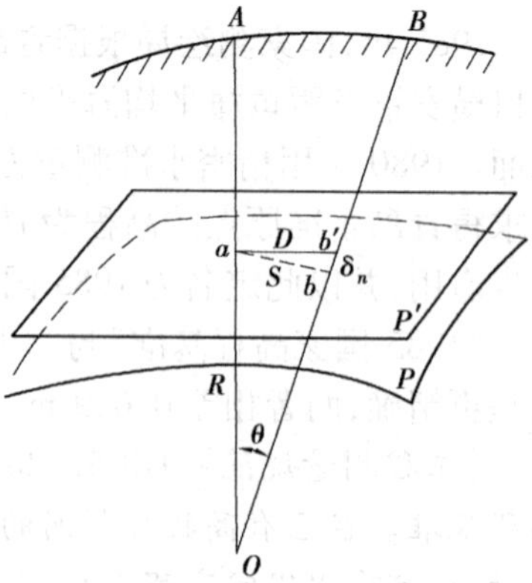

图 1.37　水平面代替水准面引起的距离误差

用 $\theta = \dfrac{D}{R}$ 代入,则

$$\Delta D = \frac{1}{3}\cdot\frac{D^3}{R}$$

$$\frac{\Delta D}{D} = \frac{1}{3}\left(\frac{D}{R}\right)^2 \qquad (1.8)$$

取地球平均半径 $R=6371$ km。D 用不同距离代入,计算结果如下:

D/km	ΔD/cm	$\Delta D/D$
1	0.00	—
10	0.82	1/120 万
15	2.77	1/54 万
20	6.57	1/30 万
25	12.83	1/19 万

计算表明两点相距 10 km 时,用平面代替曲面产生长度误差为 0.82 cm,相对误差为 1/120 万,相当于精密测距的精度 1/100 万。所以在半径为 10 km 测区内,可以用平面代替大地水准面,其产生的距离投影误差可以忽略不计。

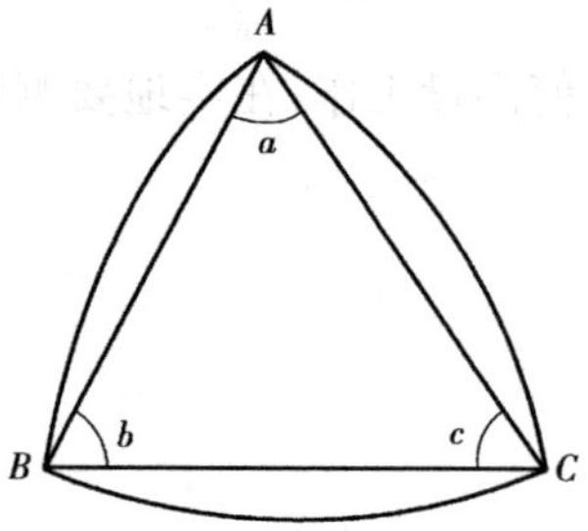

图 1.38　球面三角形和平面三角形角度差

(2)对水平角测量的影响

从球面三角测量中可知(图 1.38),球面上多边形内角之和比平面上多边形内角之和多一个球面角超 ε。其值可用多边形面积求得:

$$\varepsilon = \rho\frac{P}{R^2} \qquad (1.9)$$

式中　P——球面多边形面积;

R——地球半径;

ρ——一弧度相应的秒值,$\rho=206\ 265''$。

以不同面积代入，可求出球面角超如下：

P/km^2	$\varepsilon/('')$
10	0.05
50	0.25
100	0.51
300	1.52

当测区面积为100 km^2 时，用平面代替大地水准面，对角度影响最大仅为0.51，所以在这样的测区进行工程测量可以忽略不计。

由于在距离和角度方面的影响都可以忽略，地面上的几何形体在水平面上投影后的形状和面积的问题也不必考虑。

(3)对高程的影响

从图1.37中可见，用平面代替大地水准面时，产生高程误差 $bb'=\delta_k$，也称为地球曲率影响。在△Oab'中

$$(R+\delta_k)^2 = R^2 + D^2$$

$$\delta_k = \frac{D^2}{2R+\delta_k} \tag{1.10}$$

上式中因 δ_k 相对于 R 很小，故可以略去。D 用大地水准面上距离 S 代替，则

$$\delta_k = \frac{S^2}{2R} \tag{1.11}$$

对于不同 S，产生的高程误差如下：

S/m	10	50	100	150	200
$\Delta h/mm$	0.0	0.2	0.8	1.77	3.1

计算表明，地球曲率对高差影响较大，即使在不长的距离如150 m，也会产生1.77 mm的高程误差，所以高程测量中应考虑地球曲率的影响。

3)测量工作的基本原则

为了保证测量成果的精度及质量，需遵循一定的测量原则。

测量工作的目的之一是测绘地形图。地形图是通过测量一系列碎部点（地物点和地貌点）的平面位置和高程，然后按一定比例，应用地形图符号和注记缩绘而成。测量工作不能一开始就测量碎部点，而是先在测区内统一选择一些起控制作用的点，将它们的平面位置和高程精确地测量计算出来，这些点被称为控制点，由控制点构成的几何图形被称为控制网。然后再根据这些控制点分别测量各自周围的碎部点，进而绘制成图。如图1.39所示的多边形 $ABCDEF$ 就是该测区的控制网。

测量工作的基本原则应遵循：

①在测量布局上"由整体到局部"；

②在测量精度上"由高级到低级"；

③在测量工序上"先控制后细部"；

④上一步工作未做检核之前，不进行下一步工作。

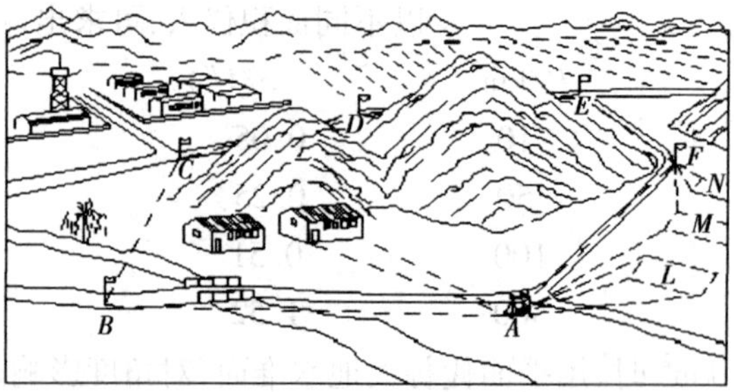

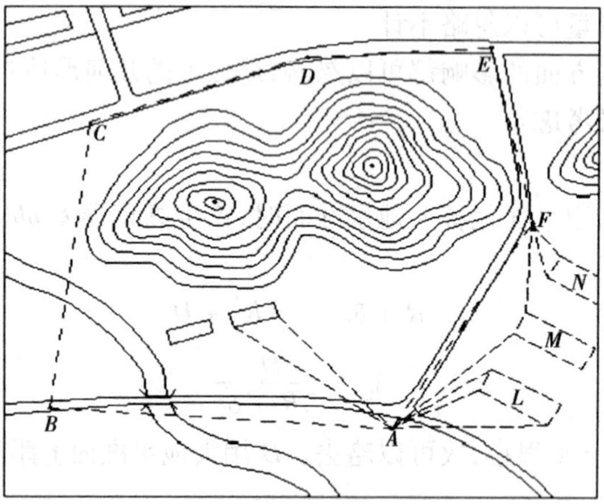

图 1.39 先控制测量后碎部测量

1.3.6 测量上常用的度量单位

测量工作中常用的度量单位有长度单位、面积单位及角度单位三种。我国的法定计量单位以国际单位制(SI)为基础,测量中必须使用法定计量单位。

注:SI——国际单位制(符号 SI 来自法语:Systè meInternationald' Unités),源自公制或米制,旧称万国公制,是世界上最普遍采用的标准度量衡单位系统,采用十进制进位系统。国际单位制是在公制基础上发展起来的单位制,于1960 年第十一届国际计量大会通过,推荐各国采用,其国际缩写为 SI。

1)长度单位

长度 SI 单位是米,符号为 m。测量中常用的长度单位还有毫米(mm)、厘米(cm)、分米(dm)和千米(km)。它们的换算关系如下:

1 m = 10 dm = 100 cm = 1 000 mm;

1 km = 1 000 m

2)面积单位

面积的 SI 单位是平方米,符号为 m^2。图上面积通常用平方毫米(mm^2)、平方厘米(cm^2)、平方分米(dm^2)等表示。地面大面积可用平方千米(km^2)表示。表示土地面积的还可用公倾(hm^2)。它们的换算关系如下:

$1\ m^2 = 10^2\ dm^2 = 10^4\ cm^2 = 10^6\ mm^2$

$1\ km^2 = 10^6\ m^2$

$1\ hm^2 = 10^4\ m^2$

3)角度单位

表示平面角角度的 SI 单位是弧度,符号为 rad。测量上一般不直接以弧度为角度单位,而通常以度(°)为角度的单位。以度为单位时可以是十进制的度,也可按习惯以 60 进制的组合单位度(°)分(′)秒(″)表示。

注:在不致于和时间单位的分(min)、秒(s)混淆时,[角]分、[角]秒也简称分秒。

为了使用方便,下面给出弧度、度的定义及换算公式。

(1)弧度

圆周上等于半径的弧长所对的圆心角值称为一弧度,即 1 rad。如图 1.40 所示,用 θ 表示圆心角的弧度值,用 L 表示弧长,用 R 表示圆的半径,则有

$$\theta = \frac{L}{R} \tag{1.12}$$

(2)度、分、秒

将一圆周等分为 360 份,每一等份所对的圆心角值称为 1 度,即 1°。1°的 1/60 为 1′,1′的 1/60 为 1″,即

$$1° = 60′ = 3\ 600″$$

度及其衍生的分、秒不是国际单位制(SI)单位,而是我国的法定计量单位之一,也是测量中表示角度的最常用单位。

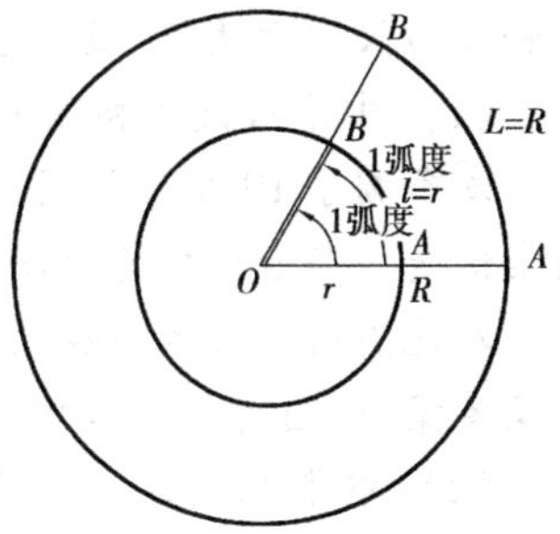

图 1.40　弧度

(3)弧度与度、分、秒的换算关系

测量计算中,有时要将度、分、秒化成弧度,或反过来将弧度化成度、分、秒。习惯上分别以 $\rho°$,$\rho′$,$\rho″$表示 1 弧度对应的度、分、秒值;

$1\text{rad} = \rho° = (180/\pi)° = 57.295\ 78° \approx 57.3°$

$1\text{rad} = \rho′ = (180 \times 60/\pi)′ \approx 3\ 438′$

$1\text{rad} = \rho″ = (180 \times 3\ 600/\pi)″ \approx 206\ 265″$

(4)冈

在西方一些国家,采用另一种角度单位"冈"(gon)。将圆周分为400 等份,每一等份所对的圆心角值称为"一冈",即 1 gon。更小的单位还有 10^{-2}gon、10^{-4}gon。我国也有人将其分别称为"新度""新分""新秒"。1 g = 100 c、1 c = 100 cc,这种 100 进制的单位虽然有其方便之处,但不是我国的法定计量单位,在测量中也不使用。日本及欧美一些进口电子仪器中可能有此单位设置。

知识拓展

测量法律法规

目前,我国已经初步建立了由法律、行政法规、地方性法规、部门规章、政府规章、重要规范性文件等共同组成的测绘法律法规体系,为测绘管理提供了依据,为从事测绘活动提

供了基本准则。

1)法律

在我国,法律由全国人民代表大会及其常务委员会制定。现行测绘法律是《中华人民共和国测绘法》(以下简称《测绘法》)。

《测绘法》于1992年12月28日经第七届全国人民代表大会常务委员会第29次会议审议通过,中华人民共和国主席杨尚昆签署第66号主席令予以公布,并于1993年7月1日起实施。2002年8月29日第九届全国人民代表大会常务委员会第29次会议修订通过,江泽民主席签署第75号主席令予以公布,自2002年12月1日起施行。

《测绘法》是在我国从事测绘活动和进行测绘管理的基本准则和依据,它是我国测绘工作的基本法律,是从事测绘活动的基本准则。

2)行政法规

行政法规由国务院根据宪法和法律,并且按照行政法规制定程序制定。行政法规的地位和效力仅次于法律,服从于宪法和法律。

(1)《中华人民共和国地图编制出版管理条例》

本条例于1995年7月10日由国务院令第180号发布,自1995年10月1日起施行。该条例是一部专门规范地图编制出版活动的行政法规,也是现行地图管理的主要依据。该条例对地图内容表示的原则、编制地图的资质、出版地图的资质、地图印刷或者展示前的审核及备案、地图著作权保护等都作出了明确规定。

(2)《中华人民共和国测量标志保护条例》

本条例于1996年9月4日由国务院令第203号发布,自1997年1月1日起施行。该条例对测量标志管理的职责分工,测量标志建设的要求、占地范围、设置标记、义务保管、检查维修、有偿使用、拆迁审批、标志保护、打击破坏测量标志的违法行为等作出了规定。

(3)《中华人民共和国测绘成果管理条例》

本条例于2006年5月27日由国务院令第469号发布,自2006年9月1日起施行。该条例是对1989年国务院颁布的《中华人民共和国测绘成果管理规定》的全面修订,该条例对测绘成果的汇交、保管、秘密范围和等级确定,利用涉及国家秘密的测绘成果保密技术处理,利用测绘成果的审批、著作权保护、重要地理信息数据的审核公布与使用等作出了规定。

(4)《基础测绘条例》

本条例于2009年5月12日由国务院令第556号发布,自2009年8月1日起施行。该条例对基础测绘的分级管理、规划和计划制定、经费来源、组织实施、成果更新、信息共享等作出了规定。

3)部门规章

部门规章由国务院各部、各委员会、中国人民银行、审计署和具有行政管理职能的直属机构,根据法律和委员会会议决定,由部门首长签署命令予以公布。目前现行的测绘部门规章有:《测绘行政处罚程序规定》《测绘行政执法证管理规定》《房产测绘管理办法》《重要地理信息数据审核公布管理规定》《地图审核管理规定》《外国的组织或者个人来华测绘管理暂行办法》等。

4）国务院测绘地理信息行政主管部门及相关部门颁布的重要规范性文件

规范性文件是指各级党政机关、团体、组织制发的各类文件中最主要的一类，因其内容具有约束和规范人们行为的性质，故而称为规范性文件。目前我国法律法规对规范性文件的含义、制发主体、程序等尚无全面、统一的规定，但在实际工作中应用较多，各级人民政府及其各工作部门发布的部分重要规范性文件有：《国家涉密基础测绘成果资料提供使用审批程序规定（试行）》《测绘资质管理规定》《测绘资质分级标准》《注册测绘师制度暂行规定》《测绘作业证管理规定》《测绘市场管理暂行办法》《建立相对独立平面坐标系统管理办法》《测绘标准化工作管理办法》《测绘计量管理暂行办法》《测绘质量监督管理办法》《测绘成果质量监督抽查管理办法》《基础测绘成果提供使用管理暂行办法》等。

5）测量规程规范

为了统一测量的技术要求，及时、准确地为工程建设提供正确的测绘资料，保证成果、成图的质量符合各个测绘阶段的要求，适应工程建设发展的需要，国家各部委制定的常用各种测量规程规范如下：

《城市测量规范》	CJJ T/8—2011
《工程测量规范》	GB 50026—2007
《国家三角测量规范》	GB 17942—2000
《全球定位系统（GPS）测量规范》	GB/T 18314—2009
《全球定位系统实时动态测量（RTK）技术规范》	CH/T 2009—2010
《卫星定位城市测量技术规范》	CJJ 73—2010
《国家一二等水准测量规范》	GB 12897—2006
《国家三四等水准测量规范》	GB 12898—2009
《中短程光电测距规范》	GB 16818—2008
《地籍测量规范》	CH 5002—94
《地籍调查规程》	TDT 1001—2012
《1:5001:10001:2000 地形图图式》	GB/T 20257.1—2007
《1:500　1:10001:2000 外业数字测图技术规程》	GB/T 14912—2005
《测绘成果质量检查与验收》	GB/T 24356—2009
《数字测绘产品质量要求》	GB/T 17941.1—2008
《水电水利工程施工测量规范》	DL/T 5173—2012
《公路勘测规范》	JTGC 10—2007

任务1.4　测量误差

1.4.1　测量误差的概念

研究测量误差的来源、性质及其产生和传播的规律，解决测量工作中遇到的实际问题而建立起来的概念和原理的体系，称为测量误差理论。

观测值存在观测误差有下列三个方面原因：

①观测者:由于观测者感觉器官的鉴别能力的局限性,在仪器安置、照准、读数等工作中都会产生误差。同时,观测者的技术水平及工作态度也会对观测结果产生影响。

②测量仪器:测量工作所使用的测量仪器都具有一定的精密度,从而使观测结果的精度受到限制。另外,仪器本身构造上的缺陷,也会使观测结果产生误差。

③外界观测条件:是指野外观测过程中外界条件的因素,如天气的变化、植被的不同、地面土质松紧的差异、地形的起伏、周围建筑物的状况,以及太阳光线的强弱、照射的角度大小等。

观测者、测量仪器和观测时的外界条件是引起观测误差的主要因素,通常称为观测条件。观测条件相同的各次观测,称为等精度观测;观测条件不同的各次观测,称为非等精度观测。任何观测都不可避免地要产生误差。为了获得观测值的正确结果,就必须对误差进行分析研究,以便采取适当的措施来消除或削弱其影响。

由于以上原因,使得观测值偏离观测量的真值或理论值而产生真误差或闭合差,统称为测量误差,简称误差。

观测误差按其性质,可分为系统误差、偶然误差和粗差。

1)系统误差

(1)定义

在相同观测条件下,对某量进行一系列观测,如误差出现符号、大小均表现出系统性,或在观测过程中按一定的规律变化,或者为一常数,这种误差称为系统误差。系统误差一般具有累积性,又称累积误差。

(2)特点

具有积累性,对测量结果的影响大,可通过一般的改正或用一定的观测方法加以消除。

例:用一把名义长度为 50 m 的钢尺去量距,经检定钢尺的实际长度为 50.005 m,则每量一尺,就带有 +0.005 m 的误差,丈量的尺段越多,所产生的误差越大。

(3)消除(减弱)方法

对系统误差,可以采取以下措施来消除或尽量减少其对测量结果的影响。

①检校仪器:在测量工作开始前,对仪器进行检验和校正,把仪器的系统误差降低到最小程度。

②求改正数:对观测结果进行必要的改正,如上面例题中的钢尺进行检定,求出尺长改正数,在计算成果时加入尺长改正。

③对称观测:使系统误差对观测成果的影响互为相反数。例如:水准测量采用中间法使前后视距尽量相等来消减水准仪的 i 角误差;水平角测量采用盘左盘右观测来消减经纬仪的 $2C$ 误差等,都是为了达到消除或减弱系统误差的目的。

2)偶然误差

(1)定义

在相同观测条件下,对某量进行 n 次观测,如误差出现符号和大小均不一定呈偶然性,单个表面看没有规律性,大量的偶然误差具有一定的统计规律,这种误差称为偶然误差,或随机误差,又称真误差。

(2)特点

在相同的观测条件下,对 358 个三角形的内角进行了观测。由于观测值含有偶然误差,致使每个三角形的内角和不等于180°。设三角形内角和的真值为X,观测值为L,其观测值与真值之差为真误差Δ。用下式表示为:

$$\Delta_i = L_i - X(i = 1,2,\cdots,358) \tag{1.13}$$

由式(1.13)计算出358个三角形内角和的真误差,并取误差区间为$\mathrm{d}\Delta = 3''$,以误差的大小和正负号,分别统计出它们在各误差区间内的个数k和频率k/n,结果列于表1.2中。

表1.2 偶然误差统计结果

误差区间 $\mathrm{d}\Delta/('')$	负误差		正误差		误差绝对值	
	k	k/n	k	k/n	k	k/n
0~3	45	0.126	46	0.128	91	0.254
3~6	40	0.112	41	0.115	81	0.226
6~9	33	0.092	33	0.092	66	0.184
9~12	23	0.064	21	0.059	44	0.123
12~15	17	0.047	16	0.045	33	0.092
15~18	13	0.036	13	0.036	26	0.073
18~21	6	0.017	5	0.014	11	0.031
21~24	4	0.011	2	0.006	6	0.017
24以上	0	0	0	0	0	0
k	181	0.505	177	0.495	358	1.000

根据表1.2偶然误差统计结果,可以得出偶然误差具有以下特性:

①有限性:在一定的观测条件下,偶然误差的绝对值不会超过一定限度。

②密集性:绝对值小的误差比绝对值大的误差出现的可能性大。

③对称性:绝对值相等的正误差与负误差出现的机会相等。

④抵偿性:当观测次数无限增多时,偶然误差的算术平均值趋近于零。即

$$\lim_{n\to\infty}\frac{[\Delta]}{n} = 0$$

上述第4个特性说明,偶然误差具有抵偿性,它是由第3个特性导出的。

通过上表中所反映的误差分布,误差概率分布曲线呈正态分布(图1.41)。偶然误差要通过的一定的数学方法(测量平差)来处理。掌握了偶然误差的特性,就能根据带有偶然误差的观测值求出未知量的最可靠值,并衡量其精度。同时,也可应用误差理论来研究最合理的测量工作方案和观测方法。

(3)减弱方法

对偶然误差,可以采取以下措施来减弱对测量结果的影响:

①多次观测:对观测量进行多次观测,对测量结果取平均值。

②使用更精密的测量仪器。

③采取更严谨的测量方式。

在观测过程中,系统误差和偶然误差总是相伴而生。当系统误差占主导地位时,观测

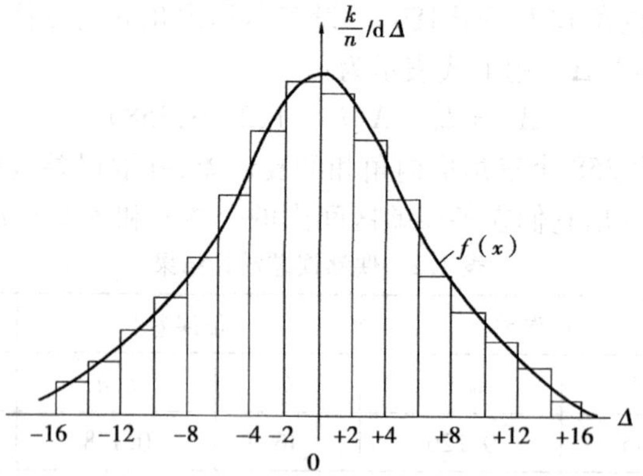

图 1.41　偶然误差分布频率直方图

误差就呈现一定的系统性;反之,当偶然误差占主导地位时,观测误差就呈现一定的偶然性。

根据系统误差有明显规律性的特点,容易发现也容易控制,所以在测量过程中总是可以采取各种办法消除其影响,使其处于次要地位。而偶然误差则不然,不能完全消除,所以,测量观测中所讨论的测量误差均指偶然误差。

3)粗差

粗差是一些不确定因素引起的误差,是指比在正常的观测条件下所可能出现的最大误差还要大的误差。粗差是由于观测者的疏忽大意而造成的错误或电子测量仪器产生的伪观测值,所以又称为粗大误差或疏失误差。

例如,观测者由于判断错误而瞄错目标;量距时不细心,将钢尺上的"6"字看成"9";观测者吐字不清或记录者思想不集中,导致听错或记错数据等。

粗差非常有害,它不仅影响测量成果的可靠性,造成返工浪费,严重的甚至会对工程造成难以估量的损失,所以,应尽量将粗差剔除。有些粗差可以通过分析观测值中的异常值加以发现;有些粗差可以通过检核(如进行多余观测)计算加以发现;而有些小粗差很难发现,对测量成果的精度影响极大,已引起人们的高度重视,形成现代误差理论中的一个重要内容,叫做"粗差探测"。

所以,测量人员在进行测量工作时,要有高度的责任感和认真负责的态度,除完善地组织好观测和记录工作外,还应加强检核,严格执行"规范",及时发现和避免粗差。

1.4.2　衡量精度的指标

测量上常见的衡量观测值的精度指标有中误差、相对误差、极限误差。

1)中误差

在等精度观测列中,各真误差平方的平均数的平方根,称为中误差,也称均方误差,即

$$m = \pm\sqrt{\frac{[\Delta\Delta]}{n}} \tag{1.14}$$

式中　Δ——某量的真误差;

[　]——求和符号。

【例 1.1】　设有两组等精度观测列，其真误差分别为

第一组：$-3''$，$+3''$，$-1''$，$-3''$，$+4''$，$+2''$，$-1''$，$-4''$；

第二组：$+1''$，$-5''$，$-1''$，$+6''$，$-4''$，$0''$，$+3''$，$-1''$。

试求这两组观测值的中误差。

【解】　$m_1 = \pm\sqrt{\dfrac{9+9+1+9+16+4+1+16}{8}} = 2.9''$

$$m_2 = \pm\sqrt{\dfrac{1+25+1+36+16+0+9+1}{8}} = 3.3''$$

比较 m_1 和 m_2 可知，第一组观测值的精度要比第二组高。

必须指出，在相同观测条件下所进行的一组观测，由于它们对应着同一种误差分布，因此，对于这一组中的每一个观测值，虽然各真误差彼此并不相等，有的甚至相差很大，但它们的精度均相同，即都为同精度观测值。

2）容许误差

由偶然误差的第一特性可知，在一定的观测条件下，偶然误差的绝对值不会超过一定的限值。这个限值就是**容许误差**或称**极限误差**。根据误差理论和大量的实践证明，在一系列的同精度观测误差中，真误差绝对值大于中误差的概率约为 32%；大于 2 倍中误差的概率约为 5%；大于 3 倍中误差的概率约为 0.3%。也就是说，大于 3 倍中误差的真误差实际上是不可能出现的。因此，通常以 3 倍中误差作为偶然误差的极限值。在测量工作中一般取 2 倍中误差作为观测值的容许误差，即

$$\Delta_{容} = 2m \tag{1.15}$$

当某观测值的误差超过了容许的 2 倍中误差时，将认为该观测值含有粗差，而应舍去不用或重测。

3）相对误差

对于某些观测结果，有时单靠中误差还不能完全反映观测精度的高低。例如，分别丈量了 100 m 和 200 m 两段距离，中误差均为 ±0.02 m。虽然两者的中误差相同，但就单位长度而言，两者精度并不相同，后者显然优于前者。为了客观反映实际精度，常采用相对误差。

观测值中误差 m 的绝对值与相应观测值 D 的比值称为相对中误差。它是一个无名数，常用分子为 1 的分数表示，即

$$K = \frac{|m|}{D} = 1 : \frac{D}{|m|} \tag{1.16}$$

上例中前者的相对中误差为$\dfrac{1}{5\ 0000}$，后者为$\dfrac{1}{10\ 000}$，表明后者精度高于前者。

对于真误差或容许误差，有时也用相对误差来表示。例如，距离测量中的往返测较差与距离值之比就是所谓的相对真误差，即

$$\frac{|D_{往} - D_{近}|}{D_{平均}} = \frac{1}{\dfrac{D_{平均}}{\Delta D}} \tag{1.17}$$

与相对误差对应，真误差、中误差、容许误差都是绝对误差。

1.4.3 误差传播定律及其应用

当对某量进行了一系列的观测后，观测值的精度可用中误差来衡量。但在实际工作中，往往会遇到某些量的大小并不是直接测定的，而是由观测值通过一定的函数关系间接计算出来的。

例如，水准测量中，在一测站上测得后、前视读数分别为 a、b，则高差 $h=a-b$，这时高差 h 就是直接观测值 a、b 的函数。当 a、b 存在误差时，h 也受其影响而产生误差，这就是所谓的误差传播。阐述观测值中误差与观测值函数中误差之间关系的定律称为误差传播定律。

本节就以下 4 种常见的函数来讨论误差传播的情况。

1）倍数函数

设有函数

$$Z = kx \tag{1.18}$$

式中，k 为常数，x 为直接观测值，其中误差为 m_x，现在求观测值函数 Z 的中误差 m_Z。

设 x 和 Z 的真误差分别为 Δ_x 和 Δ_Z，由式(1.18)知它们之间的关系为

$$\Delta_Z = k\Delta_x$$

若对 x 共观测了 n 次，则

$$\Delta_{Zi} = k\Delta_{xi} \quad (i = 1,2,\cdots,n)$$

将上式两端平方后相加，并除以 n，得

$$\frac{[\Delta_Z^2]}{n} = k^2 \frac{[\Delta_x^2]}{n} \tag{1.19}$$

按中误差定义可知

$$m_Z^2 = [\Delta_Z^2]/n$$

$$m_x^2 = [\Delta_x^2]/n$$

所以式(1.19)可写成

$$m_Z^2 = k^2 m_x^2$$

或

$$m_Z = km_x \tag{1.20}$$

即观测值倍数函数的中误差，等于观测值中误差乘倍数（常数）。

【例 1.2】 用水平视距公式 $D=k\cdot l$ 求平距，已知观测视距间隔的中误差 $m_l=\pm 1$ cm，$k=100$，则求平距的中误差。

【解】 $m_D=100\cdot m_l=\pm 1$ m。

2）和差函数

设有函数

$$z = x \pm y \tag{1.21}$$

式中 x、y 为独立观测值，它们的中误差分别为 m_x 和 m_y，设真误差分别为 Δ_x 和 Δ_y，由式(1.21)可得

$$\Delta_z = \Delta_x \pm \Delta_y$$

若对 x、y 均观测了 n 次，则

$$\Delta_{zi} = \Delta_{xi} \pm \Delta_{yi} \quad (i = 1,2,\cdots,n)$$

将上式两端平方后相加，并除以 n 得

$$\frac{[\Delta_z^2]}{n} = \frac{[\Delta_x^2]}{n} + \frac{[\Delta_y^2]}{n} \pm 2\frac{[\Delta_x\Delta_y]}{n}$$

上式$[\Delta_x\Delta_y]$中各项均为偶然误差。根据偶然误差的特性，当 n 越大时，式中最后一项将趋近于零，于是上式可写成

$$\frac{[\Delta_z^2]}{n} = \frac{[\Delta_x^2]}{n} + \frac{[\Delta_y^2]}{n} \tag{1.22}$$

根据中误差定义，可得

$$m_z^2 = m_x^2 + m_y^2 \tag{1.23}$$

即观测值和差函数的中误差平方，等于两观测值中误差的平方之和。

【例1.3】　在△ABC中，$\angle C = 180° - \angle A - \angle B$，$\angle A$ 和 $\angle B$ 的观测中误差分别为3″和4″，求 $\angle C$ 的中误差。

【解】　$m_C = \pm\sqrt{m_A^2 + m_B^2} = \pm 5''$。

3）线性函数

设有线性函数

$$z = k_1x_1 \pm k_2x_2 \pm \cdots \pm k_nx_n \tag{1.24}$$

式中 $x_1, x_2, \cdots, x_n$ 为独立观测值，$k_1, k_2, \cdots, k_n$ 为常数，则综合式（1.18）和式（1.23）可得

$$m_z^2 = (k_1m_1)^2 + (k_2m_2)^2 + \cdots + (k_nm_n)^2 \tag{1.25}$$

【例1.4】　有一函数 $z = 2x_1 + x_2 + 3x_3$，其中 x_1、x_2、x_3 的中误差分别为 ±3 mm、±2 mm、±1 mm，则

$$m_z = \pm\sqrt{6^2 + 2^2 + 3^2} = \pm 7.0''$$

4）一般函数

设有一般函数

$$z = f(x_1, x_2, \cdots, x_n) \tag{1.26}$$

式中 $x_1, x_2, \cdots, x_n$ 为独立观测值，已知其中误差为 $m_i (i = 1,2,\cdots,n)$。

当 x_i 具有真误差 Δ_{x_i} 时，函数 z 则产生相应的真误差 Δ_z，因为真误差 Δ 是一微小量，故将式（1.26）取全微分，将其化为线性函数，并以真误差符号"Δ"代替微分符号"d"，得

$$\Delta_z = \frac{\partial f}{\partial x_1}\Delta_{x_1} + \frac{\partial f}{\partial x_2}\Delta_{x_2} + \cdots + \frac{\partial f}{\partial x_n}\Delta_{x_n}$$

式中 $\partial f/\partial x_i$ 是函数对 x_i 取偏导数并用观测值代入算出的数值，它们是常数，因此，上式变成了线性函数，按式（1.25）得

$$m_z^2 = \left(\frac{\partial f}{\partial x_1}\right)^2 m_1^2 + \left(\frac{\partial f}{\partial x_2}\right)^2 m_2^2 + \cdots + \left(\frac{\partial f}{\partial x_n}\right)^2 m_n^2 \tag{1.27}$$

上式是误差传播定律的一般形式。前述的式（1.20）、式（1.23）、式（1.25）都可看成是上式的特例。

【例 1.5】 某一斜距 $S=106.28$ m，斜距的竖角 $\delta=8°30'$，中误差 $m_S=\pm5$ cm、$m_\delta=\pm20''$，求改算后的平距的中误差 m_D。

【解】 $D=S\cdot\cos\delta$

先求出各偏导数值：

$$\frac{\partial D}{\partial S}=\cos\delta=\cos 8°30'=0.989$$

$$\frac{\partial D}{\partial \delta}=-S\times\sin\delta$$

$$=-106.28\times100\times\sin 8°30'=1\ 570.918$$

再按中误差计算公式，得：

$$m_D=\pm\sqrt{\left(\frac{\partial D}{\partial S}\right)^2 m_S^2+\left(\frac{\partial D}{\partial \delta}\right)^2 m_\delta^2}$$

$$=\pm\sqrt{0.989^2\times5^2+1\ 570.918^2\times\left(\frac{20}{206\ 265}\right)^2}$$

$$=\pm4.9\text{ cm}$$

在上式计算中，单位统一为 cm，角值的单位由 s 化为 rad。

1.4.4 算术平均值及其中误差

设在相同的观测条件下，对某量进行了 n 次等精度观测，观测值为 $L_1,L_2,\cdots,L_n$，其真值为 X，真误差为 $\Delta_1,\Delta_2,\cdots,\Delta_n$。由式(1.13)可写出观测值的真误差公式为

$$\Delta_i=L_i-X\quad(i=1,2,\cdots,n)$$

将上式相加后，得

$$[\Delta]=[L]-nX$$

故

$$X=\frac{[L]}{n}-\frac{[\Delta]}{n}$$

若以 x 表示上式中右边第一项的观测值的算术平均值，即

$$x=\frac{[L]}{n}\tag{1.28}$$

则

$$X=x-\frac{[\Delta]}{n}$$

上式右边第二项是真误差的算术平均值。由偶然误差的第 4 个特性可知，当观测次数 n 无限增多时，$\frac{[\Delta]}{n}\to0$，则 $x\to X$，即算术平均值就是观测量的真值。

在实际测量中，观测次数总是有限的。根据有限个观测值求出的算术平均值 x 与其真值 X 仅差一微小量 $\frac{[\Delta]}{n}$。故算术平均值是观测量的最可靠值，通常也称为**最或然值**。

由于观测值的真值 X 一般无法知道，故真误差 Δ 也无法求得。所以不能直接应用式(1.14)求观测值的中误差，而是利用观测值的最或然值 x 与各观测值之差 V 来计算中误

差，V 被称为改正数，即

$$V = x - L \tag{1.29}$$

实际工作中利用改正数计算观测值中误差的实用公式称为白塞尔公式。即

$$m = \pm\sqrt{\frac{[VV]}{n-1}} \tag{1.30}$$

利用 $[V]=0$，$[VV]=[LV]$ 检核式，可作计算正确性的检核。

在求出观测值的中误差 m 后，就可应用误差传播定律求观测值算术平均值的中误差 M，推导如下：

$$x = \frac{[L]}{n} = \frac{L_1}{n} + \frac{L_2}{n} + \cdots + \frac{L_n}{n}$$

应用误差传播定律有

$$M_x^2 = \left(\frac{1}{n^2}\right)^2 m^2 + \left(\frac{1}{n}\right)^2 m^2 + \cdots + \left(\frac{1}{n}\right)^2 m^2 = \frac{1}{n}m^2$$

$$M_x = \pm\frac{m}{\sqrt{n}} \tag{1.31}$$

由上式可知，增加观测次数能削弱偶然误差对算术平均值的影响，提高其精度。但因观测次数与算术平均值中误差并不是线性比例关系，所以，当观测次数达到一定数目后，即使再增加观测次数，精度却提高得很少。因此，除适当增加观测次数外，还应选用适当的观测仪器和观测方法，选择良好的外界环境，才能有效地提高精度。

【例1.6】　对某段距离进行了5次等精度观测，观测结果列于表1.3中，试求该段距离的最或然值、观测值中误差及最或然值中误差。

【解】　计算见表1.3。

表1.3　等精度观测计算

序号	L/m	V/cm	VV/cm	精度评定
1	251.52	−3	9	$m=\pm\sqrt{\frac{20}{4}}=2.2$ mm $M=\pm\frac{m}{\sqrt{n}}=\sqrt{\frac{[VV]}{n(n-1)}}=\sqrt{\frac{20}{5\times4}}=1$ cm
2	251.46	+3	9	
3	251.49	0	0	
4	251.48	−1	1	
5	251.50	+1	1	
	$x=\frac{[L]}{n}=251.49$	$[V]=0$	$[VV]=20$	

最后结果可写成：$x=251.49\pm0.01$(m)

1.4.5　加权平均值及其中误差

当各观测量的精度不相同时，不能按算术平均值式(1.28)和中误差式(1.30)及式(1.31)来计算观测值的最或然值和评定其精度。计算观测量的最或然值应考虑到各观测

值的质量和可靠程度，显然对精度较高的观测值，在计算最或然值时应占有较大的比重，反之，精度较低的应占较小的比重，为此各个观测值要给定一个数值来比较它们的可靠程度，这个数值在测量计算中被称为观测值的权。显然，观测值的精度越高，中误差就越小，权就越大，反之亦然。

在测量计算中，给出了用中误差求权的定义公式

$$P_i = \frac{\mu^2}{m_i^2} \quad (i = 1,2,\cdots,n) \tag{1.32}$$

式中 P 为观测值的权，μ 为任意常数，m 为各观测值对应的中误差。在用上式求一组观测值的权 P_i 时，必须采用同一 μ 值。

当取 $P=1$ 时，μ 就等于 m，通常称数字为 1 的权为单位权，单位权对应的观测值为单位权观测值，单位权观测值对应的中误差 μ 为单位权中误差。

当已知一组非等精度观测值的中误差时，可以先设定 μ 值，然后按式(1.32)计算各观测值的权。

【例 1.7】 已知三个角度观测值的中误差分别为 $m_1 = \pm 3''$、$m_2 = \pm 4''$、$m_3 = \pm 5''$，它们的权分别为：

$P_1 = \mu^2/m_1^2 \qquad P_2 = \mu^2/m_2^2 \qquad P_3 = \mu^2/m_3^2$

若设 $\mu = \pm 3''$，则 $P_1 = 1, P_2 = 9/16, P_3 = 9/25$

若设 $\mu = \pm 1''$，则 $P_1' = 1/9, P_2' = 1/16, P_3' = 1/25$

上例中 $P_1 : P_2 : P_3 = P_1' : P_2' : P_3' = 1 : 0.56 : 0.36$。可见，$\mu$ 值取得不同，权值也不同，但不影响各权之间的比例关系。当 $\mu = \pm 3''$时，P_1 就是该问题中的单位权，$m_1 = \pm 3''$就是单位权中误差。

中误差是用来反映观测值的绝对精度，而权是用来比较各观测值相互之间的精度高低。因此，权的意义在于它们之间所存在的比例关系，而不在于它本身数值的大小。

对某量进行 n 次非等精度观测，观测值分别为 $L_1, L_2, \cdots, L_n$，相应的权为 $P_1, P_2, \cdots, P_n$，则加权平均值 x 就是非等精度观测值的最或然值，计算公式为

$$x = \frac{P_1L_1 + P_2L_2 + \cdots + P_nL_n}{P_1 + P_2 + \cdots + P_n} = \frac{[PL]}{[P]} \tag{1.33}$$

显然，当各观测值为等精度时，其权为 $P_1 = P_2 = \cdots = P_n = 1$，上式就与求算术平均值的式(1.28)一致。设 $L_1, L_2, \cdots, L_n$ 的中误差为 $m_1, m_2, \cdots, m_n$，则根据误差传播定律，由式(1.33)可导出加权平均值的中误差为

$$M_x^2 = \frac{P_1^2}{[P]^2}m_1^2 + \frac{P_2^2}{[P]^2}m_2^2 + \cdots + \frac{P_n^2}{[P]^2}m_n^2 \tag{1.34}$$

而

$$m_i^2 = \frac{\mu^2}{P_i}$$

由式(1.32)，有

$$M_x^2 = \frac{\mu^2}{[P]^2}(P_1 + P_2 + \cdots + P_n) = \frac{\mu^2}{[P]}$$

则得

$$M_x = \pm \frac{\mu}{\sqrt{[P]}} \tag{1.35}$$

【例1.8】 如图1.42所示，从已知水准点A、B、C经三条水准路线测得E点的观测高程H_i及水准路线长度S_i。求E点的最或然高程及其中误差。

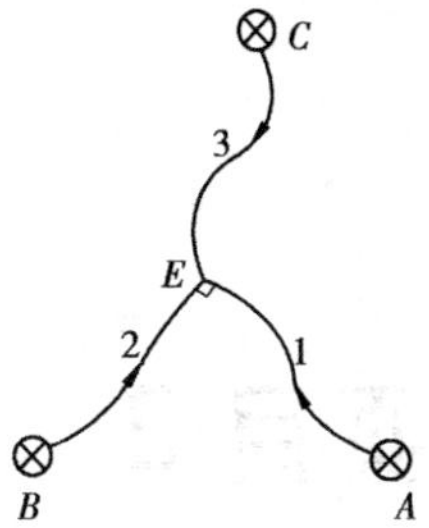

图1.42　水准路线

【解】 计算见表1.4，计算中的定权公式为$P_i = 1/S_i$。

表1.4　非等精度观测平差计算

路线	E点高程H/m	路线长/km	$P=\frac{1}{S}$	V/mm	PVV	精度评定
1	527.459	4.5	0.22	10	22.00	$\mu = \pm\sqrt{\frac{122}{2}} = 7.81$ mm $M_E = \pm\frac{7.81}{\sqrt{0.78}} = 8.84$ mm
2	527.484	3.2	0.31	−15	69.75	
3	527.458	4.0	0.25	11	30.25	
	$x = 527.469$		0.78		122	

最后结果可写成：$H_E = 527.469 \pm 0.009$ m

练习与思考题

1. 名词解释

测绘　测设　水准面　大地水准面　测绘基准　测绘系统　平面直角坐标系　绝对高程　相对高程　中误差　容许误差　相对中误差　误差传播定律

2. 测量学按照研究范围、研究对象及采用技术手段的不同，分为哪些学科？

3. 测绘在工程哪些阶段发挥了重要的作用？

4. 测量工作的基本原则是什么？

5. 绝对高程和相对高程的基准面是什么？

6. 测量误差的主要来源有哪些？

7. 偶然误差具有哪些特性？

8. 测量中所使用的高斯平面坐标系与数学上使用的笛卡尔坐标系有何区别？

9. 我国领土内某点A的高斯平面坐标为：$X_A = 2\ 497\ 019.17$ m，$Y_A = 19\ 710\ 154.33$ m，试说明A点所处的6°投影带和3°投影带的带号、各自的中央子午线经度。

10. 在水准测量中，读数a与b的误差分别为$m_a = \pm 3$ mm、$m_b = \pm 4$ mm，则高差h的中误差m_h等于多少？

11. 电磁波测距三角高程公式：$h = D\tan\alpha + i - v$，已知：$D = 192.263\text{ m} \pm 0.006$ m，$\alpha = 8°9'16'' \pm 10''$，$i = 1.515\text{ m} \pm 0.002$ m，$v = 1.627\text{ m} \pm 0.002$ m，求h值及其中误差m_h。

12. 一段距离分为三段丈量，分别量得$S_1 = 42.74$ m，$S_2 = 148.36$ m，$S_3 = 84.75$ m，它们的中误差分别为$m_1 = \pm 2$ cm，$m_2 = \pm 5$ cm，$m_3 = \pm 4$ cm。试求该段距离总长及其中误差m_S。

13. 在比例尺为1∶500的地形图上，量得两点的长度为$L = 23.4$ mm，其中误差$m_1 = \pm 0.2$ mm，求该两点的实地距离L及其中误差m_L。

项目2　高程控制测量

确定地面点高程的测量工作称为高程测量。高程测量的目的是获得待测点的高程,但一般只能直接测得两点间的高差,然后根据其中一点的已知高程推算出另一点的高程。

进行高程测量的主要方法有水准测量、电磁波测距三角高程测量、气压高程测量和GPS高程测量等。

《工程测量规范》(GB 50026—2007)4.1.1规定,高程控制测量精度等级的划分依次为二、三、四、五等。各等级高程控制宜采用水准测量,四等及以下等级可采用电磁波测距三角高程测量,五等也可采用GPS拟合高程测量。

水准测量是利用水平视线来测量两点间的高差。由于水准测量用途广、精度高,所以水准测量是高程测量中最常用的方法。三角高程测量是测量两点间的水平距离或斜距和竖直角,然后利用三角公式计算出两点间的高差。三角高程测量一般精度较低,只是在适当的条件下才被采用。气压高程测量根据大气压力随高程变化的规律,用气压计测定两点的气压差来推算高差。由于大气压力受气象变化的影响较大,气压高程测量精度低于水准测量和三角高程测量,主要用于高差较大的丘陵地和山区的勘测工作。GPS高程测量是利用全球定位系统(GPS)测量技术直接测定地面点的大地高,或间接确定地面点的正常高。此法精度已达到厘米级,应用越来越广,是未来高程测量的主要发展方向。

任务2.1　认识水准仪

2.1.1　水准测量的原理

1)高差法

水准测量是利用水平视线来求得两点的高差。如图2.1中,A点为已知高程点,即H_A已知。B点为待测高程点,即高程H_B未知。此时,我们只需求出A、B两点的高差h_{AB},就能通过H_A求得H_B。在A点上竖立水准尺M,在B点上竖立水准尺N,并在A、B两点之间安置水准仪。当视线水平时,在A、B两个点的标尺上分别读得读数a和b,则A、B两点的高差等于两个标尺读数之差。即

$$h_{AB} = a - b \tag{2.1}$$

由于A为已知高程点,B为待测高程点,则B点的高程为:

$$H_B = H_A + h_{AB} \tag{2.2}$$

式(2.2)直接利用高差 h_{AB} 求得 B 点高程的方法称为高差法。

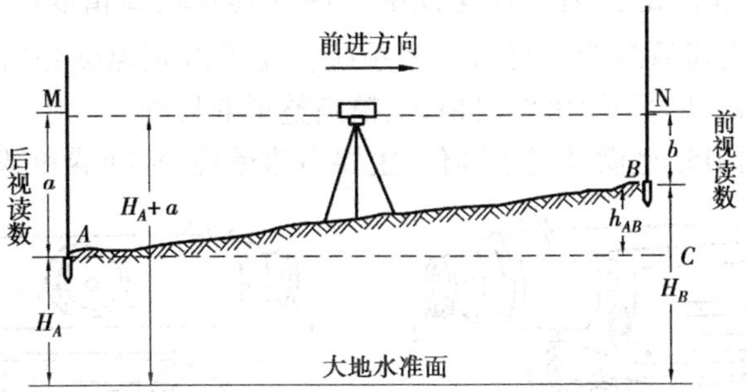

图 2.1 水准测量的原理

如图 2.1 所示,水准测量是有方向的,水准测量的方向是由已知高程点开始向待测点。由于 A 点在前进方向的后方,所以 A 点称为后视点,A 点所立的水准尺 M 称为后视尺,在后视尺 M 上读出的读数 a 称为后视读数;而 B 点在前进方向的前方,所以 B 点称为前视点,B 点所立的水准尺 N 称为前视尺,在前视尺 N 上读出的读数 b 称为前视读数。在式(2.1)中高差等于后视读数减前视读数,不能颠倒。

高差 h_{AB} 可正可负,当 $a>b$ 时,高差为正,即 A 点比 B 点低;当 $a<b$ 时,高差为负,即 A 点比 B 点高。在利用式(2.2)进行高程计算时,h_{AB} 应连同正负号一起代入计算。在书写 h_{AB} 时,也应注意 h_{AB} 的下标。h_{AB} 表示 AB 两点的高差,即 B 点对于 A 点的高差。而 A 点对于 B 点的高差,则称为 BA 两点的高差,应用 h_{BA} 来表示,并且

$$h_{AB} = -h_{BA} \tag{2.3}$$

2)仪高法

在图 2.2 中,我们可以利用仪器的视线高程 H_i 计算 1 点的高程,称为仪高法。即

视线高程 $$H_i = H_A + a \tag{2.4}$$

1 点高程 $$H_1 = H_i - b \tag{2.5}$$

在工程测量中,往往要求利用一个已知高程点 A 测出多个待测高程点 1、2、3 等的高程,这时利用仪高法比高差法更加简便。

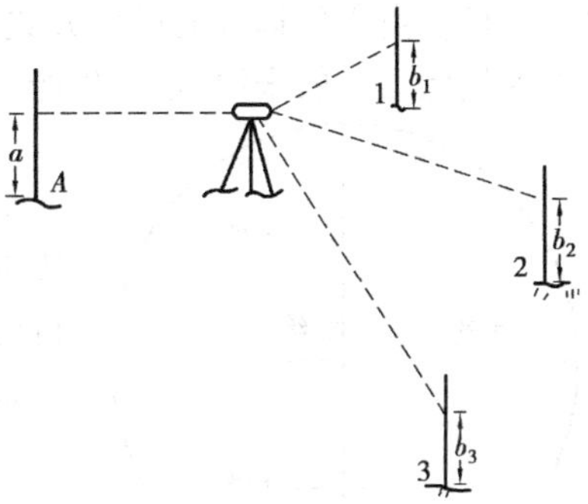

图 2.2 仪高法

综上所述,水准测量是利用水准仪提供的水平视线,获取水准尺上的读数,计算两点间的高差的测量方法。

2.1.2 水准仪和水准尺

为水准测量提供水平视线并在水准尺上准确读数的仪器称为水准仪。我国水准仪系列标准分为 DS_{05}、DS_1、DS_3 和 DS_{20} 4 个等级。其中 D 表示“大地测量”,S 表示“水准仪”,下标数字表示该仪器的精度等级。如 DS_3 型水准仪的“3”表示此仪器每千米往返测量高差中数偶然中误差≤ ±3 mm。

1) DS_3 型微倾式水准仪的构造

DS_3 型微倾式水准仪是我国工程建设中常用的具有较高精度的水准仪之一。"微倾式"是指仪器上装置有微倾螺旋和复合棱镜系统。使用微倾螺旋并借助复合棱镜系统,可以使望远镜微小倾斜,以达到使水准仪快速、精确整平的目的。

图 2.3 是国产的 DS_3 型微倾式水准仪,主要由望远镜、水准器和基座三部分组成。

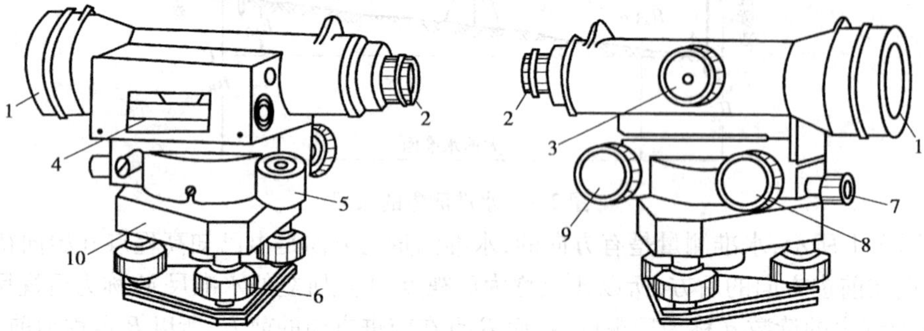

图 2.3　DS_3 型微倾式水准仪

1—物镜;2—目镜;3—物镜调焦螺旋;4—水准管;5—圆水准器;
6—脚螺旋;7—水平制动螺旋;8—水平微动螺旋;9—微倾螺旋;10—轴座

(1)望远镜

望远镜由目镜和物镜两个基本部分组成。物镜的作用是使物体在物镜的另一侧构成一个倒立的实像,目镜的作用是使这一实像在同一侧形成一个放大的虚像。在水准测量中,我们用物镜对准水准尺,通过望远镜的放大作用,便可以在目镜中获得一个放大的水准尺的图像。由于望远镜的成像方式不同,我们在目镜上观测到的图像有可能为正像,也有可能为倒像。一般来说,近期生产的仪器都是以正像水准仪为主。

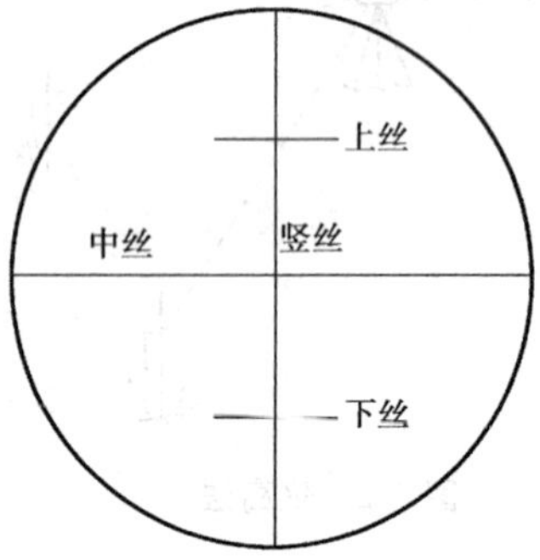

图 2.4　十字丝分划板

为了获取准确的读数,测量仪器上的望远镜还必须有一个十字丝分划板,作为读数的标记。十字丝分划板是一块刻画有一组十字丝的玻璃片,被安装在望远镜筒内靠近目镜的一端。水准仪上的十字丝如图 2.4 所示。竖丝的作用是精确瞄准水准尺;中丝用作普通水准尺的读数;上丝和下丝又合称为视距丝,主要用作视距观测。

为了观测与望远镜距离不同的目标,并使水准尺呈现清晰,可旋转物镜调焦螺旋,移动对光透镜使目标构成的物像清晰地落在十字丝分划板上。

为使十字丝清晰并放大十字丝平面上的成像,可旋转目镜调焦螺旋。目镜调焦螺旋就在目镜外侧,是可以旋转的。

十字丝交点和物镜光心的连线称为视准轴,是瞄准目标的轴线。视准轴是水准仪的主要轴线之一,也是在水准测量的原理图 2.2 中我们所提到的水平视线。

另外,在望远镜的上方有照门和准星的设置,其作用是使望远镜粗略瞄准水准尺。

(2)水准器

DS_3 型微倾式水准仪上的水准器分为圆水准器和管水准器两种。圆水准器的作用是标示仪器竖轴是否竖直,管水准器的作用是标示视准轴是否水平。

如图2.5所示，圆水准器是一个封闭的圆形玻璃容器，顶盖的内表面为一球面，半径可自0.12 m至0.86 m。容器内注满酒精和乙醚的混合液体，加热融封，液体冷却后体积收缩，便在圆水准器内留有一小真空泡。容器顶盖中央刻有一小圈，小圈的中心是圆水准器的零点。通过零点的球面法线是圆水准器的轴，当圆水准器的气泡居中时，圆水准器的轴位于铅垂位置。在制造水准仪时，把圆水准器轴与水准仪的竖轴调校成平行状态，因此我们在调整圆水准器气泡居中后，可认为水准仪竖轴已经竖直。

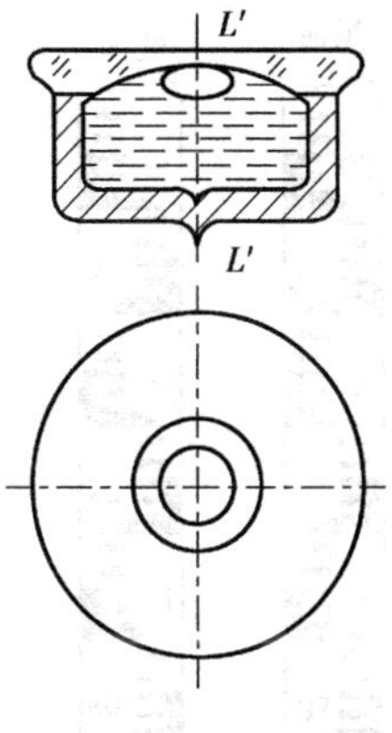

图2.5　圆水准器

管水准器又称水准管，是一个封闭的玻璃管，管的内壁在纵向磨成圆弧形，其半径可自0.2 m至100 m。管内盛酒精或乙醚或两者混合的液体，并留有一气泡，如图2.6所示。管面上刻有分划线，分划的中点称为水准管的零点。过零点与管内壁在纵向相切的直线称水准管轴。当气泡的中心点与零点重合时，称气泡居中，气泡居中时水准管轴位于水平位置。在制造水准仪时，把水准管轴与水准仪的视准轴调校成平行状态，因此我们在调整水准管气泡居中后，可认为水准仪的视线已水平。

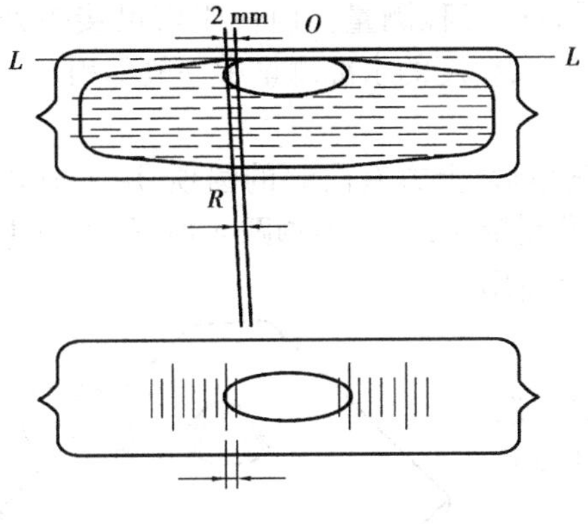

图2.6　管水准器

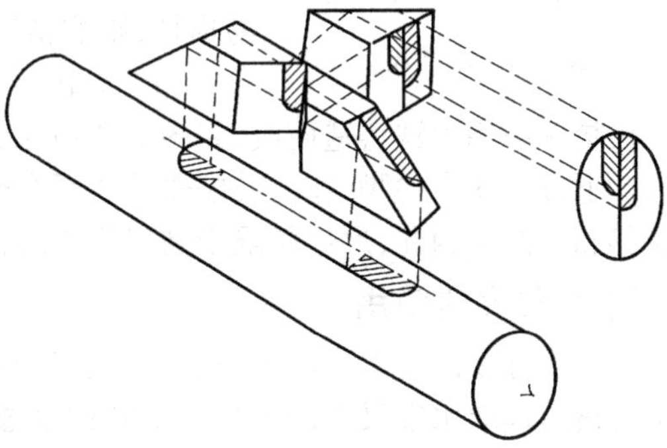

图2.7　棱镜组

为了提高目估水准管气泡居中的精度，在水准管的上面安装一套棱镜组（图2.7），借助棱镜的反射，使两端各有半个气泡的像投影到一起。当气泡居中时，两端气泡的像就能符合，故这种水准器称为符合水准器，是微倾式水准仪上普遍采用的水准器。

（3）基座

基座主要由轴座、脚螺旋、底板和三角压板组成，其主要作用是支撑仪器照准部并连接三脚架。另外，通过调节脚螺旋，可使圆水准气泡居中，是仪器粗略整平的装置。

除了上述三个主要部分外，水准仪上还装有水平制动及微动螺旋。拧紧水平制动螺旋，望远镜便不能转动，此时转动水平微动螺旋，望远镜即可在水平方向作小范围旋转，以便于望远镜精确照准水准尺。

2）水准测量的工具

水准测量的主要工具有水准尺和尺垫，在某些特殊的水准测量工作中有可能会用到测绳或钢卷尺等辅助工具。

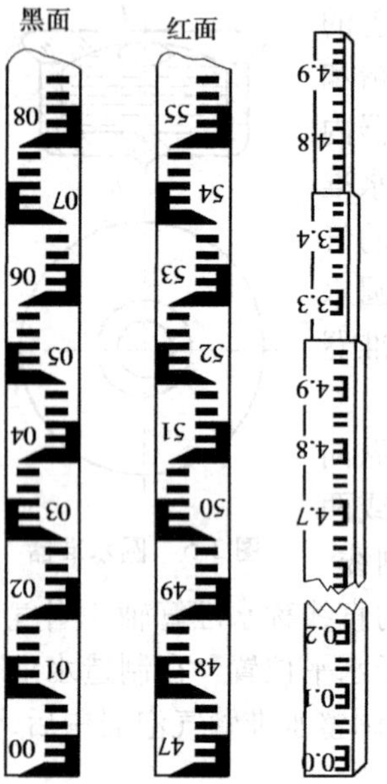

(a)双面尺　　(b)塔尺

图2.8　水准尺

(1)水准尺

水准尺是水准测量的重要工具,如图2.8所示,按其构造形式可分为直尺和塔尺两种。直尺又称为板尺,一般为双面尺,用干燥且伸缩性小的木材制成,尺长3 m。尺面采用区格式分划,其最小单位为1 cm,每分米注记数字。双面尺分为红白两面,黑白相间的尺面称为黑面,黑面是双面尺的基本分划面,尺面标注最小读数为0.000 m;红白相间的尺面称为红面,红面是双面尺的辅助分划面,尺面标注最小读数为4.687 m或4.787 m。两根双面尺为一对,其中一根尺红面起始读数为4.687 m,另一根为4.787 m。我们把4.687 m或4.787 m称为尺常数,记作K。双面尺整体性好,多用于三、四等水准测量。

塔尺一般用玻璃钢、铝合金或优质木材制成。塔尺一般由3到5节套尺组成,全长一般为5 m,在尺身上标示的刻度往往精确到毫米。塔尺可以伸缩且携带方便,因此,塔尺常用于各种精度要求不高的工程测量。但由于塔尺接头处容易损坏,影响精度,在较高精度的水准测量中一般不用。

(2)尺垫

尺垫一般用生铁铸造而成,如图2.9所示,呈三角形,上方有凸起的圆顶,用来放置水准尺。下方有3个尖脚,在土质松软的地面进行水准测量时,可将尖脚踩入地下,以防止尺垫位移和下沉。因此,尺垫仅限于高程传递的转点上使用。

3)水准仪的使用

使用水准仪的基本作业是:在适当位置安置水准仪,整平视线后读取水准尺上的读数。微倾式水准仪的操作应按下列步骤和方法进行:

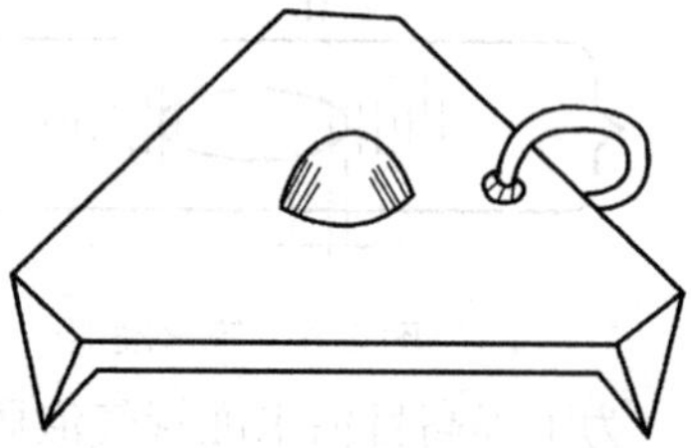

图2.9　尺垫

(1)安置水准仪

首先抽出三条活动脚架,再打开三脚架,使三脚架牢固架设在地面上。然后把水准仪用中心连接螺旋连接到三脚架上,取水准仪时必须握住仪器的坚固部位,并确认已牢固地连接在三脚架上后才可放手。由于测量工作是一项持续时间较长的工作,所以在观测时三脚架的架设应高度适中,与观测人员的身高相适应,避免引发职业病。另外,在架设三脚架时应使架头大致水平,以降低仪器整平的难度。在坡地上架设三脚架时,应使三脚架的两脚在坡下一脚在坡上。

(2)粗略整平

水准仪的粗略整平,简称粗平,是使水准仪的圆水准器气泡居中,从而使仪器竖轴竖直,仪器旋转时,为仪器在各个方向精密水平创造条件。

为达到粗略整平水准仪的目的,操作时可升降脚架或者转动脚螺旋。在粗略整平的过程中,通过观察气泡的位置可以确定仪器的整平状态,气泡停留在哪个方向便说明仪器哪一边更高或是相反的一边更低。这时即可使用升降脚架或转动脚螺旋的方式来进行校正,在旋转脚螺旋时,顺时针转动可使脚螺旋上升,逆时针转动可使脚螺旋下降。粗略整平方法有很多,需要在操作中摸索和熟练,下面介绍一种能较快掌握的整平方法。

旋转照准部,使圆水准器与脚螺旋的位置关系如图 2.10 所示,并对脚螺旋进行①②③的命名。这时气泡位于 a 位置(图 2.10(a)),说明水准仪左高右低,可以旋转降低脚螺旋①或升高脚螺旋②来使水准仪达到水平,即逆时针旋转脚螺旋①或顺时针旋转脚螺旋②。为提高整平速度,可同时旋转①②两个脚螺旋使气泡移到通过圆水准器零点并垂直于这两个脚螺旋连线的方向上,即使气泡自 a 移到 b,如图 2.10(b)所示。气泡位于 b 位置,说明水准仪下高上低,这时可升高脚螺旋③,即顺时针旋转脚螺旋③,气泡便会向上移动,使圆水准器气泡居中。如仍有偏差可重复进行。操作时必须记住以下三条要领:

①先旋转两个脚螺旋,然后旋转第三个脚螺旋;

②旋转两个脚螺旋时必须作相对地转动(同时向内或同时向外),即旋转方向应相反;

③气泡移动的方向始终和左手大拇指移动的方向一致。

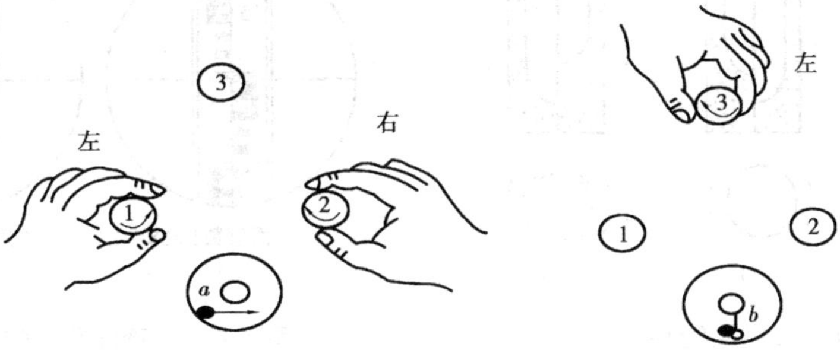

图 2.10　粗略整平

(3)照准调焦

照准是指瞄准水准尺,调焦是使水准尺和十字丝分划板成像清晰。

①目镜调焦。转动望远镜,朝向明亮的背景,旋转目镜调焦螺旋,使十字丝清晰。

②粗略瞄准。松开水平制动螺旋,转动望远镜,用望远镜上方的照门和准星瞄准水准尺,然后旋紧水平制动螺旋,固定望远镜。

③物镜调焦。转动物镜调焦螺旋,使水准尺成像清晰。

④精确瞄准。转动水平微动螺旋,使十字丝竖丝瞄准水准尺边缘或平分水准尺,如图 2.13 所示。

⑤消除视差。照准目标时必须要消除视差。当观测时把眼睛稍作上下移动,如果尺像与十字丝有相对的移动,即读数有改变,则表示有视差存在。其原因是尺像没有落在十字丝分划板上,如图 2.11(b)所示。存在视差时不可能得出准确的读数。消除视差的方法是:一边稍旋转调焦螺旋一边仔细观察,直到不再出现尺像和十字丝有相对移动为止,即尺像与十字丝在同一平面上,如图 2.11(a)所示。

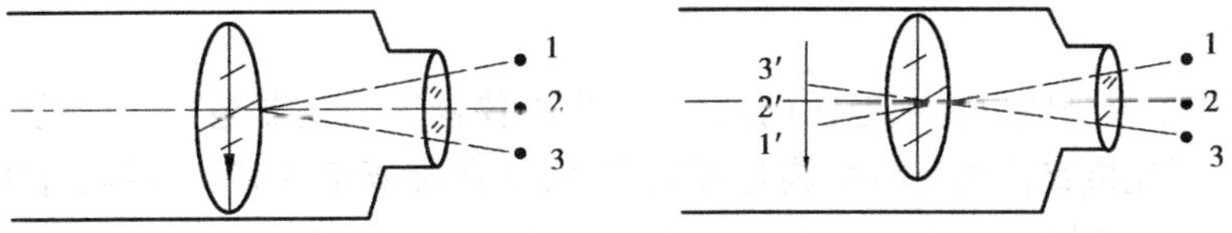

图 2.11　视差影响

(4)精平与读数

由于圆水准器的灵敏度较低，所以用圆水准器只能使水准仪粗略地整平。因此，在每次读数前还必须用微倾螺旋使水准管气泡符合，使视线精确整平。

精平的规律是:观测窗中左侧的半像低于右侧半像时，微倾螺旋应向顺时针转动，如图2.12(b)所示；观测窗中右侧的半像低于左侧半像时，微倾螺旋应向逆时针转动，如图2.12(c)所示。

由于微倾螺旋旋转时，经常在改变望远镜和竖轴的关系，当望远镜由一个方向转变到另一个方向时，水准管气泡一般不再符合。所以望远镜每次变动方向后，也就是在每次读数前，都需要用微倾螺旋重新使气泡符合。但切忌转动脚螺旋。

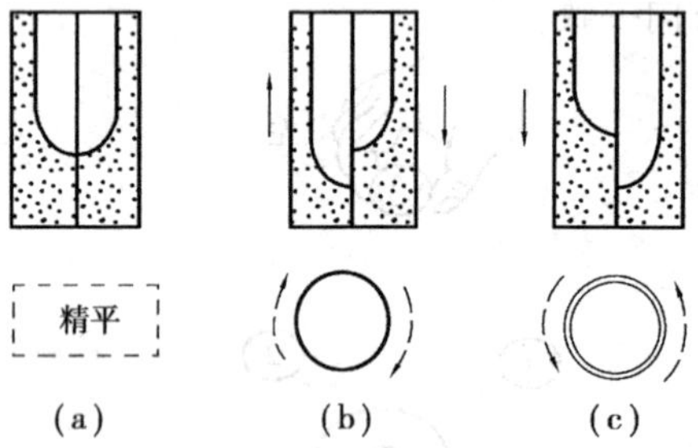

图2.12　精确整平

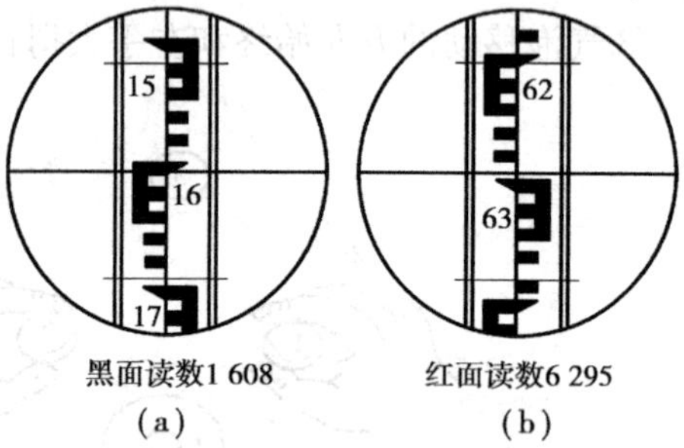

图2.13　精确瞄准和水准尺读数

精平后用十字丝中间的横丝读取水准尺的读数。在尺上可直接读出米、分米以及厘米读数，毫米读数则需要估读。如图2.13(a)所示黑面读数为1.608 m。如果某一位数是零，也必须读出并记录，不可省略，如1.002 m、0.007 m、2.100 m等。另外，在水准读数时，应用米或者毫米作为单位，不用分米或厘米作为读数单位。

为了保证得出正确的水平视线读数，在读数前和读数后都应该检查气泡是否符合。即精平后立即读数，读数后再检查精平，必须保证读数时视线是水平的。

4)立尺和迁站

(1)立尺

水准尺应立在测点或者转点上，并处于铅直状态。水准尺如果左右倾斜，很容易在望远镜中发现，可及时纠正。当水准尺前后倾斜时，观测员很难发现，从而导致读数偏大。因此，立尺员应站在尺后，双手握住把手，双臂贴紧身体，借助水准尺上的水准器将尺铅直的立在点上。使用塔尺时，应注意尺段是否卡紧，并注意尺段拉开顺序是否错误。塔尺抽出的尺段能保证正常读数即可，不必将尺段全部抽出。在有高压电线的地区立尺时，注意避开高压线，避免触电。

(2)迁站

长距离迁站或是地形复杂地区的迁站，应先将仪器装回仪器箱，并收拢脚架。如在短距离内迁站，可先检查仪器连接螺旋是否紧固，将脚螺旋调至等高，然后收拢脚架，一手扶住基座，另一手斜抱脚架并夹于腋下。严禁将仪器扛在肩上，防止发生安全事故。

任务2.2　普通水准测量

图根水准测量是精度最低的水准测量,故又称普通水准测量或等外水准测量。普通水准测量的工作内容包括外业工作和内业工作。

2.2.1　普通水准测量的外业工作

1)水准点和水准路线

(1)水准点

用水准测量的方法测定的高程控制点称为水准点,记作BM。水准点分为永久性水准点和临时性水准点两种。永久性水准点一般用混凝土或者石头制成标石,中间嵌入半球金属标志,埋设在坚硬土层中,并设置防护井保护。亦可埋设在岩石或者永久建筑物上。在建筑工程中,经常需要设置一些临时性水准点,这些点可用大木桩顶面加一半球状的帽钉打入地下,也可以在岩石或者房角用红色油漆标记。目前,水准点标志采用的材质为不锈钢,标牌上可以刻字,突出单位名称,或编号,或起警示作用。

(2)水准路线

水准测量的任务,是从已知高程的水准点开始测量其他水准点或地面点的高程。测量前应根据要求布置并选定水准点的位置,拟订水准测量进行的路线。根据测区的情况和作业要求,水准路线有以下几种形式:

①附合水准路线:水准测量从一个已知高程的水准点开始,结束于另一个已知高程的水准点的水准路线,如图2.14(a)所示。这种形式的水准路线,可使测量成果得到可靠的检核。

②闭合水准路线:水准测量从一已知高程的水准点开始,最后又闭合到起始点上的水准路线,如图2.14(b)所示。这种形式的水准路线,也可以使测量成果得到检核。

③支水准路线:是由一个已知高程的水准点开始,最后既不附合也不闭合到已知高程的水准点上的一种水准路线,如图2.14(c)所示。这种形式的水准路线,由于不能对测量成果自行检核,因此必须进行往测和返测,或用两组仪器进行并测。

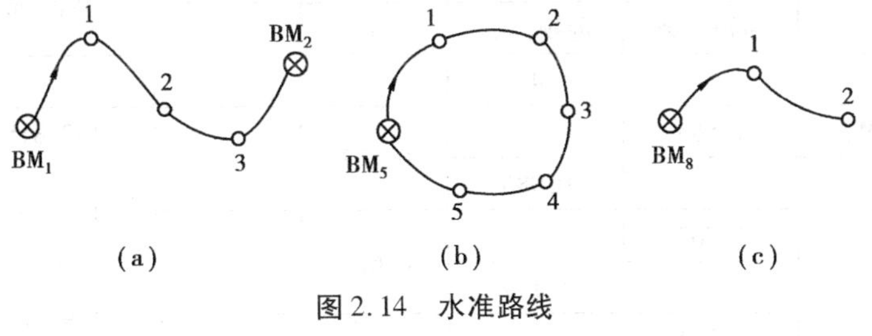

图2.14　水准路线

2)水准路线的施测方法

(1)一个测站的施测方法

①在两点之间前、后视距大致相等处安置水准仪,进行粗平。需要指出的是,这里所描述的前、后视距相等并不是指前视点、后视点和仪器一定要在同一条直线上。

②瞄准后视尺,精平并读数。

③松开水平制动螺旋,瞄准前视尺,精平并读数。这里绝对不能调整圆水准器。

(2)需要增加转点的测站

在实际测量工作中,如果 A 点和 B 点高差较大、距离较远或者两点间有较大的障碍物遮挡,安置一个测站不能通视,则需要在两点间设置转点,把两点划分为若干段。如图 2.15 中,A 点和 B 点间增加了转点 T_1、T_2、T_3 使 A、B 两点间变为 4 个测站。点 T_1、T_2、T_3 称为转点,这些点在水准测量工作中仅作为传递高程的作用,转点设置的个数以及位置对测量结果并没有绝对影响,只是转点的个数、位置设置得合理一些可以降低出现测量错误的几率。通常这些转点是由立尺员临时选定的立尺点,仅用尺垫进行临时的位置记录,所以立尺员在转点上必须等待观测员读完全部读数并验算正确后才能进行移动。

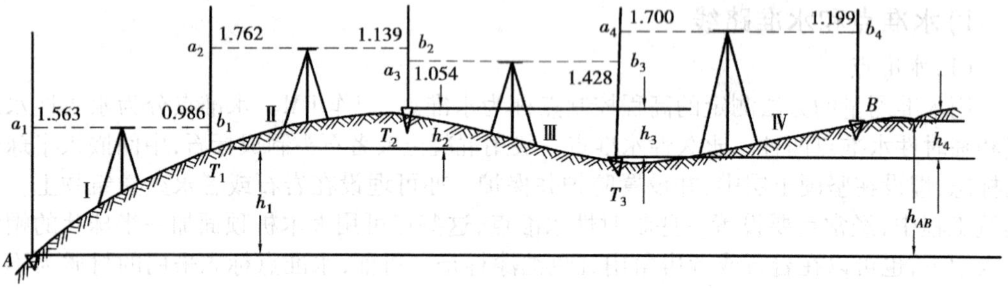

图 2.15　水准测量的施测方法

在如图 2.15 所示的水准测量工作中,可先按照一个测站的施测方法测量第一个测站 A 点和 T_1 点之间的高差,然后把 A 点上的水准尺移动到 T_2 点上作为第二个测站的前视尺,而 T_1 点上的水准尺留在原地不动作为第二个测站的后视尺,并把水准仪迁站到 T_1 和 T_2 之间合适的位置上。这时就可按照第一测站的施测程序进行第二测站的施测工作。

3)水准测量记录计算方法

水准测量中,把安置仪器的位置编号称为测站,立尺的位置称为测点。各个测站观测所得到的读数、高差的计算成果、高程的推算值均应随测随记,并保证记录的原始性和真实性。

如图 2.15 所示的水准测量中,记录表格应按表 2.1 所示进行填写。

表 2.1　水准测量记录表

测站	测　点	水准尺读数/m		高差/m		高程/m	备　注
		后视读数	前视读数	+	−		
1	2	3	4	5		6	7
Ⅰ	BM_A	1.563		0.577		132.815	
	T_1		0.986			133.392	
Ⅱ	T_1	1.762		0.623			
	T_2		1.139			134.015	
Ⅲ	T_2	1.054			0.374		
	T_3		1.428			133.641	
Ⅳ	T_3	1.700		0.501			
	BM_B		1.199			134.142	
计算检核	$\sum$	6.079	4.752	1.701	0.374		
	$\sum a - \sum b = +1.327$			$\sum h = +1.327$		$h_{AB} = H_B - H_A = +1.327$	

(1)高差计算

每一个测站对应一个高差计算，由式(2.1)可得，如：

$h_1 = a_1 - b_1 = 1.563 - 0.986 = 0.577$

(2)高程计算

根据所测得的高差以及已知点的高程，可得出待测点高程，由式(2.2)可得，如：

$H_1 = H_A + h_1 = 132.815 + 0.577 = 133.392$

(3)计算检核

为保证记录表内计算结果的正确性，水准测量结果必须进行计算检核。其方法是：

$$\sum a - \sum b = \sum h = h_{AB} \tag{2.6}$$

而表2.1中的$\sum a - \sum b$、$\sum h$和h_{AB}均等于1.327。

测站检核仅能反映出在水准测量记录表中的高差计算和高程计算有无错误，而不能代表水准测量外业观测数据的正确性。

4)水准测量成果的检核

为了保证水准测量成果的正确性，对水准测量的成果必须进行检核。检核内容有测站检核和水准路线检核两项。

(1)测站检核

为防止在一个测站上发生错误而导致整个水准路线结果的错误，可在每个测站上对观测结果进行检核，方法如下：

①两次仪器高法。在每个测站上一次测得两转点间的高差后，改变一下水准仪的高度，再次测量两转点间的高差。对于一般水准测量，当两次所得高差之差小于5 mm时可认为合格，取其平均值作为该测站所得高差，否则应重测。

②双面尺法。利用双面水准尺分别由黑面和红面读数得出的高差，扣除一对水准尺的常数差后，两个高差之差小于5 mm时可认为合格，否则应重测。

(2)水准路线检核

测站检核只能检核单个测站的观测精度，至于转点位置是否变动、外界环境因素的影响等，则很难通过测站检核反映出来。但这些误差的积累也会对整个路线的成果造成影响，因此必须进行线路成果的检核。检核的方法是：将路线的观测结果与理论高差值相比较，观测结果与理论高差值的差值称为高差闭合差，高差闭合差反映了水准测量成果的精确性。在工程测量规范中，对不同等级水准测量的高差闭合差都规定了一个容许值范围。如水准路线检核的高差闭合差值超出了这个容许值范围，则认为观测结果不准确，应对外业资料进行检查，甚至返工重测。

《工程测量规范》(GB 50026—2007)4.2.1规定，水准测量的主要技术要求应符合表2.2的规定。

表2.2　水准测量的主要技术要求

等级	每千米高差全中误差/mm	路线长度/km	水准仪型号	水准尺	观测次数		往返较差、附合或环线闭合差	
					与已知点联测	附合或环线	平地/mm	山地/mm
二等	2	—	DS_1	因瓦	往返各一次	往返各一次	$4\sqrt{L}$	

续表

等级	每千米高差全中误差/mm	路线长度/km	水准仪型号	水准尺	观测次数		往返较差、附合或环线闭合差	
					与已知点联测	附合或环线	平地/mm	山地/mm
三等	6	≤50	DS_1	因瓦	往返各一次	往一次	$12\sqrt{L}$	$4\sqrt{n}$
			DS_3	双面	往返各一次	往返各一次		
四等	10	≤16	DS_3	双面	往返各一次	往一次	$20\sqrt{L}$	$6\sqrt{n}$
五等	15	—	DS_3	单面	往返各一次	往一次	$30\sqrt{L}$	—

注:①结点之间或结点与高级点之间,其路线的长度不应大于表中规定的0.7倍。

②L为往返测段、附合或环线的水准路线长度(km);n为测站数。

③数字水准仪测量的技术要求和同等级的光学水准仪相同。

①附合水准路线。为使测量成果得到可靠的检核,最好把水准路线布设成附合水准路线。对于附合水准路线,理论上在两已知高程水准点间所测得各站高差之和应等于起迄两水准点间高程之差,即

$$\sum h_{理} = H_{终} - H_{始}$$

所以附合水准路线的高程闭合差为:

$$f_h = \sum h_{测} - \sum h_{理} = \sum h_{测} - (H_{终} - H_{始}) \tag{2.7}$$

②闭合水准路线。在闭合水准路线上亦可对测量成果进行检核。对于闭合水准路线,因为它起迄于同一个点,所以理论上全线各站高差之和应等于零,即

$$\sum h_{理} = H_{终} - H_{始} = 0$$

所以闭合水准路线的高程闭合差为:

$$f_h = \sum h_{测} - \sum h_{理} = \sum h_{测} - (H_{终} - H_{始})$$

$$f_h = \sum h_{测} \tag{2.8}$$

③支水准路线。支水准路线必须在起终点间用往返测进行检核。理论上往返测所得高差的绝对值应相等,但符号相反,或者是往返测高差的代数和应等于零,即

$$\sum h_{往} = -\sum h_{返}$$

所以支水准路线的高程闭合差为:

$$f_h = \sum h_{往} + \sum h_{返} \tag{2.9}$$

2.2.2 普通水准测量的内业工作

图2.16是一次图根等级的附合水准路线等外水准测量示意图,A、B为已知高程的水准点,1、2、3为待定高程的水准点,h_1、h_2、h_3和h_4为各测段观测高差,n_1、n_2、n_3和n_4为各测段测站数,L_1、L_2、L_3和L_4为各测段长度。现已知H_A=65.376 m、H_B=68.623 m,各测段站数、长度及高差均注于图2.16中。

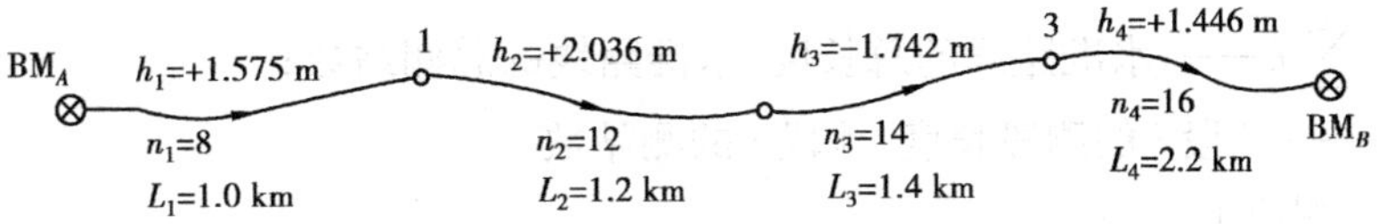

图 2.16　外业观测成果示意图

把图 2.16 所示的已知值和观测结果填入表 2.3 中。

表 2.3　水准测量成果计算表

点号	距离/cm	实测高差/m	改正数	改正后高差/m	高程/m	备　注
BM$_A$					65.376	
	1.0	+1.575	-12	+1.563		
1					66.939	
	1.2	+2.036	-14	+2.022		
2					68.961	
	1.4	-1.742	-16	-1.758		
3					67.203	
	2.2	+1.446	-26	+1.420		
BM$_B$					68.623	
$\sum$	5.8	+3.315	-68	+3.247		
辅助计算	$f_h = \sum h_{测} - \sum h_{理} = \sum h_{测} - (H_{终} - H_{始})$ $= +3.315\ \text{m} - (68.623 - 65.376)\text{m} = +0.068\ \text{m} = 68\ \text{mm}$ $f_{h容} = \pm 30\sqrt{L} = \pm 30\sqrt{5.8}\ \text{km} = \pm 72(\text{mm})$ $f_h < f_{h容}$					

1) 辅助计算

(1) 高差闭合差计算

在附合水准路线中,高差闭合差应使用式(2.7)进行计算。即

$$f_h = \sum h_{测} - \sum h_{理} = \sum h_{测} - (H_{终} - H_{始})$$
$$= +3.315\ \text{m} - (68.623 - 65.376)\text{m} = +0.068\ \text{m} = 68\ \text{mm}$$

(2) 闭合差容许值计算

根据表 2.2 所列出的闭合差计算公式,有

$$f_{h容} = \pm 30\sqrt{L} = \pm 30\sqrt{5.8}\text{km} = \pm 72\ \text{mm}$$

(3) 闭合差判定

因 $f_h < f_{h容}$,说明观测成果精度符合要求,可进行下一步计算。

2) 调整高差闭合差

(1) 闭合差改正数计算

高差闭合差调整的原则和方法,是按与测站数或测段长度成正比例的原则,将高差闭合差反号分配到各相应测段的高差上,得改正后高差,即

$$v_i = -\frac{f_h}{\sum L}L_i \text{ 或 } v_i = -\frac{f_h}{\sum n}n_i \tag{2.10}$$

式中　v_i——测段 i 的高差改正数;

$\sum L, \sum n$—— 水准路线的总长度、水准路线的总测站数；

L_i, n_i—— 测段 i 的测段长度、测段 i 的测站数。

如在第一测段上

$$v_1 = -\frac{f_h}{\sum L}L_1 = -\frac{68\ \text{mm}}{5.8\ \text{km}} \times 1.0\ \text{km} = -12\ \text{mm}$$

(2)闭合差改正数检核

各段改正数之和应等于高差闭合差的相反数，即

$$\sum v_i = -f_h \tag{2.11}$$

由于在闭合差改正数计算中有小数点的取舍，故根据式(2.10)所计算出的 $\sum v_i$ 和 $-f_h$ 相比可能有少许的误差，而这个误差并不是计算错误带来的。这种微小的误差称为闭合差调整残余不符值，遇到这种情况，可以把残余不符值附加到长边的闭合差改正数上。

(3)改正后高差计算

各测段改正后高差等于各测段观测高差加上相应的改正数，即

$$\bar{h}_i = h_i + v_i \tag{2.12}$$

式中 $\bar{h}_i$——测段 i 的改正后高差。

如在第一测段上：$\bar{h}_i = h_i + v_i = +1.575\ \text{m} + (-0.012\ \text{m}) = +1.563\ \text{m}$

(4)改正后高差检核

改正后高差之和应等于实际高差，即

$$\sum \bar{h}_i = H_{终} - H_{始} \tag{2.13}$$

3)高程的确定

①计算待定点高程。根据已知水准点 A 的高程和各测段改正后高差，即可一次推算出各待定点的高程，如在第一测段上：

$$H_1 = H_A + \bar{h}_i = 65.376\ \text{m} + 1.563\ \text{m} = 66.939\ \text{m}$$

②待定点高程检核。最后计算出的终点高程应于已知的终点高程相等，即

$$H_{终} = H_3 + \bar{h}_4 \tag{2.14}$$

2.2.3 水准测量的误差及注意事项

1)仪器误差

(1)水准管轴与视准轴不平行误差

在学习水准仪的操作方法时，我们知道只要调整水准管到水平状态即表示水准仪的视线已经水平。但在水准仪的使用过程中，水准管轴与视准轴的位置关系可能发生变化，水准仪经过校正，仍会有两轴不平行的残余误差。这种误差的大小是与视距的大小成正比的，因此只要观测时注意使前、后视距离相等，便可消除此项误差对测量结果的影响。

(2)水准尺误差

由于水准尺刻划不准确、尺长变化、弯曲等原因，会影响水准测量的精度。因此，水准尺要经过检核才能使用。

2)观测误差

(1)水准管气泡的居中误差

由于气泡居中存在误差,致使视线偏离水平位置,从而带来读数误差。为减小此误差的影响,每次读数时,都要使水准管气泡严格居中。

(2)估读水准尺的误差

水准尺估读毫米数的误差大小与望远镜的放大倍率以及视线长度有关。在测量作业中,应遵循不同等级的水准测量对望远镜放大倍率和最大视线长度的规定,以保证估读精度。

(3)视差的影响误差

当存在视差时,由于十字丝平面与水准尺影像不重合,若眼睛的位置不同,便读出不同的读数,而产生读数误差。因此,观测时要仔细调焦,严格消除视差。

(4)水准尺倾斜的影响误差

水准尺倾斜,将使尺上读数增大,从而带来误差。如水准尺倾斜3°30′,在水准尺上1 m处读数时,将产生2 mm的误差。为了减少这种误差的影响,必须扶直水准尺。

3)外界条件的影响误差

(1)水准仪下沉误差

在水准仪使用过程中,由于水准仪的自重以及地面的松软,水准仪可能产生下沉,使视线降低,相当于仪器在观测后视、前视读数的过程中,水平视线并不处于同一水平面上,将引起高差误差。因此,在架设仪器时应尽量选择坚实的地面,并将脚架踩实。另外采用"后、前、前、后"的观测程序,可削弱其误差影响。

(2)尺垫下沉误差

如果在转点发生尺垫下沉,将使下一站的后视读数增加,也将引起高差的误差。采用往返观测的方法,取成果的中数,可减弱其影响。为防止尺垫下沉,测站和转点应选在土质坚实处,并踩实尺垫。

(3)地球曲率及大气折光的影响

理论上水准测量应根据水准面来求出两点的高差,但视准轴是一直线,因此使读数中含有由地球曲率引起的误差。

当大气温度不稳定时,由于温度的变化导致空气密度的改变。水平视线经过密度不同的空气层时,相当于视线在不同的介质中被折射,一般情况下形成一向下弯曲的曲线,它与理论水平线所得读数之差就是由大气折光引起的误差。

地球曲率和大气折光对于水准测量结果的影响,也可以通过前、后视距离相等来削减此项误差对测量结果的影响。

(4)温度的影响误差

温度的变化不仅会引起大气折光的变化,而且当烈日照射水准管时,由于水准管本身和管内液体温度的升高,气泡向着温度高的方向移动,从而影响了水准管轴的水平,产生了气泡居中误差。所以,测量中应随时注意为仪器打伞遮阳。

任务2.3 三、四等水准测量

三、四等水准测量一般作为小区域控制测量中高程控制测量的主要方法，在地形测量时，再用图根水准测量或三角高程测量进行加密。

2.3.1 三、四等水准测量的技术指标

三、四等水准测量除用于国家高程控制网的加密以外，还可用于建立小区域首级高程控制。三、四等水准网作为测区的首级控制网，一般应布设成闭合环线，然后用附合水准路线和结点网进行加密。只有在山区等特殊情况下，才允许布设支水准路线。

《工程测量规范》(GB 50026—2007)4.2.4 规定，各等级水准测量主要技术要求应符合表2.4 的规定。

表2.4 各等级水准测量主要技术要求

等级	水准仪型号	视线长度/m	前后视的距离较差/m	前后视的距离较差累积/m	视线离地面最低高度/m	黑红面读数较差/mm	黑红面所测高差较差/mm
二等	DS_1	50	1	3	0.5	0.5	0.7
三等	DS_1	100	3	6	0.3	1.0	1.5
	DS_3	75				2.0	3.0
四等	DS_3	100	5	10	0.2	3.0	5.0
五等	DS_3	100	近似相等	—	—	—	—

注：①二等水准视线长度小于 20 m 时，其视线高度不应低于 0.3 m。

②三、四等水准采用变动仪器高度观测单面水准尺时，所测两次高差较差应与黑面、红面所测高差之差的要求相同。

③数字水准仪观测，不受基辅分划或黑、红面读数较差指标的限制，但测站两次观测的高差较差，应满足表中相应等级基辅分划或黑、红面所测高差较差的限值。

2.3.2 三、四等水准测量的观测和记录

三、四等水准测量的观测和记录方法有双面尺法和单面尺法，下面以双面尺法为例介绍其观测方法。双面尺法，即采用的水准尺为双面尺，在测站上应按下述顺序进行读数，并填入表2.5 相应位置。

在三、四等水准测量开始之前，应先对两根水准尺进行编号，并确定尺常数，将编号结果和尺常数填入表2.5 的备注栏中。在观测过程中水准尺应交替前进，即本站的后视尺在下一站将作为前视尺使用，而本站的前视尺在进行下一站的观测时原地不动，并用作下一站的后视尺。

表 2.5　三、四等水准测量手簿(双面尺法)

测站	点　号	后尺 上丝 / 下丝	前尺 上丝 / 下丝	方向及尺号	水准尺读数		K+黑-红	平均高差	备　注
		后视距	前视距		黑面	红面			
		视距差	$\sum d$						
		(1)	(4)	后视	(3)	(8)	(14)		
		(2)	(5)	前视	(6)	(7)	(13)		
		(9)	(10)	高差	(15)	(16)	(17)	(18)	
		(11)	(12)						
1	BM_A—TP_1	1.571	0.739	后视 K_1	1.384	6.171	0		
		1.197	0.363	前视 K_2	0.551	5.239	-1		
		37.4	37.6	高差	+0.833	+0.932	+1	+0.832 5	
		-0.2	-0.2						
2	TP_1—TP_2	2.121	2.196	后视 K_2	1.934	6.621	0		
		1.747	1.821	前视 K_1	2.008	6.796	-1		
		37.4	37.5	高差	-0.074	-0.175	+1	-0.074 5	
		-0.1	-0.3						K 为尺常数
3	TP_2—TP_3	1.914	2.055	后视 K_1	1.726	6.513	0		$K_1=4.787$ $K_2=4.687$
		1.539	1.678	前视 K_2	1.866	6.554	-1		
		37.5	37.7	高差	-0.140	-0.041	+1	-0.140 5	
		-0.2	-0.5						
4	TP_3—BM_B	1.965	2.141	后视 K_2	1.832	6.519	0		
		1.700	1.874	前视 K_1	2.007	6.793	+1		
		26.5	26.7	高差	-0.175	-0.274	-1	-0.174 5	
		-0.2	-0.7						
每页检核	$\sum(9)=138.8$ $-\sum(10)=139.5$ $=-0.7=4$ 站(12)		$\sum[(3)+(8)]=32.700$ $-\sum[(6)+(7)]=31.814$ $=+0.886$		$\sum[(15)+(16)]=+0.886$ $\sum(18)=+0.443$		$2\sum(18)=+0.886$ 总视距 $\sum[(9)+(10)]=287.3$		

1)三等水准测量

①后视黑面,读取上、下、中丝读数,记入(1)、(2)、(3)中;

②前视黑面,读取上、下、中丝读数,记入(4)、(5)、(6)中;

③前视红面,读取中丝读数,记入(7)中;

④后视红面，读取中丝读数，记入(8)中。

一个测站上的这种观测程序简称“后—前—前—后”或“黑—黑—红—红”，其优势在于可通过这样的观测程序减小仪器下沉对测量结果的影响。

2）四等水准测量

四等水准测量可以按照三等水准测量的操作程序进行，亦可按照“后—后—前—前”或“黑—红—黑—红”的观测程序进行，其优点在于可以减小仪器操作误差对测量结果的影响。即

①后视黑面，读取上、下、中丝读数，记入(1)、(2)、(3)中；

②后视红面，读取中丝读数，记入(8)中；

③前视黑面，读取上、下、中丝读数，记入(4)、(5)、(6)中；

④前视红面，读取中丝读数，记入(7)中。

2.3.3 三、四等水准测量的计算和检核

1）视距部分计算及检核

后视距 $(9)=[(1)-(2)]\times 100$ (2.15)

前视距 $(10)=[(4)-(5)]\times 100$ (2.16)

视距差 $(11)=(9)-(10)$ (2.17)

前后视距累积差 (12) = 上站(12) + 本站(11) (2.18)

通过表2.4可知，后视距(9)和前视距(10)在使用DS_3水准仪进行三等水准测量时不应大于75 m，在使用DS_1水准仪进行三等水准测量时不应大于100 m，在四等水准测量时不应大于100 m；视距差(11)在三等水准测量中不应大于3 m，在四等水准测量中不应大于5 m；末站的前后视距累积差(12)在三等水准测量中不应大于6 m，在四等水准测量中不应大于10 m。

2）水准尺读数检核

黑红面读数较差 $(13)=(6)+K-(7)$ (2.19)

$(14)=(3)+K-(8)$ (2.20)

这里的K，即是在备注栏中所记录的尺常数。如果该站的前视尺使用的是K_1尺，则式(2.19)中的K便应取K_1；如果该站的前视尺使用的是K_2尺，则式(2.19)中的K便应取K_2。对于式(2.20)的使用，亦是同理。

通过表2.4可知，黑红面读数较差(13)和(14)在使用DS_1水准仪进行三等水准测量时不应大于1 mm，在使用DS_3水准仪进行三等水准测量时不应大于2 mm，在四等水准测量时不应大于3 mm。

3）高差计算及检核

黑面高差 $(15)=(3)-(6)$ (2.21)

红面高差 $(16)=(8)-(7)$ (2.22)

黑红面所测高差较差 $(17)=(15)-[(16)\pm 0.100]$ (2.23)

式中 0.100 为两根双面尺尺常数之差。在式(2.23)中,当后视尺尺常数取 4.687 m 时,取 +0.100 m;当后视尺尺常数取 4.787 m 时,取 -0.100 m。

另外

$$(17) = (14) - (13) \tag{2.24}$$

可用于检核(17)的计算结果。

高差中数

$$(18) = \{(15) + [(16) \pm 0.100]\}/2 \tag{2.25}$$

在式(2.25)中,±0.100 的取值方法同式(2.23)。

通过表 2.4 可知,黑红面所测高差较差(17)在使用 DS_1 水准仪进行三等水准测量时不应大于 1.5 mm,在使用 DS_3 水准仪进行三等水准测量时不应大于 3.0 mm,在四等水准测量时不应大于 5.0 mm。

4)计算检核

后视距总和减前视距总和应等于末站的视距累积差:

$$\text{末站}(12) = \sum(9) - \sum(10) \tag{2.26}$$

$$\text{总视距} = \sum(9) + \sum(10) \tag{2.27}$$

红、黑面后视读数总和减红、黑面前视读数总和应等于黑、红面高差总和,还应等于平均高差总和的 2 倍。

当测站数为偶数时:

$$\sum[(3) + (8)] - \sum[(6) + (7)] = \sum[(15) + (16)] = 2\sum(18) \tag{2.28}$$

当测站数为奇数时:

$$\sum[(3) + (8)] - \sum[(6) + (7)] = \sum[(15) + (16)] = 2\sum(18) \pm 0.100 \tag{2.29}$$

用双面水准尺进行三、四等水准测量的记录、计算与校核,见表 2.5。

练习与思考题

1. 水准测量的原理是什么?

2. 何谓视准轴? 何谓管水准器轴? 水准仪上的圆水准器和管水准器各起什么作用?

3. 水准仪有哪些轴线? 各轴线间应满足什么条件?

4. 何谓视差? 产生视差的原因是什么? 怎样消除视差?

5. 水准测量时,转点和尺垫起什么作用?

6. 水准测量中为什么要求前后视距保持相等?

7. 设 A 为后视点,B 为前视点,A 点高程是 20.016 m。当后视读数为 1.124 m,前视读数为 1.428 m,问 A、B 两点高差是多少? B 点比 A 点高还是低? B 点的高程是多少? 并绘图说明。

8. 已知 A 点高程 $H_A = 147.250$ m,后视 A 点的读数 $a = 1.384$ m,前视 B_1、B_2、B_3 各点的读数分别为 $b_1 = 1.486$ m,$b_2 = 0.947$ m,$b_3 = 1.438$ m,试用仪高法计算 B_1、B_2、B_3 点的高程。

9. 用两次变动仪器高法观测一条水准路线,其观测成果标注在图 2.17 中,图中视线上方的数字为第二次仪器高的读数,试计算高差 h_{AB}。

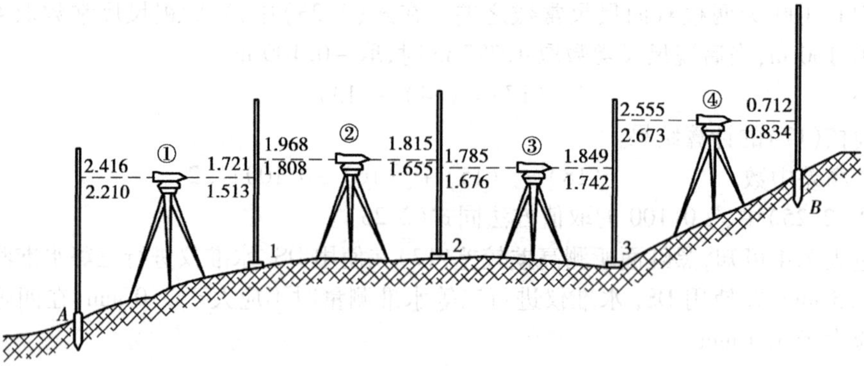

图 2.17 题 9 图

10. 已知水准点 5 的高程为 531.272 m，4 次隧道洞内各点高程的过程和尺读数如图 2.18所示（测洞顶时，水准尺倒置），试求 1、2、3、4 点的高程。

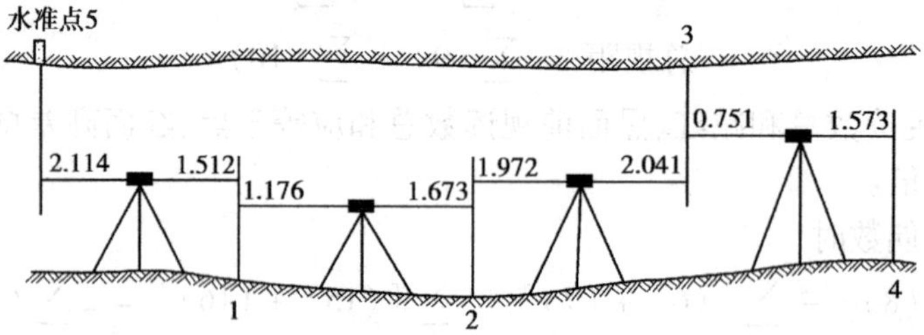

图 2.18 题 10 图

11. 某测区布设一条四等闭合水准路线，已知水准点 BM_0 的高程为 500.310 m，各测段的高差（m）及单程水准路线长度（km）如图 2.19 所示，试计算 1、2、3 三个待定水准点的高程。

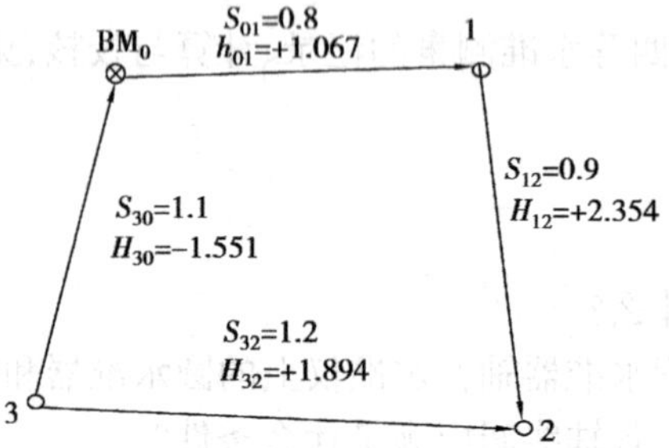

图 2.19 题 11 图

12. 把图 2.20 所示闭合水准路线的高程闭合差进行分配，并求出各水准点的高程。容许高程闭合差按 $\pm 12\sqrt{n}$（mm）计。

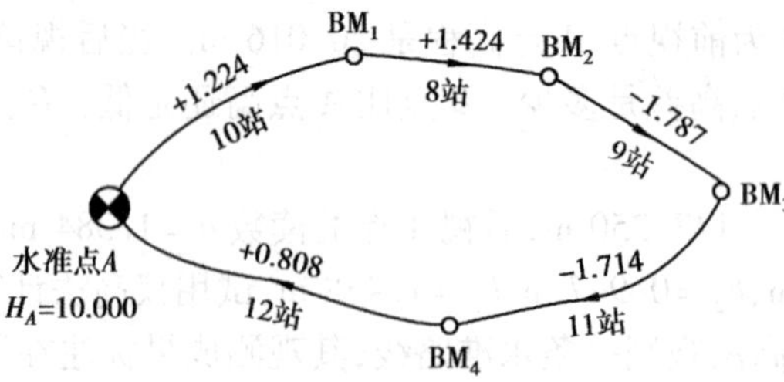

图 2.20 题 12 图

项目3 平面控制测量

测定控制点的平面位置工作，称为平面控制测量。平面控制测量的目的是获得待测点的平面坐标，根据观测方式来划分，可分为三角网、导线网、GPS平面网等。本项目主要介绍平面控制测量中的导线测量部分。

导线测量是在地面上选择一系列控制点，将相邻点连成直线而构成折线形，称为导线网。在控制点上，用精密仪器依次测定所有折线的边长和转折角，根据解析几何的知识解算各点的坐标。用导线测量方法确定的平面控制点，称为导线点。导线测量只需要相邻导线点相互通视即可，是平面控制测量最常用的方法之一。对于地物分布较为复杂的建筑区、视线障碍较多的隐蔽地区和带状地区，尤其适用。过去，导线测量常使用经纬仪进行转折角的观测，并用钢尺量距进行边长的距离测量；现在，随着光电测距技术的发展，以及全站仪的大量使用，使用全站仪进行导线测量正在得到迅速推广。

任务3.1 认识经纬仪

3.1.1 水平角测量原理

水平角指过空间两条相交直线所作的铅垂面间所夹的二面角，角值为0°~360°。

如图3.1所示，A、O、B是位于不同高度的三个地面点。将A、O、B三个点投影于同一水平面上，得到A_1、O_1、B_1。则A、O、B的水平角是指图上A、O、B三点在水平面上的投影A_1、O_1、B_1所组成的夹角β_1。

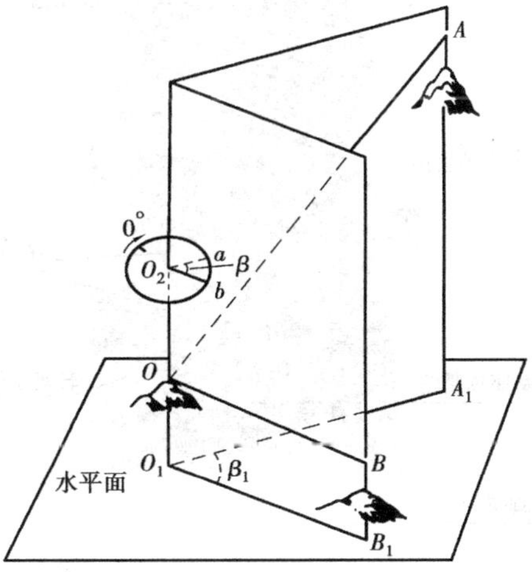

图3.1 水平角观测的原理

为了观测水平角，测量仪器必须具备以下条件：

①望远镜不仅能在水平方向转动，而且可以在竖直方向转动，以方便瞄准不同方向和高度的目标。

②圆盘中心必须处于角顶点的铅垂线上，这

是为了保证测出的角交点是在 O 点的投影 O_1 上。

③有一个能置于水平位置带刻线的圆盘。圆盘带有刻划线是为了方便望远镜上照准 A、B 两点后能够从圆盘上获取读数 a、b；圆盘能置于水平位置是为了保证测出的角度在水平面上。

水平角角值

$$\beta = b - a \tag{3.1}$$

若 $b < a$，则计算出的 $\beta < 0°$。但由于水平角 β 没有负值，因此需要在计算出的 β 上加 360°，即

$$\beta = b - a + 360° \tag{3.2}$$

根据上述原理和要求制造出了经纬仪，在经纬仪的基础上发展出了电子经纬仪、全站仪等一系列角度测量仪器，但它们的测角原理都是基于上述理论。

3.1.2 DJ_6 型光学经纬仪的构造

我国光学经纬仪系列标准分为 DJ_{07}、DJ_1、DJ_2、DJ_6 和 DJ_{30} 4 个等级。其中 D 表示“大地测量”，J 表示“经纬仪”，下标数字表示该仪器的精度等级，其数字越小说明仪器能够达到的精度越高。如 DJ_6 型水准仪的“6”表示此仪器能够达到的精度指标（详见 GB/T 3161—2003）。各企业生产的光学经纬仪在仪器的结构和读数方法上不尽相同，但大致构造差异不大。本部分以北京博飞仪器股份有限公司制造的 DJ_6 型光学经纬仪为例来介绍光学经纬仪的构造。

光学经纬仪主要由照准部、水平度盘和基座三部分组成，如图 3.2 所示。

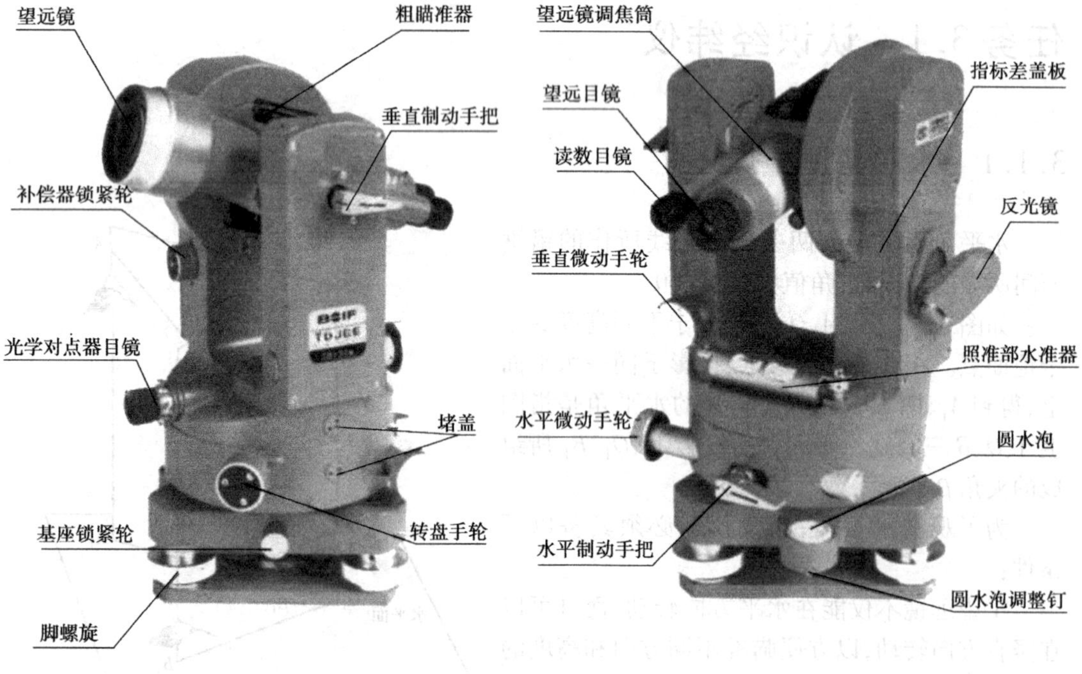

图 3.2 DJ_6 型光学经纬仪

1)望远镜

望远镜用于瞄准目标。为使望远镜便于操作,在水平方向上,设置了水平制动手把、水平微动手轮;在垂直方向上,设置了垂直制动手把、垂直微动手轮,以精确控制望远镜的旋转。和水准仪一样,微动手轮也需要在制动手把锁紧后才能工作。为了便于寻找目标位置,在望远镜上下两侧各设置了一个粗瞄准器。另外,为了便于精确瞄准目标,可通过望远镜调焦筒来调整望远镜的物镜焦距;而望远目镜也可以旋转,用以调整经纬仪十字丝的清晰度。由于经纬仪的十字丝主要作用是瞄准目标而很少用来读数,所以经纬仪的十字丝分划板针对照准目标做了一定的优化,与水准仪的稍有不同。

2)读数装置

读数装置是经纬仪上负责读取观测结果的设备。

读数目镜——即是读数窗口,经纬仪通过内部棱镜的折射,把水平度盘和竖直度盘的刻度投影到读数目镜上,以便于观测读数。读数目镜可以旋转,用来调整读数目镜的焦距。

反光镜——由于水平度盘和竖直度盘均在望远镜内部,打开反光镜盖并调整到合适的角度,即可为读数装置提供足够的亮度。

补偿器锁紧轮——竖直度盘补偿器的开关,竖直度盘读数时打开,其余时间关闭。

转盘手轮——压下转盘手轮,可调整水平度盘的读数,主要用于置盘。

3)整平对中装置

整平装置是调整经纬仪水平状态的主要设备;对中装置是保证经纬仪准确位于测点所在铅直线的主要装置。

圆水泡——即圆水准器,用来表示经纬仪的粗平。构造和作用类似于水准仪中的圆水准器。

照准部水准器——即管水准器,用来表示经纬仪的精平。

脚螺旋——用来调整照准部水准器。与水准仪不同,经纬仪的脚螺旋是用来调整照准部水准器的;而经纬仪的圆水泡一般依靠升降脚架进行调整。

3.1.3　DJ_6型光学经纬仪的读数方法

经纬仪的读数装置主要由分微尺测微器和单平板玻璃测微器两种,而北京博飞仪器股份有限公司制造的DJ_6型光学经纬仪采用的是分微尺测微器。

如图3.3所示的读数目镜中同时投影了上下两部分影像,上部标示水平,表示水平度

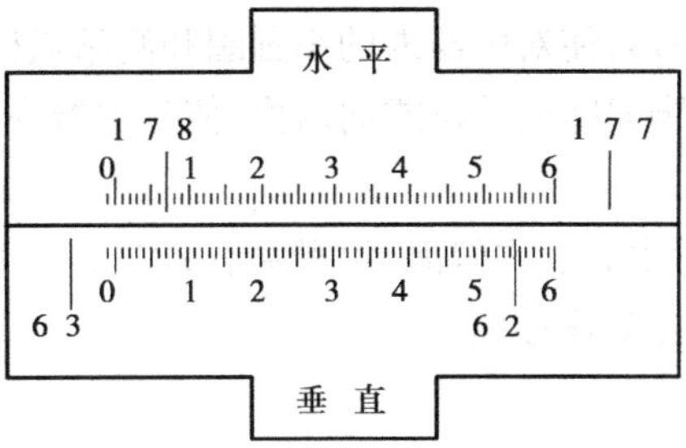

图3.3　分微尺测微器

盘读数；下部标示垂直，表示竖直度盘读数。在某些仪器中水平度盘也有用 H 标示的，竖直度盘也有用 V 表示的。

图 3.3 读数窗中注有“0 ~ 6”的小尺即是分微尺。水平度盘读数部分有两根长丝，分别标注“178”和“177”，表示 177°和 178°，在读数时应读压在分微尺“0 ~ 6”间的长丝，则图 3.3 所示的水平度盘读数中度数应为 178°。分微尺“0 ~ 6”全长表示 1°，分微尺全长共有 60 个刻划，所以分微尺上每一个小刻划表示 1′。在读取分微尺上分的读数时，应以表示度数的长丝为依据，所以图 3.3 所示的水平度盘读数中分的读数应为 07′。最后，同样以表示度数的长丝为指标，在分微尺估读秒数。在估读秒时，应把一个小刻划分为 10 份进行估读，由于一个小刻划表示 1′，则估读时每一份表示 6″。在图 3.3 所示的水平度盘读数中由于长丝“177”刚好压在 07′上，所以应估读零分，则秒的读数结果应为 00″。最终图 3.3 所示的分微尺测微器中，水平度盘读数应为 177°07′00″，竖直度盘读数应为 62°54′24″。在 DJ_6 型光学经纬仪中，读数允许误差为 6″。

3.1.4 经纬仪的使用

1) 安置经纬仪

首先应按观测者合适的高度调整脚架的长度，再张开三脚架，将其安置在测站上，并调整三脚架顶部中心与地面点标志大致在同一铅直线上，且兼顾三脚架架头的大致水平。然后在架头上连接经纬仪，并旋紧连接螺杆。

2) 对中

经纬仪对中的目的是使经纬仪的水平度盘分划中心准确地安置在测站点标志中心所在的铅直线上。

经纬仪对中的方法有垂球对中、光学对中器对中和激光对中器对中等。垂球对中一般用于地势起伏较大的坡地上。光学对中器对中和激光对中器对中需要经纬仪的支持，一般来讲，光学经纬仪和较低档的电子经纬仪、全站仪以配置光学对中器为主，中高档全站仪可能会配有激光对中器。本书例举的北京博飞仪器股份有限公司制造的 DJ_6 型光学经纬仪采用的是光学对中器，所以本书仅介绍光学对中器对中的方法。

光学对中器的对中分为粗略对中和精确对中两个步骤。

粗略对中——调节对中器，使对中器内的小圆圈和测站点标志的影像清晰。双手分别略微抬起，靠近身体的两根脚架腿向外拉或向内推，使对中器内的小圆圈对准测站点标志，轻轻放下脚架腿。

精确对中——如发现对中有少许偏离，可稍微松动连接螺杆，在架头上用双手缓慢移动经纬仪，使其精确对准后旋紧连接螺杆。

3) 整平

对中的目的是使经纬仪的水平度盘水平，同样分为粗略整平和精确整平两个步骤。

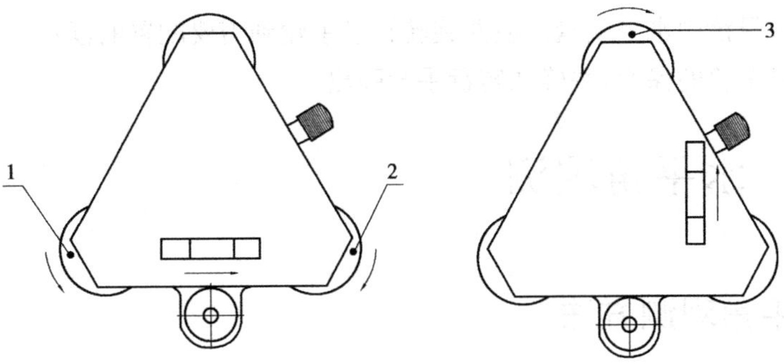

图3.4　经纬仪的精确整平

粗略整平——伸缩脚架腿，使圆水准气泡居中。

精确整平——转动照准部使水准管平行于任意一对脚螺旋的连线，如图3.4(a)所示水准管与脚螺旋1和2的连线平行；两手同时向内或向外转动这两个脚螺旋使气泡居中，如图3.4(a)所示同时向内旋转脚螺旋1和2，水准管气泡会向右侧移动；照准部转动90°，转动第三个脚螺旋使水准管气泡居中，如图3.4(b)所示向内旋转脚螺旋3，水准管气泡会向下方移动；将照准部转回原位置，检查气泡是否居中，否则再调。

在精确整平时，由于脚螺旋的旋转，可能会导致圆水准气泡不再居中，这时不用理会圆水准器的居中情况，只要水准管达到居中的效果即表示水平度盘已经水平。另外，在对中和整平的操作中，两个操作可能互相影响，因此一般需要经过几次"整平—对中—整平"的过程，直至整平和对中符合要求。

4)照准目标

照准的目的是使目标点与十字丝交点重合。

①调节望远目镜，使十字丝清晰；

②用粗瞄准器粗略对准目标，拧紧制动手把；

③调节望远镜调焦筒，使目标影像清晰，消除视差；

④转动微动手轮，精确瞄准目标。

5)读数和置数

读数是指读取水平度盘或竖直度盘的读数。

①打开和调节反光镜面位置，使读数目镜中的影像亮度适中；

②转动读数目镜，使度盘、测微尺及指标线的影像清晰；

③如需读取竖直度盘读数，则需要把补偿器锁紧轮拨动到"on"位置，并等待片刻；

④根据仪器的读数设备按前述的读数方法进行读数；

⑤如进行了步骤③，则需要把补偿器锁紧轮拨动回"off"位置。

置数是指配置水平度盘的读数。

①同样需要读数的①②两个步骤；

②拨动转盘手轮的保险，并压下转盘手轮；

③观察读数目镜中水平度盘读数并旋转转盘手轮到需要配置的读数；

④拨动转盘手轮的保险，并确认转盘手轮弹出。

任务3.2　水平角观测

3.2.1　水平角观测方法

水平角测量的方法，一般根据目标的数量和精度的要求而确定，常用的水平角观测方法有测回法和方向观测法。测回法一般用于观测两个目标之间的单角，是测水平角的基本方法；方向观测法用于在一个测站上测两个以上方向的多角。本书仅介绍测回法。

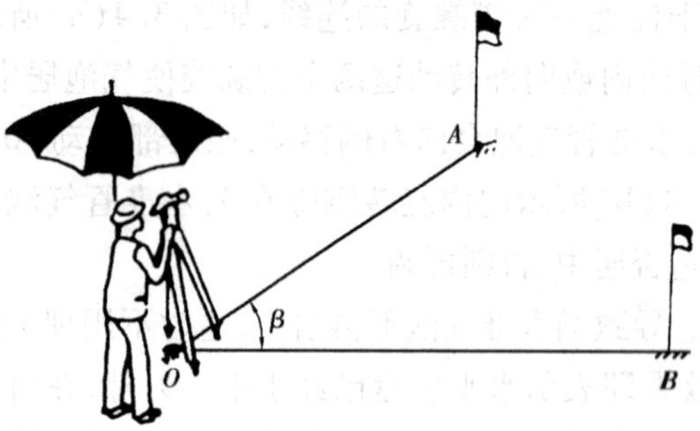

图3.5　测回法测水平角

如图3.5所示，地面上有 A、O、B 三点，现要求在 O 点测出 A、B 两个方向的夹角 β。其观测步骤如下：

①在 O 点安置经纬仪，对中、整平。

②将竖直度盘置于望远目镜左侧（称为盘左或正镜），转动照准部并瞄准目标 A，制动仪器并完成调焦，读取水平度盘读数 a_L，记入观测手簿。

③松开制动扳手，顺时针转动照准部瞄准目标 B，制动仪器并完成调焦，读取水平读数 b_L，记入观测手簿。

以上称为上半测回，其盘左位置的半测回角值 β_L 为：

$$\beta_L = b_L - a_L \tag{3.3}$$

④松开制动扳手，调转望远镜，将竖直度盘置于望远目镜右侧（称为盘右或倒镜），转动照准部并瞄准目标 B，制动仪器并完成调焦，读取水平度盘读数 b_R，记入观测手簿。

⑤松开制动扳手，顺时针转动照准部瞄准目标 A，制动仪器并完成调焦，读取水平读数 a_R，记入观测手簿。

以上称为下半测回，其盘右位置的半测回角值 β_R 为：

$$\beta_R = b_R - a_R \tag{3.4}$$

两个半测回称为一测回。

理论上 β_L 和 β_R 应相等，但由于观测中难免存在误差，使 β_L 和 β_R 不符。对于 DJ_6 型经纬仪而言，β_L 和 β_R 的差值不应超过40″，否则应重测。

当 β_L 和 β_R 的差值符合要求时，取两个半测回角值的平均值作为一测回角值 β，即

$$\beta = \frac{(\beta_L + \beta_R)}{2} \tag{3.5}$$

并将上述观测结果记入表3.1中。

表 3.1　测回法记录手簿

测站	测回	盘位	目标	水平度盘读数 ° ′ ″	半测回角值 ° ′ ″	一测回角值 ° ′ ″	各测回角值 ° ′ ″
O	1	左	*A*	0 00 36	68 42 12	68 42 09	68 42 15
			B	68 42 48			
		右	*A*	180 00 24	68 42 06		
			B	248 42 30			
	2	左	*A*	90 01 12	68 42 18	68 42 21	
			B	158 43 30			
		右	*A*	270 01 18	68 42 24		
			B	338 43 42			

当需要提高观测精度时，往往需要对一个角度观测若干个测回取平均值。为减弱水平度盘刻划不均匀误差的影响，在各测回间，应按照测回数来变换水平度盘的位置。如需观测 n 个测回时，第一测回在盘左照准起始目标时，应用转盘手轮把水平度盘读数置于等于或略大于 0°00′00″；第二测回盘左照准起始目标时，应用转盘手轮把水平度盘读数置于 $180°/n$ 附近；第三测回应再增加 $180°/n$。例如某水平角要求观测 4 个测回，第一测回应置于 0°；第二测回应置于 45°；第三、四测回分别置于 90°和 135°。

在一个测回中，仅限于盘左照准起始目标时使用转盘手轮。在置数完毕后必须检查转盘手轮是否弹出。

3.2.2　水平角观测的误差及注意事项

在角度测量中，由于多种原因会使测量的结果含有误差。研究这些误差产生的原因、性质和大小，以便设法减少其对成果的影响，同时也有助于预估影响的大小，从而判断成果的可靠性。

影响测角误差的因素有三类，即仪器误差、观测误差、外界条件的影响。

1）仪器误差

仪器虽经过检验及校正，但总会有残余误差存在。仪器误差的影响，一般都是系统性的，可以在工作中通过一定的方法予以消除或减小。

主要的仪器误差有：竖轴误差、视准轴误差、横轴误差、水平度盘偏心差、水平度盘刻划不均匀误差等。

（1）竖轴误差

水准管轴与竖轴不垂直引起的误差称为竖轴误差，即使水准管轴水平时，竖轴不垂直，横轴也不水平。但安置好仪器后，它的倾斜方向是固定不变的，不能用盘左盘右观测取平均值消除。

消减措施：尽量保证竖轴铅直；校正仪器，尽量使水准管气泡居中。

(2)视准轴误差

由视准轴不垂直于横轴引起，仪器整平后望远镜绕横轴转动，视准轴扫出的是一锥面，而非竖直平面。

消减措施：一测回观测，盘左、盘右观测取平均值。

(3)横轴误差

横轴不垂直于竖轴引起。此时仪器整平后竖轴处于铅垂，而横轴必然倾斜，视线绕横轴旋转时形成一垂直于横轴的倾斜面，而非铅垂面。

消减措施：一测回观测，盘左、盘右观测取平均值。

(4)水平度盘偏心差

水平度盘偏心是指水平度盘中心与照准部旋转中心不重合。

消减措施：一测回观测，盘左、盘右观测取平均值。

(5)水平度盘刻划不均匀误差

由于仪器在制造过程中，加工不精密造成水平度盘刻划不均匀，为测角结果带来影响。

消减措施：在各测回间变换起始读数位置。

2)观测误差

造成观测误差的原因有二：一是工作时不够细心；二是受人的器官及仪器性能的限制。观测误差主要有对中误差、目标偏心误差、照准误差及读数误差。对于竖直角观测，则有指标水准器的调平误差。

(1)对中误差

仪器对中时，光学对中器没有对准测站标志，引起对中误差。对中误差的大小，取决于操作者的技术水平和仪器对中装置的状况。如图3.6所示，对中误差对水平角观测结果的影响与偏心的距离成正比，与测站点到目标点的距离成反比。因此边长越短，转角越接近180°时，越应注意仪器的对中。

(2)目标偏心误差

如图3.7所示，在测量时，照准目标时往往不是直接瞄准地面点上标志点的本身，而是瞄准标志点上的目标，要求照准点的目标应严格位于点的铅垂线上，若安置目标偏离地面点中心或目标倾斜，照准目标的部位偏离照准点中心的大小称为目标偏心误差。目标偏心误差对观测方向的影响与偏心距和边长有关，偏心距越大，边长越短，影响也就越大。因此照准花杆目标时，应尽可能照准花杆底部，当测角边长较短时，应当用锤球对点。

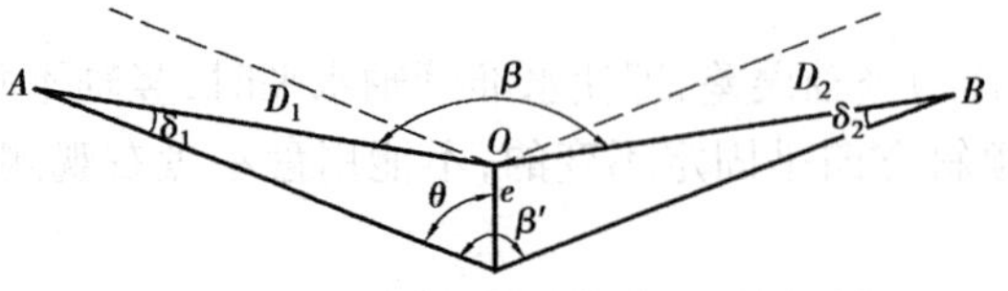

图3.6　对中误差的影响

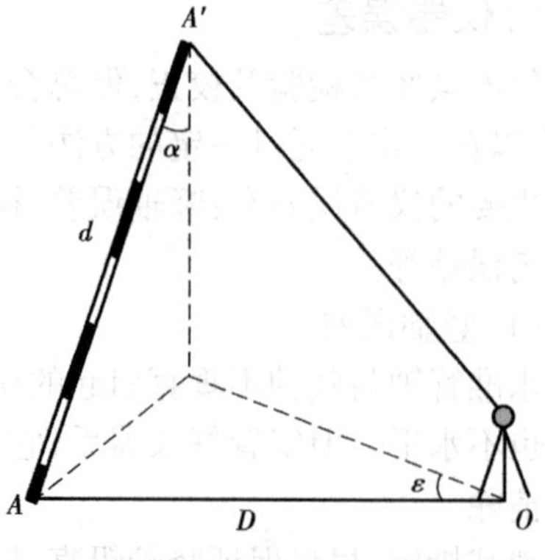

图3.7　目标偏心误差的影响

(3)照准误差和读数误差

照准误差与望远镜放大率、人眼分辨率、目标形状、光亮程度、对光时是否消除视差等因素有关。测量时选择观测目标要清晰,仔细操作消除视差。

读数误差与读数设备、照明及观测者判断准确性有关。读数时,要仔细调节读数显微镜,调节读数窗的光亮适中,掌握估读小数的方法。

3)外界条件的影响

外界条件的影响很多,如大风、松软的土质会影响仪器的稳定,地面的辐射热会引起物像的跳动,观测时大气透明度和光线的不足会影响瞄准精度,温度变化会影响仪器的正常状态,等等,这些因素都直接影响测角的精度。因此,要选择有利的观测时间和避开不利的观测条件,使这些外界条件的影响降低到较小的程度。

任务3.3　距离测量和直线定向

距离测量是指测量地面上两点连线长度的工作,通常需要测定的是水平距离,即两点投影在水平面上的连线长度。距离测量是测量工作的最基本任务之一,也是确定地面点平面坐标的基本要素之一。常用的距离测量方法有钢尺量距、视距测量以及电磁波测距等。

3.3.1　钢尺量距

1)量距工具

(1)钢尺

钢尺是量距的主要工具,它是由宽度10~20 mm、厚度0.1~0.4 mm的薄钢带制作而成的。可卷入金属盒或是支架内,因此叫做钢卷尺。常用钢尺有尺长30 m和50 m两种,尺身的基本分划为毫米,在厘米、分米和整米处均有注记。根据尺的零点位置不同,有端点尺和0刻线尺之分。

端点尺——如图3.8(a)所示,尺的零点位于尺端,即拉环外沿,这种尺称为端点尺。

0刻线尺——如图3.8(b)所示,在钢尺前端有一条刻线作为尺长的零分划线,称为刻线尺。

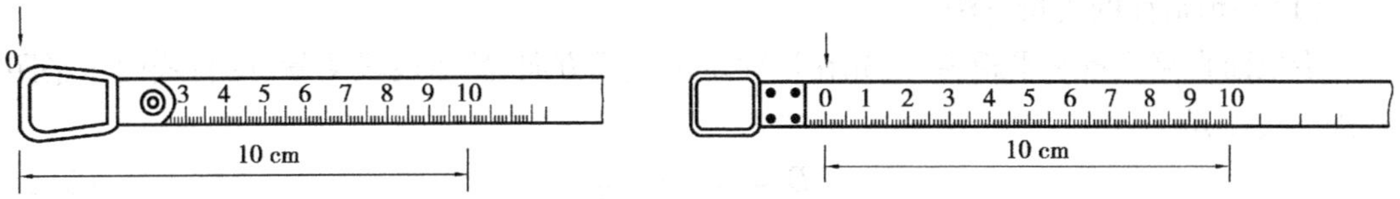

(a)端点尺　　(b)0刻线尺

图3.8　端点尺和0刻线尺

(2)测杆

如图3.9(a)所示,测杆又称标杆或花杆,多用木料或铝合金制成,直径约3 cm,全长2 m或3 m,杆身每隔20 cm用油漆涂成红、白相间的色段,测杆下端装有尖头铁脚,便于插入地面,作为照准标志。

(3)测钎

如图3.9(b)所示,测钎一般用30~40 cm的钢筋弯曲而成,上部弯成小圆环,下端磨尖,以便插入地面。通常11根测钎为一组。量距时,将测钎插入地面,用来标定尺段端点的位置和记录测段的数量。

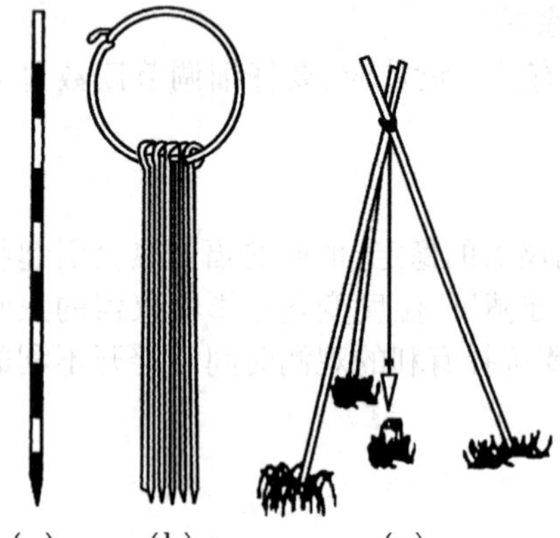

图3.9 测杆、测钎和锤球

(4)锤球、弹簧秤和温度计

如图3.9(c)所示,锤球用金属制成,上大下尖呈圆锥形,上端中心系一细绳,悬吊后锤球尖与细绳在同一垂线上。它常用于在斜坡上丈量水平距离。

弹簧秤和温度计等将在钢尺的精密量距中应用。

2)直线定线

在丈量两点间距离时,如果地面两点之间的距离较长或地面起伏较大,一个尺段不能完成距离丈量,则需要分段进行量测。为了使所量线段在一条直线上,需要在两点间的直线上标定一些点,这一工作称为直线定线。一般量距用目估法定线,精密量距则需要使用经纬仪定线。

如图3.10所示,欲在A、B两点间的直线上定出1、2等分段点。定线工作可由甲、乙两人进行。一个作业员甲站于端点A后1~2 m处,瞄A、B,并指挥另一位持杆作业员乙左右移动标杆2,直到三个标杆在同一条直线上,然后将标杆竖直插下。直线定线一般由远及近进行。

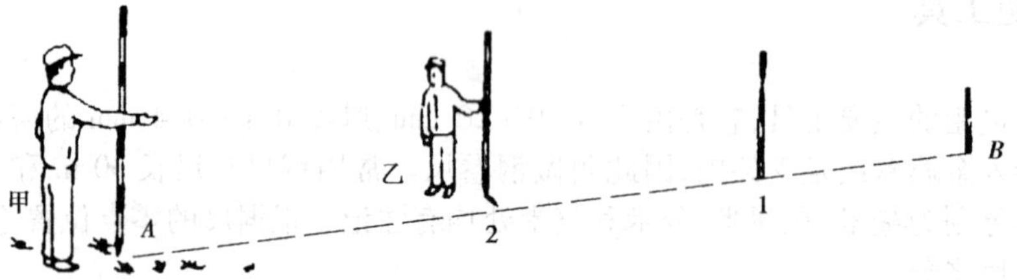

图3.10 目估法定线

3)钢尺量距的一般方法

(1)平坦地面的丈量方法

沿地面直接丈量水平距离,可先在地面定出直线方向,然后逐段丈量,则直线的水平距离按下式计算:

$$D = n \times l + q \tag{3.6}$$

式中 l——钢尺的一整尺段长,m;

n——整尺段数;

q——不足一整尺的零尺段的长,m。

如图3.11所示,丈量时后尺手持钢尺零点一端,前尺手持钢尺末端,通常用测钎标定尺段端点位置。丈量时应注意沿着直线方向,钢尺须拉紧伸直并且无卷曲。直线丈量时尽量以整尺段丈量,最后丈量余长,以方便计算。丈量时应记清楚整尺段数量,或用测钎进行标示。

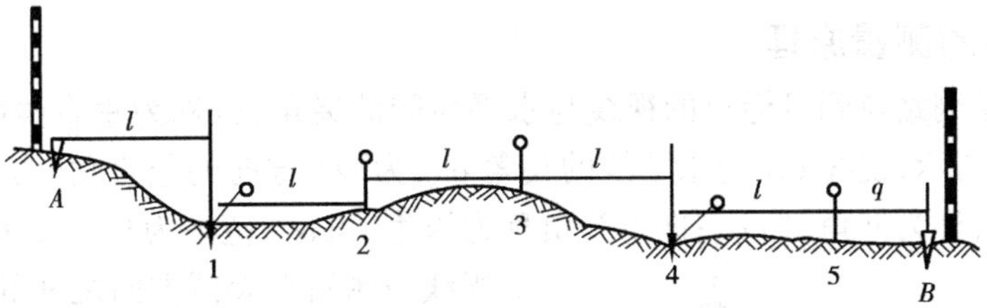

图3.11　平坦地面上的量距方法

为了提高丈量的精度，并校核丈量精度，一般需进行往返丈量。若符合要求，则取往返两次丈量的平均值作为最后的丈量结果。往返丈量的距离之差与平均距离之比，化成分子为1的分数时称为相对误差 K，可用它来衡量丈量结果的精度，即

$$K = \frac{|D_{往} - D_{返}|}{D_{平均}} = \frac{1}{D_{平均}/|D_{往} - D_{返}|} \tag{3.7}$$

相对误差分母越大，则 K 值越小，精度越高；反之，精度越低。在平坦地区，钢尺量距一般方法的相对误差一般不应大于1/3 000；在量距较困难的地区，其相对误差也不应大于1/1 000。

(2)倾斜地面的丈量方法

①平量法。如图3.12所示，若地面高低起伏不平，可将钢尺拉平丈量。丈量由 A 向 B 进行，后尺手将尺的零端对准 A 点，前尺手将尺抬高，并用目估使尺身水平，用锤球尖将尺段的末端投于 AB 方向线地面上，再插入测钎。依次进行，丈量 AB 的水平距离。若地面倾斜较大，将钢尺整尺拉平有困难时，可将一尺段分成几段来平量。

②斜量法。当倾斜地面的坡度比较均匀时，如图3.13所示，可以沿倾斜地面丈量出 A、B 两点间的斜距 L_{AB}，用经纬仪测出直线 AB 的倾斜角 α，或测量出 A、B 两点的高差 h_{AB}，然后计算 AB 的水平距离 D_{AB}，即

$$D_{AB} = L_{AB} \cdot \cos\alpha \tag{3.8}$$

或

$$D_{AB} = \sqrt{L_{AB}^2 - h_{AB}^2} \tag{3.9}$$

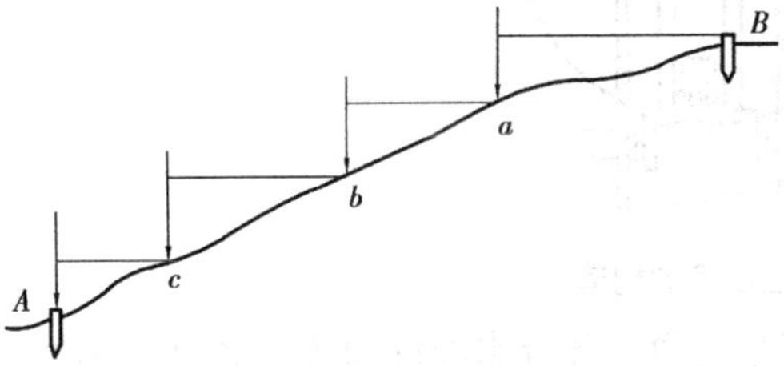

图3.12　平量法

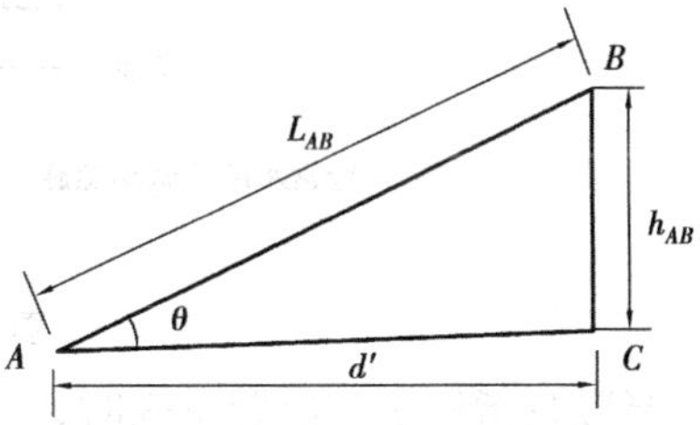

图3.13　斜量法

3.3.2　视距测量

视距测量是利用经纬仪、水准仪的望远镜内十字丝分划板上的视距丝在视距尺(水准尺)上读数，根据光学和几何学原理，同时测定仪器到地面点的水平距离和高差的一种方法。视距测量由于精度较低，一般相对误差为1/300～1/200，往往只用于地形图的碎步测量。

1) 竖直角的测量原理

竖直角就是测站点到目标点的视线与水平线间的夹角，也称为垂直角或倾角，用 α 表示。如图 3.14 所示，视线 OA 与水平线的夹角 α_A，为 OA 方向的竖直角。其角值从水平线算起，向上算正，称为仰角，如 α_A；向下为负称为俯角，如 α_B，范围为 $0° \sim \pm 90°$。

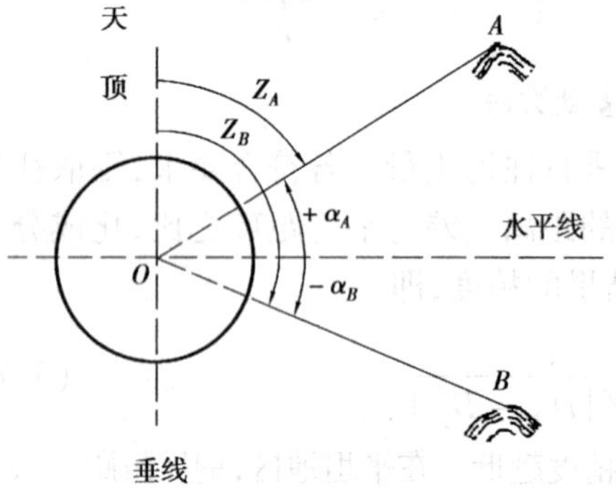

图 3.14　竖直角测量原理

视线与测站点天顶方向之间的夹角称为天顶距。如图 3.14 所示，天顶距用 Z 表示，取值范围为 $0° \sim 180°$，均为正值，其值与竖直角互余，即

$$\alpha = 90° - Z \tag{3.10}$$

为了观测天顶距或竖直角，经纬仪上必须装置一个带有刻划注记的竖直度盘，该度盘的中心在望远镜的横轴上，并随望远镜一起上下转动。如图 3.14 所示，望远镜瞄准目标的视线与水平线分别在竖直度盘上有对应读数，两读数之差即为垂直角的角值。所不同的是，垂直角的两方向中的一个方向是水平方向。无论对哪一种经纬仪来说，视线水平时的竖盘读数都应为 90°的倍数。所以，测量垂直角时，只要瞄准目标读出竖盘读数，即可计算出垂直角。

2) 竖直度盘的构造

如图 3.15 所示，经纬仪的竖直度盘垂直安装在望远镜横轴的一端，随望远镜一起转动。竖盘的影像通过棱镜和透镜所组成的光具组，呈现于读数显微镜的读数窗内，可通过读数目镜观测。而用于读数的竖盘指标位于度盘的正下方，不随望远镜转动。

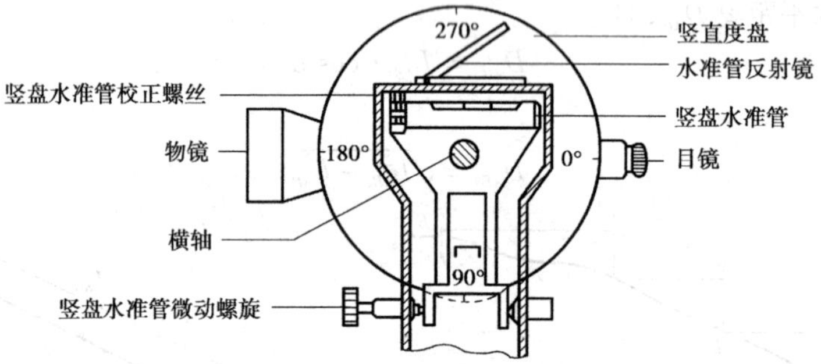

图 3.15　竖直度盘的构造

当竖盘指标所处位置正确时，可进行竖直角读数。部分水准仪为确定竖盘指标处于正确位置，设置了一根竖盘指标水准管，当水准管气泡居中时，读数指标处于正确位置。而北京博飞仪器股份有限公司制造的 DJ_6 型光学经纬仪则采用了竖直度盘补偿器的方式来校正竖盘指标略微倾斜的偏差，在使用这种经纬仪时我们只需要将补偿器锁紧轮打开即可。

3) 竖直角计算公式

竖直角是测站点到目标点的倾斜视线和水平视线之间的夹角，因此，与水平角计算原理一样，竖直角也应该是两个方向线的竖直度盘读数之差。但是由于视线水平时并没有明确的照准目标，所以只能根据竖直度盘的构造，当望远镜水平时竖盘读数为一个常数。故在竖直角观测时，只需要读取目标方向的竖盘读数，便可根据不同度盘注记形式相对应的计算公式计算出所测目标的竖直角。

竖直度盘的注记形式很多，而不同的竖直度盘注记形式就有不同的竖直角计算公式。北京博飞仪器股份有限公司制造的 DJ_6 型光学经纬仪采用的是顺时针的注记形式，下面以此为例，推导竖直角的计算公式。

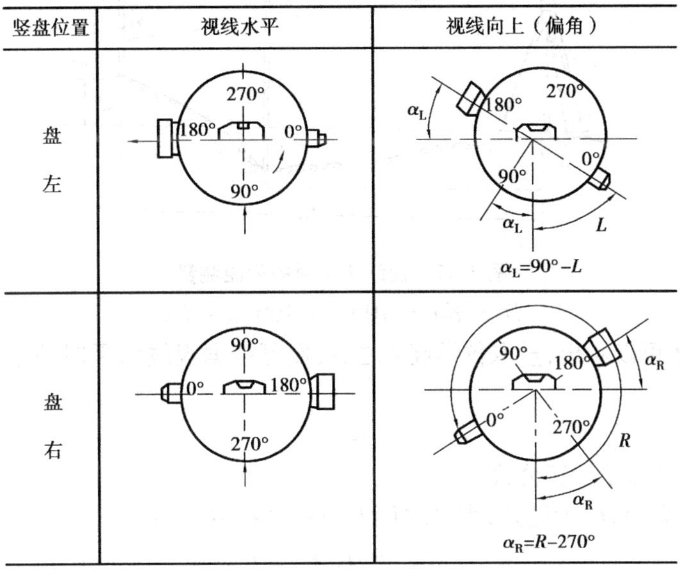

图3.16　顺时针注记的竖直度盘

如图3.16所示，竖盘处于盘左位置时。当视线水平时竖盘读数为90°；当视线向上倾斜时，竖直角为仰角，读数减小。因此，盘左时竖直角 α_L 应按式(3.11)计算。

竖盘处于盘右位置时。当视线水平时竖盘读数为270°；当视线向上倾斜时，竖直角为仰角，读数增大。因此，盘右时竖直角 α_R 应按式(3.12)计算。

盘左竖直角　　$\alpha_L = 90° - L$　　(3.11)

盘右竖直角　　$\alpha_R = R - 270°$　　(3.12)

4）视线水平时的视距测量

经纬仪、水准仪等仪器的望远镜十字丝分划板，有两条平行于横丝且与横丝等距的短丝，称为视距丝，也叫上下丝。如图3.17所示，要测出地面上 A 点到1点的水平距离及高差，先在 A 点安置仪器，在1点立视距尺。将望远镜视线调至水平位置并瞄准尺子，这时视线与视距尺垂直。上丝在标尺上的读数为 a，下丝在标尺上的读数为 b。上下丝读数之差称为视距间隔 n，则 $n = a - b$。

由于上下丝固定在十字丝分划板上，它们的间距是一定的，因此，从两根视距丝引出去的视线在竖直面内的夹角 φ 也是一个固定的值。由图3.17可知，视距间隔 n 和立尺点离开测站的水平距离 D 成线性关系，即

$$D = Kn + C \tag{3.13}$$

式中　K——视距乘常数，一般取100，视仪器不同而不同；

　　C——视距加常数，一般取0，视仪器不同而不同。

因此，视线水平时，计算水平距离的公式为：

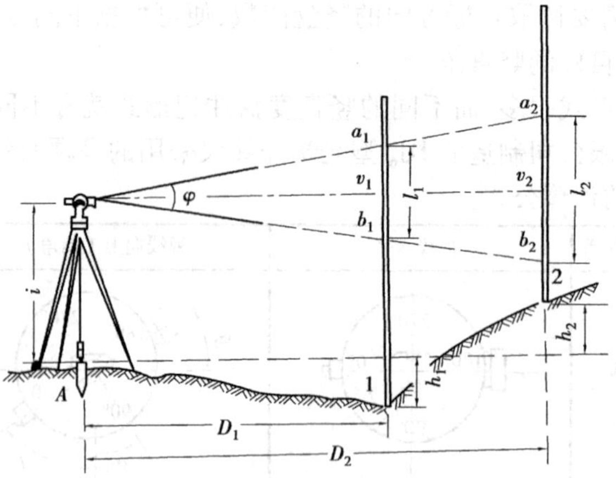

图 3.17　视线水平时的视距测量

$$D = Kn = 100n = 100(a - b) \tag{3.14}$$

从图 3.17 还可以看出，量取仪器高 i 之后，便可根据视线水平时的中丝读数 l 来计算两点间的高差：

$$h = i - l \tag{3.15}$$

即为视线水平时的高差计算公式。

如果 A 点的高程 H_A 为已知，则可求得 B 点的高程 H_B 为：

$$H_B = H_A + i - l \tag{3.16}$$

5）视线倾斜时的视距测量

当地面上 A、B 两点的高差较大时，必须使视线倾斜一个竖直角 α，才能在标尺上进行读数，这时视线不垂直于视距尺，则不能使用式(3.13)、式(3.14)、式(3.15)、式(3.16)进行计算。

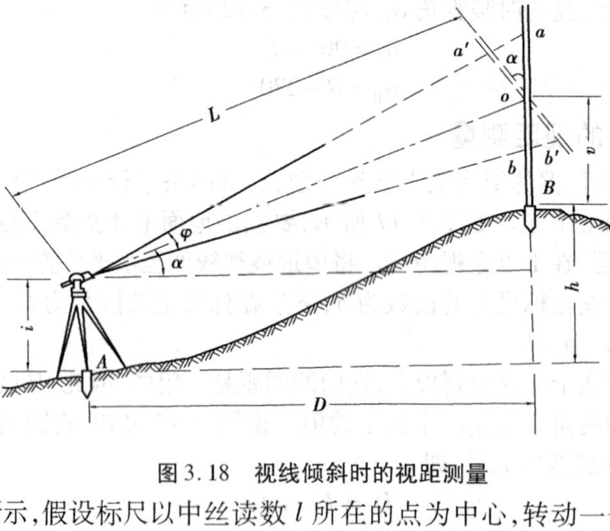

图 3.18　视线倾斜时的视距测量

如图 3.18 所示，假设标尺以中丝读数 l 所在的点为中心，转动一个 α 角，使标尺仍然与视准轴垂直，此时上下视距丝的读数分别为 a' 和 b'，视距间隔 $n' = a' - b'$，则倾斜距离为：

$$D' = Kn' = K(a' - b') \tag{3.17}$$

则水平距离的算法为：

$$D = D' \cdot \cos\alpha = Kn' \cdot \cos\alpha \tag{3.18}$$

由于通过视距丝的两条光线的夹角 φ 很小，故有：

$$n' = n \cdot \cos\alpha \tag{3.19}$$

将其代入式(3.17)和式(3.18)，则有：

$$D = Kn \cdot \cos^2\alpha \tag{3.20}$$

同理，由图 3.18 可知，A、B 两点间的高差为：

$$h = h' + i - l = D \cdot \tan\alpha + i - l = \frac{1}{2}Kn \cdot \sin 2\alpha + i - l \tag{3.21}$$

式中　α——竖直角；

i——仪器高；

l——中丝读数。

6) 视距测量的观测和计算

①如图 3.18 所示，将经纬仪安置于 A 点，对中整平，并量出仪器高 i，在 B 点设置水准尺。

②用盘左或盘右读取中丝读数 l，读上、下丝读数 a、b，计算视距间隔；为方便式(3.21)的计算，在瞄准水准尺时可使中丝读数等于仪器高，则有：

$$h = h' = D \cdot \tan\alpha = \frac{1}{2}Kn \cdot \sin 2\alpha \tag{3.22}$$

③打开补偿器锁紧轮，读取竖直度盘读数并计算竖直角 α。

④将上述观测数据分别记录于表 3.2 对应的栏目内（三角高程计算中竖直角秒对高差的影响较小，故竖盘读数只记录到分），根据上述公式计算各测得值。

表 3.2　视距测量计算表

测站：A 日期：	测站高程：20.18 m 视线高：1.60			仪器高：1.42 m 观测：		记录：	仪器：DJ_6	竖盘：$\alpha_L = 90° - L$	
点号	上丝读数/m	下丝读数/m	中丝读数/m	视距间隔/m	竖盘读数/(° ′)	竖直角/(° ′)	水平距离/m	高差/m	高程/m
1	1.768	0.934	1.35	0.834	80 26	9 34	81.10	13.74	33.92
2	2.182	0.660	1.42	1.522	88 11	1 49	152.05	4.82	25.00

3.3.3　光电测距

传统的测距方法，如钢尺量距，其劳动强度大、效率低，在地形复杂的情况下，甚至无法工作。而普通的视距测量方法虽然迅速、简捷，但测程较短，且精度很低。随着光电技术的发展，电磁波测距法应运而生。与传统的测距方法相比较，电磁波测距具有精度高、效率高且不受地形条件限制等一系列优点。电磁波测距仪分为微波测距仪和光电测距仪。以微波作为载波的测距仪称为微波测距仪，以激光为载波的测距仪称为光电测距仪，以砷化镓发光二极管发出的红外光作为光源的红外测距仪和其他光源作为载波的测距仪统称为电磁波测距仪。

微波测距仪和光电测距仪测程可达数十千米，多用于长程测距。红外测距仪测程一般在5 km以内，适用于中、短程测距。

1）光电测距的原理

如图3.19所示，欲测定A、B两点之间的距离D，可在A点安置能发射和接收光波的光电测距仪，在B点设置反射棱镜，光电测距仪发出的光束经棱镜反射后，又返回到测距仪。通过测定光波在AB之间传播的时间t，根据光波在大气中的传播速度c，按式(3.23)计算距离D：

$$D = \frac{1}{2}ct \tag{3.23}$$

光电测距仪根据测定时间t的方式，分为脉冲测距法和相位测距法。目前地面上的电磁波测距一般都采用相位测距法。脉冲式光电测距仪是通过直接测定光脉冲在待测距离两点间往返传播的时间t，来测定测站到目标的距离；相位式光电测距仪是通过光源发出连续的调制光，通过往返传播产生的相位差，间接计算出传播时间，从而计算距离。

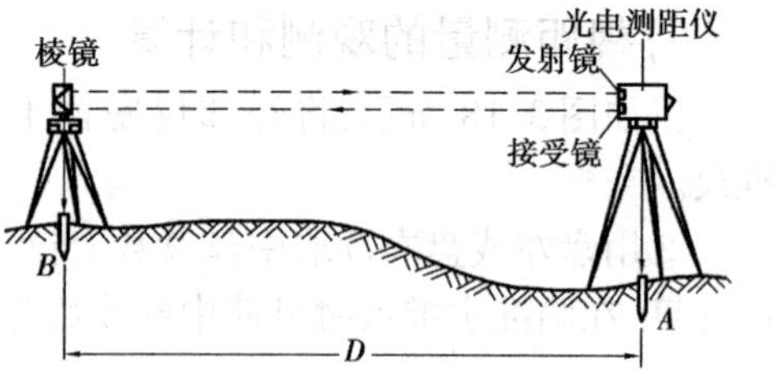

图3.19　光电测距原理

2）光电测距仪的操作及使用

光电测距仪主机通过连接器安置在经纬仪上方，经纬仪可以是普通光学经纬仪，也可以是电子经纬仪。利用光轴调节螺旋，可使主机的发射——接受器光轴与经纬仪视准轴位于同一竖直面内。另外，测距仪横轴到经纬仪横轴的高度与觇牌中心到反射棱镜高度一致，从而使经纬仪瞄准觇牌中心的视线与测距仪瞄准反射棱镜中心的视线保持平行，配合主机测距的反射棱镜，根据距离远近，可选用单棱镜或三棱镜，棱镜安置在三脚架上，根据光学对中器和长水准管进行对中整平。

(1)安置仪器

①在A点安置经纬仪和测距仪，对中、整平后用钢卷尺量取仪器高i_A。

②在B点安置反光棱镜，对中、整平后用钢卷尺量取棱镜高v_B。

(2)盘左观测

①经纬仪瞄准与读数：使经纬仪十字丝中心对准觇牌中心，调平竖盘气泡，读取竖盘读数L，竖直角$\alpha_L = 90° - L$。

②测距仪瞄准：使测距仪十字丝中心对准棱镜中心。

③测量斜距D'_L。

开机：左手护机，右手用力按【POWER】钮。

测量：轻按【MEAS】钮，记录读数4～8个。

停机：再次轻按【MEAS】钮，即停止观测。

关机：左手护机，右手用力按【POWER】钮。

(3)盘右观测(同盘左)

①经纬仪瞄准与读数:使经纬仪十字丝中心对准觇牌中心,调平竖盘气泡,读取竖盘读数 R,竖直角 $\alpha_R = R - 270°$。

②测距仪瞄准:使测距仪十字丝中心对准棱镜中心。

③测量斜距 D'_R。

开机:左手护机,右手用力按【POWER】钮。

测量:轻按【MEAS】钮,记录读数4~8个。

停机:再次轻按【MEAS】钮,即停止观测。

关机:左手护机,右手用力按【POWER】钮。

(4)计算两点间的平距和高差(取位至mm)

竖直角平均值　$\alpha = (\alpha_L + \alpha_R) \div 2$　(3.24)

斜距平均值　$D' = (D'_L + D'_R) \div 2$　(3.25)

平距　$D = D' \cdot \cos \alpha$　(3.26)

高差　$h = D' \cdot \sin \alpha + i_A - v_B$　(3.27)

若测距精度要求高,则还应观测气象条件(气温、气压),并按仪器厂家提供的公式进行气象改正。

《工程测量规范》(GB 50026—2007)3.3.14 规定,一级及以上等级控制网的边长,应采用中、短程全站仪或电磁波测距仪测距,一级以下也可采用普通钢尺量距。

3.3.15　本规范对中、短程测距仪的划分,短程为3 km以下,中程为3~15 km。

3.3.17　测距仪器及相关的气象仪表,应及时校验。当在高海拔地区使用空盒气压表时,宜送当地气象台(站)校准。

3.3.18　各等级控制网边长测距的主要技术要求,应符合表3.3的规定。

表3.3　测距的主要技术要求

平面控制网等级	仪器精度等级	每边测回数		一测回读数较差/mm	单程各测回较差/mm	往返测距较差/mm
		往	返			
三等	5 mm级仪器	3	3	≤5	≤7	$\leq 2(a + b \times D)$
	10 mm级仪器	4	4	≤10	≤15	
四等	5 mm级仪器	2	2	≤5	≤7	
	10 mm级仪器	3	3	≤10	≤15	
一级	10 mm级仪器	2	—	≤10	≤15	—
二、三级	10 mm级仪器	1	—	≤10	≤15	

注:①测回是指照准目标一次,读数2~4次的过程。

②困难情况下,边长测距可采用不同时间段测量代替往返观测。

3)光电测距的注意事项

①气象条件对光电测距影响较大,微风的阴天是观测的良好时机;

②测线应尽量离开地面障碍物1.3 m以上,避免通过发热体和较宽水面的上空;

③测线应避开强电磁场干扰的地方，例如测线不宜接近变压器、高压线等；

④测点的后面不应有反光镜和其他强光源等背景的干扰；

⑤要严防阳光及其他强光直射接收物镜，避免光线经镜头聚焦进入机内，将部分元件烧坏，阳光下作业应撑伞保护仪器。

3.3.4 直线定向

在测量工作中，常常需要确定两点平面位置的相对关系，此时仅仅测得两点间的距离是不够的，还需要知道这条直线的方向，才能确定两点之间的相对位置。在测量工作中，直线方向是以该直线与基本方向线之间的夹角来确定的。确定直线方向与基本方向之间的关系，称为直线定向。

1）标准方向线

①通过地球表面某点的真子午线的切线方向，称为该点的真子午线方向。真子午线方向可用天文观测方法或陀螺经纬仪来确定。

②磁针在地球磁场的作用下自由静止时所指的方向，即为磁子午线方向。

由于地磁南北极与地球南北极不重合，因此地面上某点的磁子午线与真子午线也并不一致，它们之间的夹角称为磁偏角，用符号 δ 表示。磁子午线北端偏于真子午线以东为东偏，δ 为正；以西为西偏，δ 为负。我国境内磁偏角值在 $+6°$（西北地区）和 $-10°$（东北地区）之间。磁子午线方向可用罗盘仪来测定。由于地球磁极的变化，磁针受磁性物质的影响，定向精度不高，所以不适合作为精确定向的基本方向，可作为小区域独立测区的基本方向。

③坐标纵轴方向。以通过测区内坐标原点的坐标纵轴正方向为基本方向，测区内其他各点的子午线均与过坐标原点的坐标纵轴平行。这种基本方向称为坐标纵轴方向。

真子午线方向与坐标纵轴方向之间的夹角称为子午线收敛角 γ。真子午线北端偏于真子午线以东为东偏，γ 为正；以西为西偏，γ 为负。

2）方位角

测量工作中，常采用方位角表示直线的方向。从直线起点的标准方向北端起，顺时针方向量至该直线的水平夹角，称为该直线的方位角。方位角取值范围是 $0° \sim 360°$。因标准方向有真子午线方向、磁子午线方向和坐标纵轴方向之分，对应的方位角分别称为真方位角（用 A 表示）、磁方位角（用 A_m 表示）和坐标方位角（用 α 表示）。

在小测区建立独立的平面控制网时，可用罗盘仪（测定磁方位角的仪器，其主要部件有磁针、望远镜和刻度盘等）测定直线的磁方位角，作为该控制网起始边的坐标方位角，将过起始点的磁子午线当作坐标纵轴线。

用罗盘仪测定直线的磁方位角时，先将罗盘仪安置在直线的起点，对中、整平。松开磁针固定螺丝放下磁针，再松开水平制动螺旋，转动仪器，用望远镜照准直线的另一端点所立标志，待磁针静止后，其北端所指的度盘读数，即为该直线的磁方位角（或磁象限角）。

罗盘仪使用时，应注意避免任何磁铁接近仪器，选择测站点应避开高压线、车间、铁栅栏等，以免产生局部吸引，影响磁针偏转，造成读数误差。使用完毕，应立即固定磁针，以防顶针磨损和磁针脱落。

3)正反坐标方位角

测量工作中的直线都具有一定的方向,AB 直线,即 A 点为起点,B 点为终点的直线;BA 直线是指以 B 点为起点,A 点为终点的直线。如图 3.20 所示,直线 AB 的坐标方位角为 α_{AB},称为直线 AB 的正坐标方位角;而直线 BA 的坐标方位角为 α_{BA},称为直线 AB 的反坐标方位角。同理,α_{BA} 为直线 BA 的正坐标方位角;而 α_{AB} 为直线 BA 的反坐标方位角。从图上可以看出 α_{AB} 和 α_{BA} 的关系为:

$$\alpha_{AB} = \alpha_{BA} \pm 180° \tag{3.28}$$

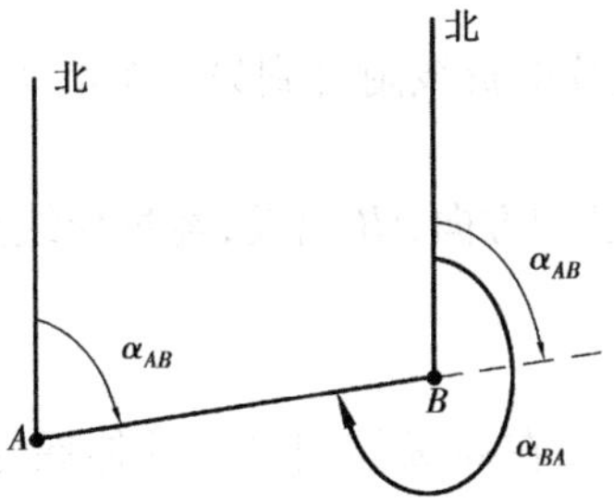

图 3.20　正反坐标方位角

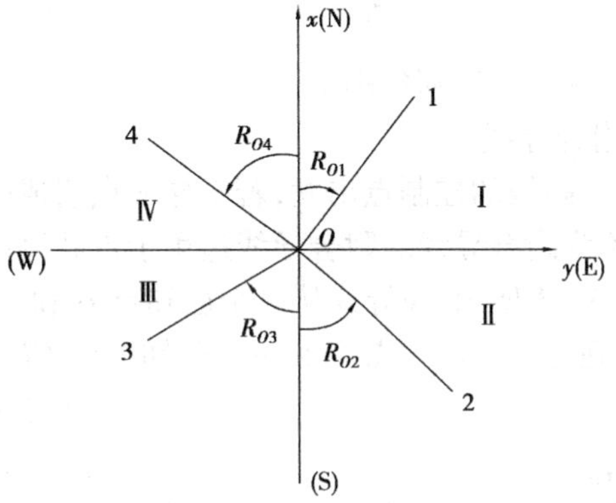

图 3.21　象限角

4)象限角

由标准方向的北端或南端起,沿顺时针或逆时针量至某一直线的锐角称为象限角。象限角用 R 表示,角值范围在 0°至 90°之间。如图 3.21 所示,直线 $O1$、$O2$、$O3$、$O4$ 的象限角分别为北东 R_{O1}、南东 R_{O2}、南西 R_{O3}、北西 R_{O4}。

由图 3.21 可推得象限角与方位角的换算关系:

第Ⅰ象限　$R = \alpha$　(3.29)

第Ⅱ象限　$R = 180° - \alpha$　(3.30)

第Ⅲ象限　$R = \alpha - 180°$　(3.31)

第Ⅳ象限　$R = 360° - \alpha$　(3.32)

任务 3.4　导线测量

3.4.1　导线测量的外业工作

1)导线的布设形式

根据测区的不同情况和要求,导线的布设形式有下列三种:

(1)闭合导线

自某已知点出发,经过若干导线点组成的连续的折线仍回到原点,形成一个闭合多边形,这样的导线称为闭合导线。闭合导线适用于块状辖区。

如图 3.22 所示，该导线从一个已知点 B 和一个已知方向 AB 出发，经过导线点 1、2、3、4，又回到原已知点 B 和原已知方向 AB 上，形成一个闭合多边形。

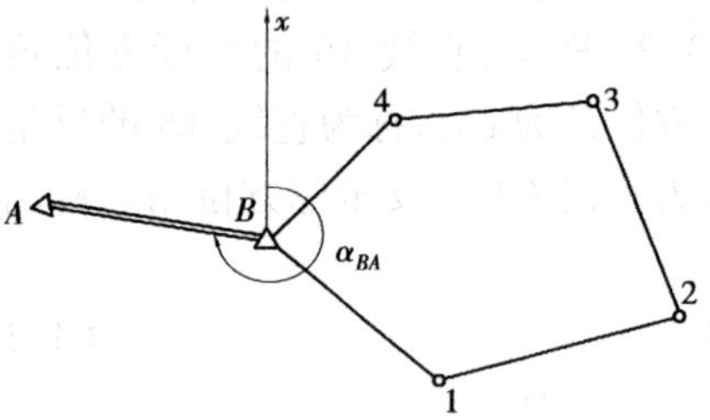

图 3.22 闭合导线

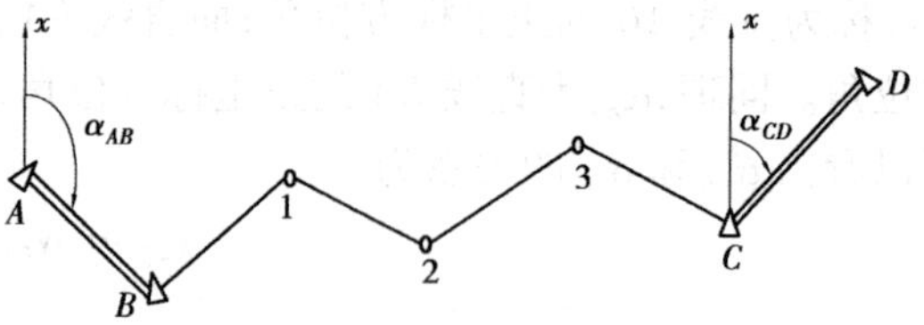

图 3.23 附合导线

(2)附合导线

自某一高级的控制点出发，若干导线点组成的连续的折线附合到另一个高级控制点上的导线，称为附合导线。附合导线适用于带状测区。

如图 3.23 所示，该导线从一个已知点 B 和一个已知方向 AB 出发，经过导线点 1、2、3，最后附合到另一个已知点 C 和一个已知方向 CD 上。

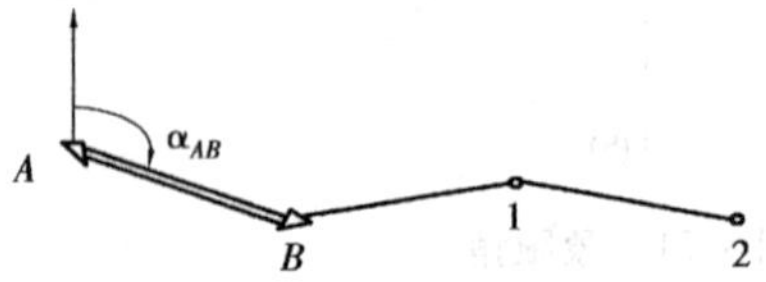

图 3.24 支导线

(3)支导线

仅是一端连接在高级控制点上的伸展导线，称为支导线。支导线不能校核，故只允许引测一到两个点。它适用于加密控制测量。

如图 3.24 所示，导线从一个已知点 B 和一个已知方向 AB 出发，经过导线点 1、2，既不回到原已知点上，也不和其他的已知点附合。

2)导线测量的外业工作

(1)踏勘选点

选点就是在测区内选定控制点的位置。选点之前应收集测区已有地形图和高一级控制点的成果资料。根据测图要求，确定导线的等级、形式、布置方案。在地形图上拟订导线初步布设方案，再到实地踏勘，选定导线点的位置。若测区范围内无可供参考的地形图时，通过踏勘，根据测区范围、地形条件直接在实地拟订导线布设方案，选定导线的位置。

导线点点位选择必须注意以下几个方面：

①为了方便测角，相邻导线点间要通视良好，视线远离障碍物，保证成像清晰；

②采用光电测距仪测边长，导线边应离开强电磁场和发热体的干扰，测线上不应有树枝、电线等障碍物；

③导线点应埋在地面坚实、不易被破坏处，一般应埋设标石；

④导线点要有一定的密度，以便控制整个测区；

⑤导线边长要大致相等，不能悬殊过大。

导线点埋设后，要在桩上用红油漆写明点名、编号，并用红油漆在固定地物上画一箭头指向导线点，并绘制"点之记"方便寻找导线点。

(2)边长测量

导线边长是指相邻导线点间的水平距离。导线边长测量可采用光电测距仪、普通钢卷尺。采用光电测距仪测量边长的导线又称为光电测距导线，是目前最常用的方法。

(3)角度测量

导线水平角测量主要是导线转折角测量。导线水平角的观测,附合导线按导线前进方向可观测左角或右角;闭合导线一般是观测多边形内角;支导线无校核条件,要求既观测左角,也观测右角,以便进行校核。导线水平角的观测方法一般采用测回法和方向观测法。

(4)导线定向

导线与高级控制点连接角的测量称为导线定向。其目的是获得起始方位角和坐标起算数据,并能使导线精度得到可靠校核。若测区无高级控制点联测时,可假定起始点的坐标,用罗盘仪测定起始边的方位角。

3.4.2　导线测量的内业计算

导线测量内业计算的目的就是计算各导线点的平面坐标 x、y。计算之前,应先全面检查导线测量外业记录、数据是否齐全,有无记错、算错,成果是否符合精度要求,起算数据是否准确;然后绘制计算略图,将各项数据注在图上的相应位置。

1)坐标计算的基本公式

(1)坐标正算

根据已知点的坐标,已知边长及该边的坐标方位角,计算未知点的坐标,称为坐标正算。

如图3.25所示,A 为已知点,坐标为(x_A,y_A),已知 AB 边长 D_{AB},坐标方位角为 α_{AB},要求 B 点的坐标(x_B,y_B)。则有:

$$x_B = x_A + \Delta x_{AB} \tag{3.33}$$

$$y_B = y_A + \Delta y_{AB} \tag{3.34}$$

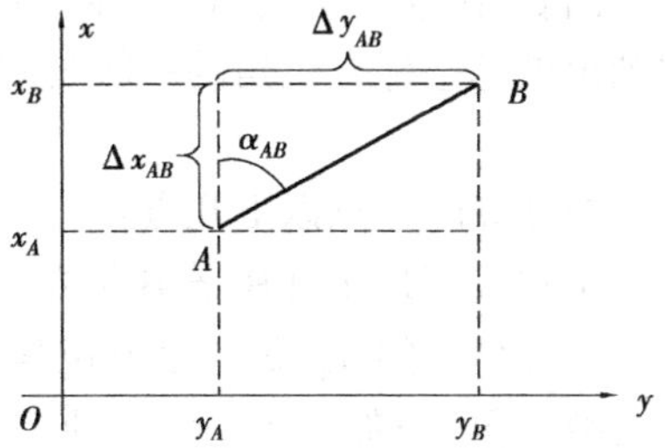

图3.25　坐标正反算

其中:

$$\Delta x_{AB} = D_{AB} \cdot \cos \alpha_{AB} \tag{3.35}$$

$$\Delta y_{AB} = D_{AB} \cdot \sin \alpha_{AB} \tag{3.36}$$

式中,sin 和 cos 的函数值随着 α 所在象限的不同,有正、负之分,因此,坐标增量同样具有正、负号,其符号与 α 角值一致。

(2)坐标反算

根据两个已知点的坐标,计算两点之间的边长和两点连线的方位角,称为坐标反算。

如图3.25所示,A、B 为已知点,坐标为(x_A,y_A)和(x_B,y_B),要求 AB 边长 D_{AB} 和坐标方位角 α_{AB}。则有:

$$D_{AB} = \sqrt{\Delta x_{AB}^2 + \Delta y_{AB}^2} = \sqrt{(x_B - x_A)^2 + (y_B - y_A)^2} \tag{3.37}$$

$$\alpha_{AB} = \arctan \frac{\Delta y_{AB}}{\Delta x_{AB}} = \arctan \frac{(y_B - y_A)}{(x_B - x_A)} \tag{3.38}$$

在按照式(3.38)计算坐标方位角时,计算出的是象限角,因此,应根据坐标增量 Δx_{AB} 和 Δy_{AB} 的正负号及其所在的象限,将象限角换算为坐标方位角。

2)坐标方位角的推算

在直线定向中,介绍了方位角的测定方法,但在实际工作中并不需要测定每条直线的坐标方位角,而是通过与已知坐标方位角的直线联测后,推算出各直线的坐标方位角。如图3.26所示,已知直线12的坐标方位角α_{12},测得水平角β_2和β_3,要求推算直线23和直线34的坐标方位角。

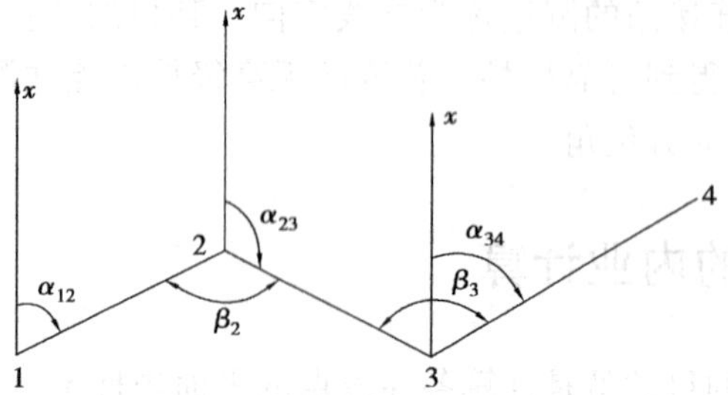

图3.26 坐标方位角的推算

由图3.26可知:

$$\alpha_{23} = \alpha_{21} - \beta_2 = \alpha_{12} + 180° - \beta_2 \quad (3.39)$$

$$\alpha_{34} = \alpha_{32} + \beta_3 = \alpha_{23} + 180° + \beta_3 \quad (3.40)$$

因β_2在推算路线前进方向的右侧,该转折角称为右角;β_3在左侧,称为左角。从而可归纳出推算坐标方位角的一般公式为:

$$\alpha_{前} = \alpha_{后} + 180° \pm \beta \quad (3.41)$$

在计算时注意以下几点:

①式(3.41)的$\pm\beta$,若β是左折角,则取$+\beta$;若β是右折角,则取$-\beta$。

②计算出的$\alpha_{前}$是一个方位角,所以其取值范围为0°~360°。所以,如果$\alpha_{前}>360°$,应自动减去360°;如果$\alpha_{前}<0°$,则自动加上360°。

《工程测量规范》(GB 50026—2007)3.3.1规定,各等级导线测量的主要技术要求,应符合表3.4的规定。

表3.4 导线测量的主要技术要求

等级	导线长度/km	平均边长/km	测角中误差/(″)	测距中误差/mm	测距相对中误差	测回数			方位角闭合差/(″)	导线全长相对闭合差
						1″级仪器	2″级仪器	6″级仪器		
三等	14	3	1.8	20	1/150 000	6	10	—	$3.6\sqrt{n}$	1/55 000
四等	9	1.5	2.5	18	1/80 000	4	6	—	$5\sqrt{n}$	1/35 000
一级	4	0.5	5	15	1/30 000	—	2	4	$10\sqrt{n}$	1/15 000
二级	2.4	0.25	8	15	1/14 000	—	1	3	$16\sqrt{n}$	1/10 000
三级	1.2	0.1	12	15	1/7 000	—	1	2	$24\sqrt{n}$	1/5 000

注:①表中n为测站数。

②当测区测图的最大比例尺为1:1 000,一、二、三级导线的导线长度、平均边长可适当放长,但最大长度不应大于表中规定相应长度的2倍。

3）附合导线的计算

如图3.27所示，在外业工作结束后，形成外业测量成果草图。现以此为例，介绍附合导线的内业计算步骤，阅读时请参看表3.5。

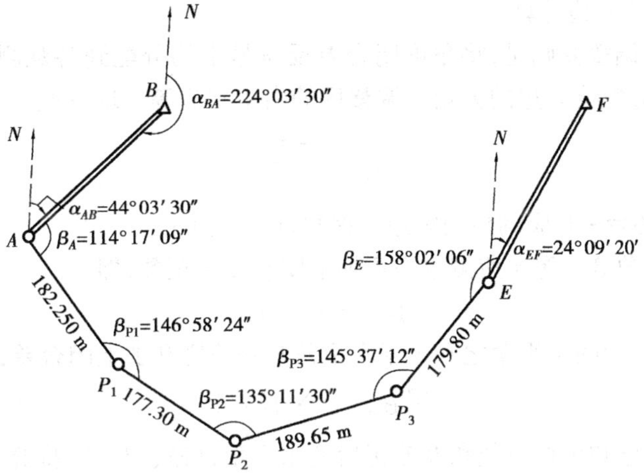

图3.27　附合导线外业测量成果草图

（1）在表中填入已知数据

将导线成果草图中的点号、观测角、边长、起始点坐标、终点坐标、起始边方位角、终边方位角填入附合导线计算表中。

（2）计算角度闭合差

根据起始边 AB 的坐标方位角 α_{AB} 及观测角，按式（3.41）推算 EF 边的坐标方位角 α'_{EF}。通过图3.27可知，本次观测所有的观测角均为右折角，故式（3.41）应取 $-\beta$。

$$\left.\begin{aligned}\alpha_{AP_1} &= \alpha_{BA} + \beta_A - 180^\circ \\ \alpha_{P_1P_2} &= \alpha_{AP_1} + \beta_{P_1} - 180^\circ \\ \alpha_{P_2P_3} &= \alpha_{P_1P_2} + \beta_{P_2} - 180^\circ \\ \alpha_{P_3E} &= \alpha_{P_2P_3} + \beta_{P_3} - 180^\circ \\ \alpha'_{EF} &= \alpha_{P_3E} + \beta_E - 180^\circ\end{aligned}\right\}$$

$$\alpha'_{EF} = \alpha_{BA} + \sum \beta - n \cdot 180^\circ$$

解得：$\alpha'_{EF} = 24°09'51''$。

在实际观测中，由于误差的存在，使得我们根据 α_{AB} 和观测角推算出的 α'_{EF} 和 EF 的坐标方位角之间存在差值，此值称为角度闭合差，用 f_β 表示。故有：

$$f_\beta = \alpha'_{EF} - \alpha_{EF} \tag{3.42}$$

解得：$f_\beta = 31''$。

（3）计算角度闭合差容许值

角度闭合差的大小反映了水平角观测的质量。图根导线角度闭合差的容许值 $f_{\beta容}$ 的计算公式为：

$$f_{\beta容} = \pm 60\sqrt{n} \tag{3.43}$$

解得：$f_{\beta容} = \pm 134''$。

本例中$f_\beta = 31''$在容许值范围内，说明所测水平角符合要求，可进行下一步计算；如果闭合差超出容许值范围，说明所测水平角不符合要求，需要对水平角重新观测。

(4)角度闭合差调整计算

角度闭合差的调整原则是，将角度闭合差反符号平均分配到各观测水平角中，如果不能均分，则将余数分配给短边的夹角。调整后的内角和应等于理论值。

$$v_\beta = \frac{-f_\beta}{n} \tag{3.44}$$

则本例$v_\beta = -6''$，还余$-1''$应调整到短边的夹角，即P_1点上。

改正后的水平角$\beta_{i改}$等于所测水平角加上闭合差改正数，即

$$\beta_{i改} = \beta_i + v_\beta \tag{3.45}$$

计算检核：改正后的水平角之和等于水平角观测值之和加上闭合差，即

$$\sum \beta_{改} = \sum \beta + f_\beta \tag{3.46}$$

根据起始边的已知坐标方位角及改正后的水平角，按式(3.41)推算其他各导线边的坐标方位角。

计算检核：最后推算出终边坐标方位角，它应与原有的终边已知坐标方位角相等，否则应重新检查计算。

(5)坐标增量及闭合差计算

附合导线的坐标增量应根据式(3.35)和式(3.36)计算坐标增量，并填入表3.5中。

附合导线各边坐标增量代数和的理论值，应等于终、始两点已知点的坐标之差。但由于误差的存在，这两个值往往不相等。它们的差值便是坐标增量闭合差，即

$$f_x = \sum \Delta x_{测} - (x_{终} - x_{始}) \tag{3.47}$$

$$f_y = \sum \Delta y_{测} - (y_{终} - y_{始}) \tag{3.48}$$

本例中解得：$f_x = 0.04$ m，$f_y = -0.11$ m。

式(3.47)和式(3.48)所得为坐标增量闭合差，即是导线全长闭合差分别在x轴和y轴上的投影。导线全长闭合差则应按下式计算：

$$f_D = \sqrt{f_x^2 + f_y^2} \tag{3.49}$$

本例中解得：$f_D = 0.12$ m。

由于导线越长，此误差累计越大，因此在衡量此误差时，引入了全长相对闭合差的概念，即

$$K = \frac{f_D}{\sum D} \tag{3.50}$$

本例中解得$K = 1/6\ 075$，而图根导线测量中要求的$K_{容}$为1/3 000。

本例的导线全长相对闭合差在容许值范围内，说明所测水平距离符合要求，可进行下一步计算；如果相对闭合差超出容许值范围，说明所测水平距离不符合要求，需要对水平距离重新观测。

表 3.5　附合导线内业计算表

点号	水平角 /(° ′ ″)	改正数 /(″)	改正后角值 /(° ′ ″)	方位角 /(° ′ ″)	平距 /m	初算坐标增量/m Δx_1	初算坐标增量/m Δy_1	改正量/m v_x	改正量/m v_y	改后坐标增量/m Δx	改后坐标增量/m Δy	坐标值/m x	坐标值/m y
B													
				224 03 30									
A	114 17 09	-6	114 17 03									500.00	500.00
				158 20 33	182.25	-169.38	67.26	-0.01	0.03	-169.39	67.29		
P_1	146 58 24	-7	146 58 17									330.61	567.29
				125 18 50	177.30	-102.49	144.68	-0.01	0.02	-102.50	144.70		
P_2	135 11 30	-6	135 11 24									228.11	711.99
				80 30 14	189.65	31.29	187.05	-0.01	0.03	31.28	187.08		
P_3	145 37 12	-6	145 37 06									259.39	899.07
				46 07 20	179.80	124.62	129.60	-0.01	0.03	124.61	129.63		
E	158 02 06	-6	158 02 00									384.00	1 028.70
				24 09 20									
F													
$\sum$	700 06 21	-31	700 05 50		729.00	-115.96	528.59	-0.04	0.11	-116.00	528.70		

计算：

$\alpha'_{EF} = \alpha_{BA} + \sum\beta - n \cdot 180°$

$f_\beta = \alpha'_{EF} - \alpha_{EF} = 31''$

$f_{\beta容} = \pm 60\sqrt{n} = \pm 134'' > f_\beta$

$K = \dfrac{f_D}{\sum D} = \dfrac{1}{6\ 075} < K_{容}$

$f_x = \sum \Delta x_{测} - (x_{终} - x_{始}) = 0.04\ \text{m}$

$f_y = \sum \Delta y_{测} - (y_{终} - y_{始}) = -0.11\ \text{m}$

$f_D = \sqrt{f_x^2 + f_y^2} = 0.12\ \text{m}$

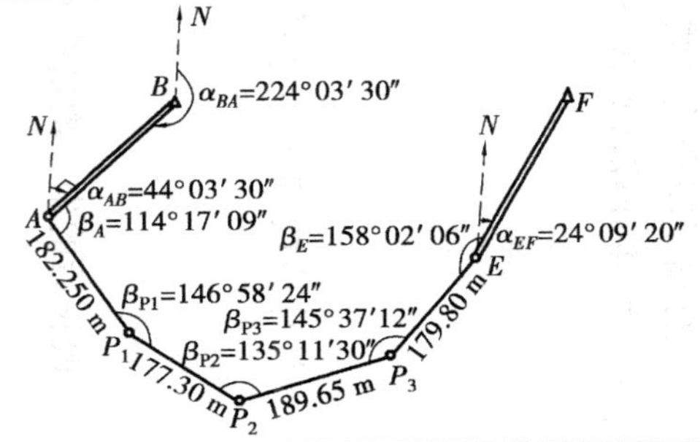

(6)坐标增量改正数计算

坐标增量闭合差的调整原则是:将f_x、f_y反符号按与边长成正比的方法分配到各坐标增量上去,将计算凑整残余不符值分配在长边的坐标增量上,则有公式:

$$v_{x_{ij}} = -\frac{f_x}{\sum D} \cdot D_{ij} \tag{3.51}$$

$$v_{y_{ij}} = -\frac{f_y}{\sum D} \cdot D_{ij} \tag{3.52}$$

计算检核,坐标增量改正数之和应等于闭合差的相反数:

$$\sum v_x = -f_x \tag{3.53}$$

$$\sum v_y = -f_y \tag{3.54}$$

改正后的坐标增量按下式进行计算:

$$\Delta x_{ij} = \Delta x_{ij测} + v_{x_{ij}} \tag{3.55}$$

$$\Delta y_{ij} = \Delta y_{ij测} + v_{y_{ij}} \tag{3.56}$$

(7)导线点坐标计算

根据起始点的已知坐标和改正后的坐标增量,即可以推出各导线点的坐标值,即

$$x_j = x_i + \Delta x_{ij} \tag{3.57}$$

$$y_j = y_i + \Delta y_{ij} \tag{3.58}$$

根据上式得出的终点坐标应与终点的已知坐标相等,并作为校核计算。

4)闭合导线的计算

闭合导线的坐标计算步骤与附合导线相同。由于两者的布设形式不同,使得闭合导线相当于起始点和终点重合的附合导线。所以其计算方法完全相同,仅有少数公式可以简化。

5)支导线的计算

由于支导线既不附合到其他已知点上,也不回到起始点,所以支导线无法计算闭合差。也就是说支导线是没有检核限制条件的,也就不需要计算闭合差的相关数据,而直接算出各边的坐标方位角并求出导线点的坐标即可。

任务3.5　全站仪坐标测量

3.5.1　认识全站仪

全站仪,即全站型电子测距仪(Electronic Total Station),是一种集光、机、电为一体的高技术测量仪器,是集水平角、竖直角、距离(斜距、平距)、高差测量功能于一体的测绘仪器系统。与光学经纬仪比较,电子经纬仪将光学度盘换为光电扫描度盘,将人工光学测微读数代之以自动记录和显示读数,使测角操作简单化,且可避免读数误差的产生。因其一次安置仪器就可完成该测站上全部测量工作,所以称之为全站仪,广泛应用于地上大型建筑和地下隧道施工等精密工程测量或变形监测领域。

1)全站仪的分类

(1)按其外观结构分类

①积木型(又称组合型)。早期的全站仪大都是积木型结构,即电子速测仪、电子经纬仪、电子记录器各是一个整体,可以分离使用,也可以通过电缆或接口把它们组合起来,形成完整的全站仪。

②整体型。随着电子测距仪进一步的轻巧化,现代的全站仪大都把测距、测角和记录单元在光学、机械等方面设计成一个不可分割的整体,其中测距仪的发射轴、接收轴和望远镜的视准轴为同轴结构。这对保证较大垂直角条件下的距离测量精度非常有利。

(2)按测量功能分类

①经典型全站仪。经典型全站仪也称为常规全站仪,它具备全站仪电子测角、电子测距和数据自动记录等基本功能,有的还可以运行厂家或用户自主开发的机载测量程序。

②机动型全站仪。在经典全站仪的基础上安装轴系步进电机,可自动驱动全站仪照准部和望远镜的旋转。在计算机的在线控制下,机动型系列全站仪可按计算机给定的方向值自动照准目标,并可实现自动正、倒镜测量。

③无合作目标性全站仪(免棱镜全站仪)。它是在无反射棱镜的条件下,可对一般的目标直接测距的全站仪。因此,对不便安置反射棱镜的目标进行测量,无合作目标型全站仪具有明显优势。

④智能型全站仪(测量机器人)。在自动化全站仪的基础上,仪器安装自动目标识别与照准的新功能,因此在自动化的进程中,全站仪进一步克服了需要人工照准目标的重大缺陷,实现了全站仪的智能化。在相关软件的控制下,智能型全站仪在无人干预的条件下可自动完成多个目标的识别、照准与测量。因此,智能型全站仪又称为“测量机器人”。

2)全站仪的构造

由于各公司生产的全站仪在构造和使用上存在一定差异,故本书对于全站仪的构造和使用的阐述中,均以拓普康 GTS-330N 系列全站仪为例。

(1)各部件名称

拓普康 GTS-330N 系列全站仪的外观和结构如图 3. 28 所示。该仪器属于整体式结构的经典型全站仪,测角、测距等使用同一望远镜和同一微处理系统,盘左和盘右各设一组键盘和液晶显示屏,以方便操作。在基座下方设有串行信号接口,用于仪器和外部设备之间的数据传输。

(2)显示

①显示屏。显示屏采用点阵式液晶显示(LCD),可显示 4 行,每行 20 个字符,通常前三行显示测量数据,最后一行显示随测量模式变化的按键功能。

②显示示例。如图 3. 29 所示,在角度测量模式和距离测量模式下,显示屏所示内容不同,而该仪器亦可选择不同的显示单位。

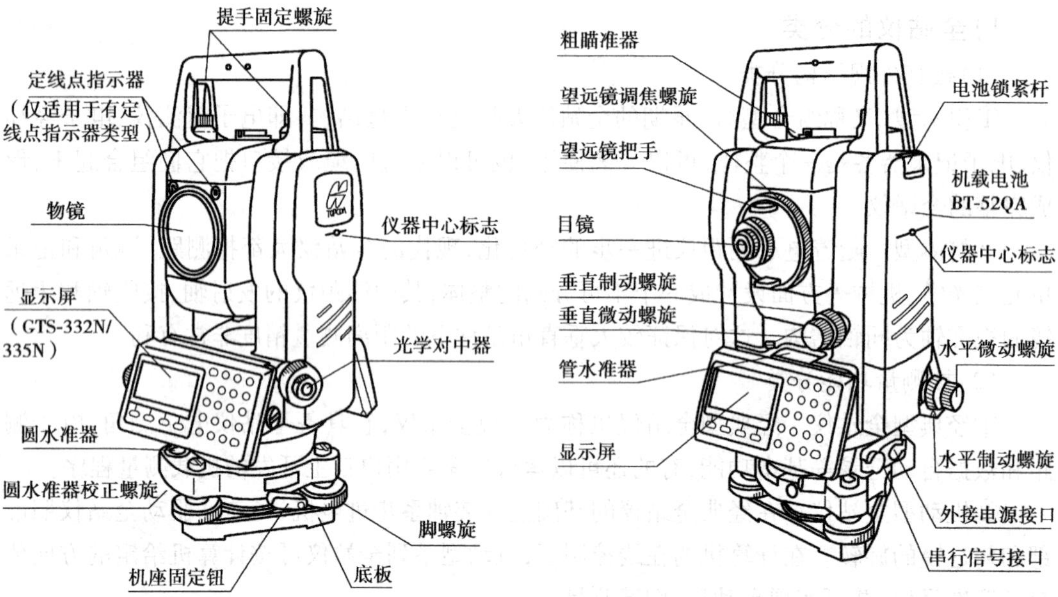

图 3.28　拓普康 GTS-330N 系列全站仪

V:　　90° 10′ 20″
HR:　　120° 30′ 40″
置零　锁定　置盘　P1↓

角度测量模式

垂直角：90° 10′ 20″

水平角：120° 30′ 40″

HR:　　120° 30′ 40″
HD*　　65.432 m
VD:　　12.345 m
测量　模式　S/A　P1↓

距离测量模式

水平角：120° 30′ 40″

水平距离：65.432 m

高差：12.345 m

英尺单位

HR:　　120° 30′ 40″
HD*　　123.45 f
VD:　　12.34 f
测量　模式　S/A　P1↓

水平角：120° 30′ 40″

水平距离：123.45 ft

高差：12.34 ft

英尺与英寸单位

HR:　　120° 30′ 40″
HD*　　123.04.6 f
VD:　　12.34 f
测量　模式　S/A　P1↓

水平角：120° 30′ 40″

水平距离：123 ft　4 in　6/8 in

高差：12 ft　3 in　4/6 in

图 3.29　显示示例

③显示符号。仪器上显示符号所代表的含义如表 3.6 所示。

表 3.6　显示屏上各符号所代表的含义

显　示	内　容	显　示	内　容
V	竖直角（坡度显示）	N	北向坐标
HR	水平角（右角）	E	东向坐标
HL	水平角（左角）	Z	高程
HD	水平距离	*	电子测距正在进行
VD	高差	m	以米为单位
SD	倾斜距离	f	以英尺为单位

(3)操作键

①按键分布。在仪器显示屏的右侧和下方分布按键共24颗。如图3.30所示,显示屏下方4颗按键称为功能键,屏幕右侧虚线框内12颗按键称为字母数字键。

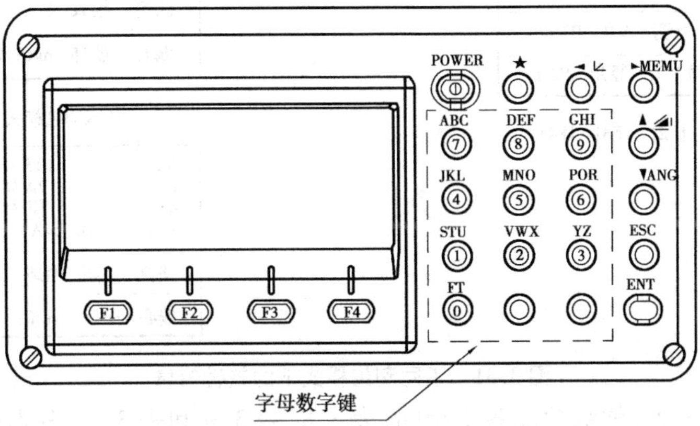

图3.30　按键分布

②按键功能。图中字母数字键的主要作用为输入字母或数字,其余按键的功能列于表3.7中。

表3.7　仪器各按键的使用功能

键	名　称	功　能
★	星键	用于项目的设置或显示:①显示屏对比度;②十字丝照明;③背景光;④倾斜改正;⑤定线点指示器;⑥设置音响模式
⊾	坐标测量键	坐标测量模式
◢	距离测量键	距离测量模式
ANG	角度测量键	角度测量模式
POWER	电源键	电源开关
MENU	菜单键	①在菜单模式和测量模式之间切换; ②在菜单模式下可设置应用测量与照明调节、系统误差改正
ESC	退出键	①返回测量模式或上一层模式; ②从正常测量模式直接进入数据采集模式或放样模式; ③也可用作正常测量模式下的记录键
ENT	确认输入键	在输入值末尾按此键
F1—F4	功能键(软键)	对应于显示的软键功能信息

③功能键(软键)。如图3.31所示,软键信息显示在显示屏幕的最底行,各软键的功能见相应的显示信息。

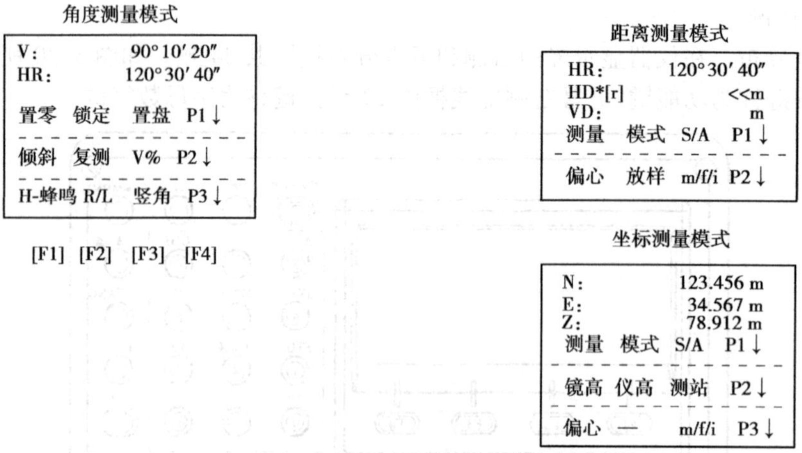

图 3.31 不同测量模式下的软键信息

不同测量模式下,软键功能各不相同,表 3.8、表 3.9 和表 3.10 分别列出角度测量模式、距离测量模式和坐标测量模式下的软键功能。

表 3.8 角度测量模式

页数	按 键	显示符号	功 能
1	F1	置零	水平角置为 0°00′00″
	F2	锁定	水平角读数锁定
	F3	置盘	通过键盘输入数字设置水平角
	F4	P1↓	显示第 2 页软键功能
2	F1	倾斜	设置倾斜改正开或关,若选择开,则显示倾斜改正值
	F2	复测	角度重复测量模式
	F3	V%	竖直角百分比坡度显示
	F4	P2↓	显示第 3 页软键功能
3	F1	H-蜂鸣	仪器每转动水平角 90°是否要发出蜂鸣声的设置
	F2	R/L	水平角右/左计数方向的转换
	F3	竖盘	竖直角显示格式(竖直角/天顶距)的切换
	F4	P3↓	显示下一页(第 1 页)软键功能

表 3.9 距离测量模式

页数	按 键	显示符号	功 能
1	F1	测量	启动测量
	F2	模式	设置测距模式精测/粗测/跟踪
	F3	S/A	设置音响模式
	F4	P1↓	显示第 2 页软键功能

续表

页数	按　键	显示符号	功　能
2	F1	偏心	偏心测量模式
	F2	放样	放样测量模式
	F3	m/f/i	米/英尺/英寸单位的切换
	F4	P2↓	显示下一页(第1页)软键功能

表3.10　坐标测量模式

页数	按　键	显示符号	功　能
1	F1	测量	启动测量
	F2	模式	设置测距模式精测/粗测/跟踪
	F3	S/A	设置音响模式
	F4	P1↓	显示第2页软键功能
2	F1	镜高	输入棱镜高
	F2	仪高	输入仪器高
	F3	测站	输入测站点(仪器高)坐标
	F4	P2↓	显示第3页软键功能
3	F1	偏心	偏心测量模式
	F3	m/f/i	米/英尺/英寸单位的切换
	F4	P3↓	显示下一页(第1页)软键功能

3)全站仪的架设

(1)安置仪器

将仪器安装在三脚架上,精确整平和对中,以保证测量成果的精度,应使用中心连接螺旋直径5/8英寸的11条螺纹的宽框木制三脚架。

(2)对中整平

全站仪对中整平的方法跟光学经纬仪完全一致,请参看DJ_6型光学经纬仪的对中整平方法。

(3)开机

在开机前先确认仪器已经整平,然后打开电源开关(按POWER键)。

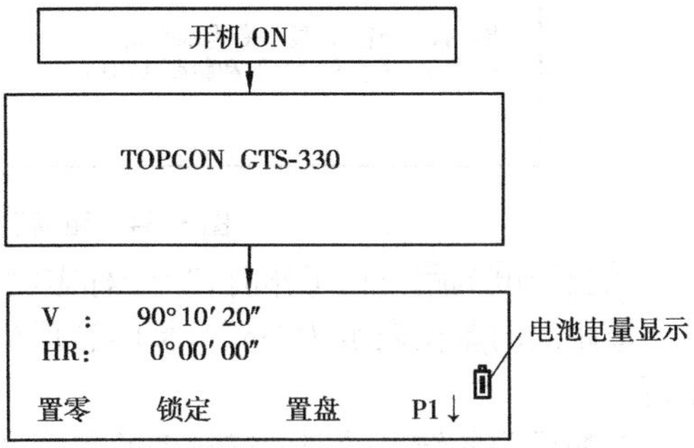

图3.32　开机显示

如图3.32所示,成功开机后进入角度测量模式。这时候需要确认显示窗中显示有足够的电池电量,当电池电量不足或显示“电池用完”时应及时,更换电池或对电池进行充电。

3.5.2　用全站仪进行角度和距离测量

1)水平角和竖直角观测

在观测前确认全站仪处于角度测量模式,观测方法如图 3.33 所示。

操作过程	操作	显示
①照准第一个目标A	照准A	V: 90°10′20″ HR: 120°30′40″ 置零 锁定 置盘 P1↓
②设置目标A的水平角为0°00′00″,按[F1]（置零）键和（是）键	[F1]	水平角置零 >OK? --- --- [是] [否]
	[F3]	V: 90°10′20″ HR: 0°00′00″ 置零 锁定 置盘 P1↓
③照准第二个目标B，显示目标B的V/H	照准目标B	V: 98°36′20″ HR: 160°40′20″ 置零 锁定 置盘 P1↓

图 3.33　水平角和竖直角观测

2)距离测量

在进行距离测量前应先设置大气改正和棱镜常数,然后从测角模式切入距离测量模式,具体操作方法如图 3.34 所示。

操作过程	操作	显示
①照准棱镜中心	照准	V : 90°10′20″ HR: 120°30′40″ 置零 锁定 置盘 P1↓
②按[◢]键，距离测量开始 *1)，*2)：	[◢]	HR: 120°30′40″ HD*[r] <<m VD: m 测量 模式 S/A P1↓
显示测量的距离*3)~*5)		HR: 120°30′40″ HD* 123.456 m VD: 5.678 m 测量 模式 S/A P1↓
•再次按[◢]键，显示变为水平角（HR）、垂直角（V）和斜距（SD）	[◢]	V : 90°10′20″ HR: 120°30′40″ SD: 131.678 m 测量 模式 S/A P1↓

图 3.34　距离测量(连续测量模式)

①当光电测距正在工作时,“ * ”标志就会出现在显示窗。

②距离的单位表示为“m”(米)或“f”(英尺),并随着蜂鸣声在每次距离数据更新时出现。

③如果测量结果受到大气抖动的影响,仪器可以自动重复测量工作。

④要从距离测量模式返回正常的角度测量模式,可按【ANG】键。

当输入测量次数后，GTS-330N 系列全站仪就将按设置的次数进行测量，并显示出距离平均值。当输入测量次数为 1，因为是单次测量，仪器不显示距离平均值，仪器出厂时的设置为单次观测。*N* 次或单次测量模式下距离测量的方法与连续测量模式下的距离测量方法基本一致。

GTS-330N 系列全站仪拥有精测模式、跟踪模式和粗测模式三种距离测量模式。其中精测模式为正常的测距模式，观测速度最慢但观测精度最高；跟踪模式观测时间最短但精度较低，在跟踪移动目标或放样时非常有用；粗测模式介于精测模式和跟踪模式之间。距离观测模式的切换如图 3.35 所示。

操作过程	操作	显示
		HR: 120° 30′ 40″ HD* 123.456 m VD: 5.678 m 测量 模式 S/A P1 ↓
①在距离测量模式下按[F2]（模式）*1）键所设置模式的首字符（F/T/C）将显示出来（F：精测 T：跟踪 C：粗测）	[F2]	HR: 120° 30′ 40″ HD* 123.456 m VD: 5.678 m 精测 跟踪 粗测 F
②按[F1]（精测）键，[F2]（跟踪）键或[F3]（粗测）键	[F1]~[F3]	HR: 120° 30′ 40″ HD* 123.456 m VD: 5.678 m 测量 模式 S/A P1 ↓

图 3.35　距离测量模式的切换

3.5.3　用全站仪进行坐标测量

1）测站点坐标的设置

设置测站点相对于坐标原点的坐标，仪器可自动转换和显示棱镜点在该坐标系中的坐标。即使电源关闭后，测站点的坐标也可以保存。具体输入方法如图 3.36 所示。

操作过程	操作	显示
①在坐标测量模式下，按[F4]（↓）键，进入第2页功能	[F4]	N: 123.456 m E: 34.567 m Z: 78.912 m 测量 模式 S/A P1 ↓ 镜高 仪高 测站 P2 ↓
②按[F3]（测站）键	[F3]	N→ 0.000 m E: 0.000 m Z: 0.000 m 输入 -- --- 回车 ----- [CLR] [ENT]
③输入N坐标*1）	[F1] 输入数据 [F4]	N→ 51.456 m E: 0.000 m Z: 0.000 m 输入 -- --- 回车
④按同样方法输入E和Z坐标 输入数据后，显示屏返回坐标测量显示		N→ 51.456 m E: 34.567 m Z: 78.912 m 测量 模式 S/A P1 ↓

图 3.36　测站点坐标输入

2)仪器高的设置

仪器高的设置如图 3.37 所示。

操 作 过 程	操 作	显 示
①在坐标测量模式下，按[F4]（↓）键，进入第2页功能	[F4]	N: 123.456 m E: 34.567 m Z: 78.912 m 测量 模式 S/A P1 ↓ 测量 仪高 测站 P2 ↓
②按[F2]（仪高）键，显示当前值	[F2]	仪器高 输入 仪高: 0.000 m 输入 回车 --- ---[CLR] [ENT]
③输入仪器高*1)	[F1] 输入仪器高 [F4]	N: 123.456 m E: 34.567 m Z: 78.912 m 测量 模式 S/A P1 ↓

图 3.37　仪器高输入

3)棱镜高的设置

棱镜高的设置如图 3.38 所示。

操 作 过 程	操 作	显 示
①在坐标测量模式下，按[F4]键盘，键入第2页功能	[F4]	N: 123.456 m E: 34.567 m Z: 78.912 m 测量 模式 S/A P1 ↓ 镜高 仪高 测站 P2 ↓
②按[F1]（镜高）键，显示当前值	[F1]	镜高 输入 镜高: 0.000 m 输入 ------ 回车 --- ---[CLR] [ENT]
③输入棱镜高*1)	[F1] 输入棱镜高 [F4]	N: 123.456 m E: 34.567 m Z: 78.912 m 测量 模式 S/A P1 ↓

图 3.38　棱镜高输入

4)坐标测量步骤

通过输入仪器高和棱镜高后测量坐标时，可直接测定未知点的坐标。

将全站仪安置于 A 点对中整平，棱镜置于 B 点，并按前述步骤输入测站点坐标、仪器高和棱镜高，即可按照图 3.39 所示步骤测出棱镜点坐标。

操 作 过 程	操 作	显 示
①设置已知点A的方向角*1)	设置方向角	V : 90° 10′ 20″ HR: 120° 30′ 40″ 置零 锁定 置盘 P1 ↓
②照准目标B ③按[⇲]键，开始测量	照准棱镜 [⇲]	N* [r] <<m E: m Z: m 测量 模式 S/A P1 ↓
显示测量结果		N: 123.456 m E: 34.567 m Z: 78.912 m 测量 模式 S/A P1 ↓

图 3.39　棱镜点坐标测量

任务3.6 GPS测量技术

全球卫星定位系统(Global Position System)简称为GPS,是利用人造卫星发射的无线电信号进行导航、定位的系统,可向全球用户提供连续、实时、高精度的三维位置、三维速度和时间信息。

3.6.1 GPS概述

1)GPS的产生与发展

①1957年10月第一颗人造地球卫星上天,天基电子导航应运而生。`

②美国1964年建成子午卫星导航定位系统(TRANSIT)。

③美国从1973年开始筹建全球定位系统,1994年全部建成并投入使用。

GPS的研制最初主要用于军事目的。如为陆海空三军提供实时、全天候和全球性的导航服务,并用于情报收集、核爆监测、应急通信和爆破定位等方面。随着GPS系统步入试验和实用阶段,其定位技术的高度自动化及所达到的高精度和巨大的潜力,引起了各国政府的普遍关注,同时引起了广大测量工作者的极大兴趣。特别是近几年来,GPS定位技术在应用基础的研究、新应用领域的开拓、软硬件的开发等方面都取得了迅速发展。

2)GPS的特点

①全天候作业。GPS观测可以在任何地点、任何时间连续进行,一般不受天气状况的影响。

②全球连续覆盖。由于GPS卫星数量较多,其空间分布和运行周期经精心设计,可使地球上(包括水面和空中)任何地点在任何时候都能观测到至少4颗卫星,保证全天候能连续的三维定位。

③定位精度高。利用GPS系统可以获得动态目标的高精度坐标、速度以及时间信息,在较大空间尺度对动态目标可以获得$10^{-6}\sim10^{-7}$的相对定位精度。美国的试验表明,对于3 000 km以内的站点距离,GPS相对定位数据经过精细的处理可达到±5 mm+0.1 ppm的距离精度、±3 mm的三维位置精度。随着技术水平的提高,定位精度还将进一步提高。

④静态定位观测效率高。根据精度要求不同,GPS静态观测时间从数秒钟到数十天不等,从观测采集到数据处理基本都是自动完成。而使用传统的测绘仪器达到相同的精度则比较困难,往往需要几倍乃至十几倍的观测时间并耗费大量的人力物力。

⑤应用广泛。GPS以全天候、高精度、自动化、高效率等显著特点成功地应用于资源勘探、环境保护、农林牧渔、运载工具导航、地壳运动监测等领域,凡是需要导航和定位的部门,都可以采用GPS。

3)GPS卫星的作用

①向广大用户连续不断地发送导航定位信号(简称GPS信号),并用导航电文报告自己的现时位置以及其他在轨卫星的概略位置。

②越过注入站上空时,接收由地面注入站用S波段(10 cm波段)发送到卫星的导航电

文和其他有关信息，并通过 GPS 信号电路，适时地发送给广大用户。

③接收地面主控站通过注入站发送到卫星的调度命令，如适时改正运行偏差、启用备用时钟等。

4）GPS 系统的组成（图 3.40）

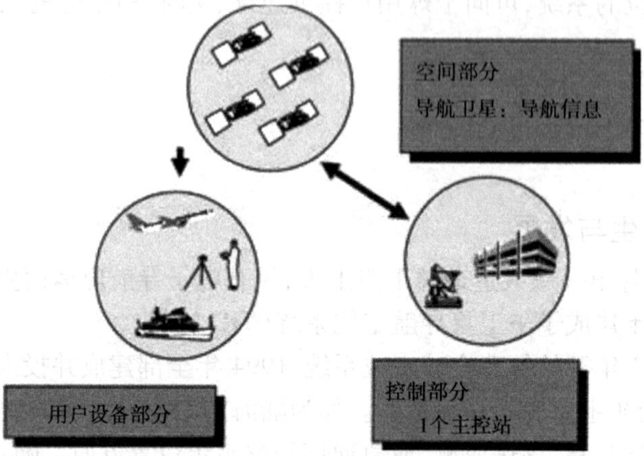

图 3.40　GPS 系统组成

①空间卫星部分。设计为 21 颗工作卫星和 3 颗轨道备用卫星，实际已有 27 或 28 颗卫星在轨道上运行，如图 3.41 所示。卫星参数为：

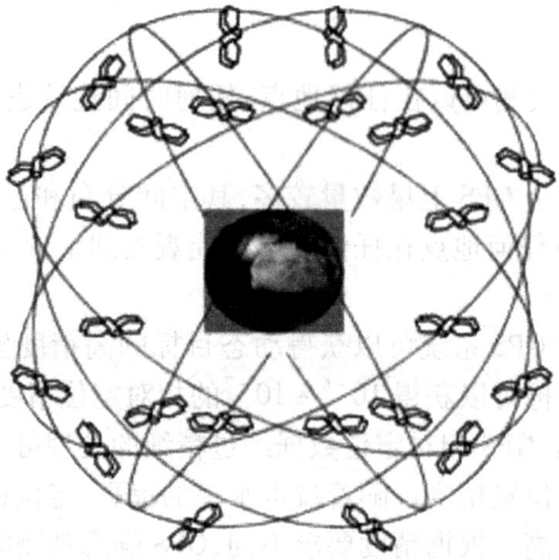

图 3.41　GPS 空间卫星部分

卫星高度：20 200 km；

卫星轨道周期：11 h 58 min；

卫星轨道面：6 个，每个轨道至少 4 颗卫星；

轨道的倾角：55°，为轨道面与地球赤道面的夹角。

②地面控制部分。由 1 个主控站、5 个监控站和 3 个注入站组成，如图 3.42 所示。

③用户接收机部分。GPS 接收机的基本类型分导航型和大地型，如图 3.43 和图 3.44 所示。大地型接收机又分为单频型（L1）和双频型（L1，L2）。

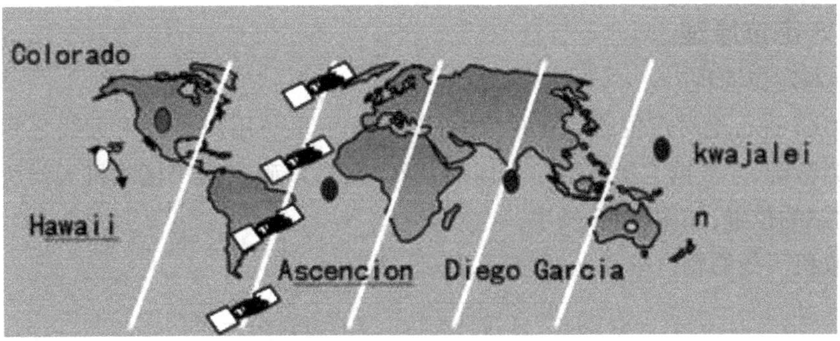

图3.42　GPS 地面控制部分

图3.43　导航型 GPS 接收机

图3.44　大地型 GPS 接收机

3.6.2　GPS 定位方法及原理

1) GPS 定位方法

GPS 的定位方法,若按用户接收机天线在测量中所处的状态来分,可分为静态定位和动态定位;若按定位的结果来分,可分为绝对定位和相对定位。

静态定位,即在定位过程中,接收机天线(观测站)的位置相对于周围地面点而言,处于静止状态;而动态定位则正好相反,即在定位过程中,接收机天线处于运动状态,定位结果是连续变化的。

绝对定位亦称单点定位,是利用 GPS 独立确定用户接收机天线(观测站)在 WGS-84 坐标系中的绝对位置;相对定位则是在 WGS-84 坐标系中确定接收机天线(观测站)与某一地面参考点之间的相对位置,或两观测站之间相对位置的方法。

2) GPS 定位分类

各种定位方法还可有不同的组合,如静态绝对定位、静态相对定位、动态绝对定位、动态相对定位等。目前工程、测绘领域,应用最广泛的是静态相对定位和动态相对定位。

按相对定位的数据解算是否具有实时性,又可将其分为后处理定位和实时动态定位(RTK),其中,后处理定位又可分为静态(相对)定位和动态(相对)定位。

3) GPS 定位原理

(1)绝对定位原理

利用 GPS 进行绝对定位的基本原理为:以 GPS 卫星与用户接收机天线之间的几何距离测量 ρ 为基础,并根据卫星的瞬时坐标(X_S, Y_S, Z_S),以确定用户接收机天线所对应的点位,即观测站的位置,如图 3.45 所示。

设接收机天线的相位中心坐标为(X, Y, Z),则有:

$$\rho = \sqrt{(X_S - X)^2 + (Y_S - Y)^2 + (Z_S - Z)^2}$$

卫星的瞬时坐标(X_S, Y_S, Z_S)可根据导航电文获得,所以式中只有 X、Y、Z 三个未知量,只要同时接收三颗 GPS 卫星,就能解出测站点坐标(X, Y, Z)。可以看出,GPS 单点定位的实质就是空间距离的后方交会。

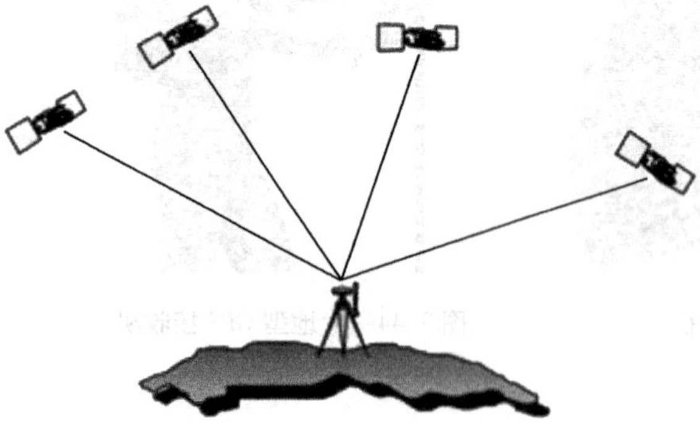

图 3.45　GPS 绝对定位图

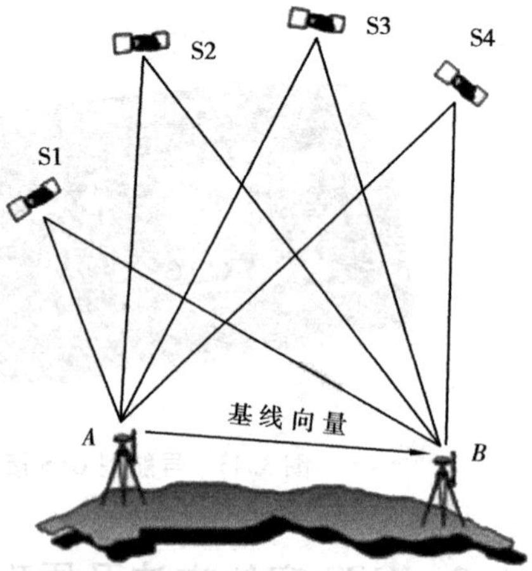

图 3.46　GPS 相对定位图

(2)相对定位原理

GPS 相对定位亦称差分 GPS 定位,是目前 GPS 定位中精度最高的一种定位方法。其基本定位原理为:如图 3.46 所示,用两台 GPS 用户接收机分别安置在基线的两端,并同步观测相同的 GPS 卫星,以确定基线端点(测站点)在 WGS-84 坐标系中的相对位置或称基线向量。

4) GPS 的后处理定位方法

目前在工程中,广泛应用的是相对定位模式。其后处理定位方法有静态定位和动态定位。

(1)静态相对定位

①方法:如图 3.47 所示,将几台 GPS 接收机安置在基线端点上,保持固定不动,同步观测 4 颗以上卫星。可观测数个时段,每时段观测十几分钟至 1 小时左右;最后将观测数据输入计算机,经软件解算得各点坐标。

②用途：是精度最高的作业模式，主要用于大地测量、控制测量、变形测量、工程测量。

③精度：可达到 5 mm + 1 × 10^{-6}。

(2)动态相对定位

①方法：如图3.48所示，先建立一个基准站，并在其上安置接收机连续观测可见卫星，另一台接收机在第1点静止观测数分钟后，在其他点依次观测数秒；最后将观测数据输入计算机，经软件解算得各点坐标。动态相对定位的作业范围一般不能超过15 km。

②用途：适用于精度要求不高的碎部测量。

③精度：可达到 10 ~ 20 mm + 1 × 10^{-6}。

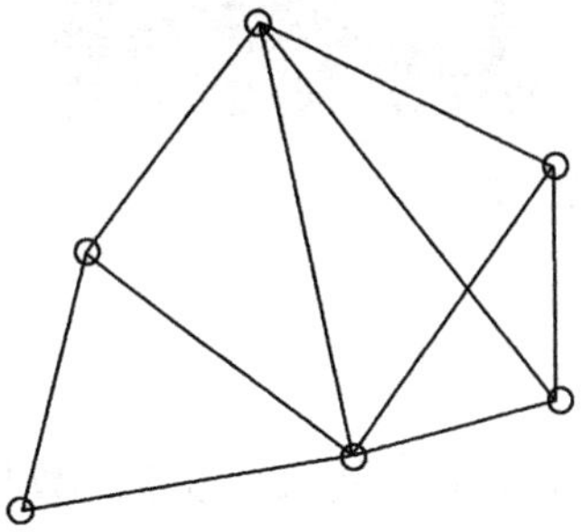

图3.47　静态相对定位模式

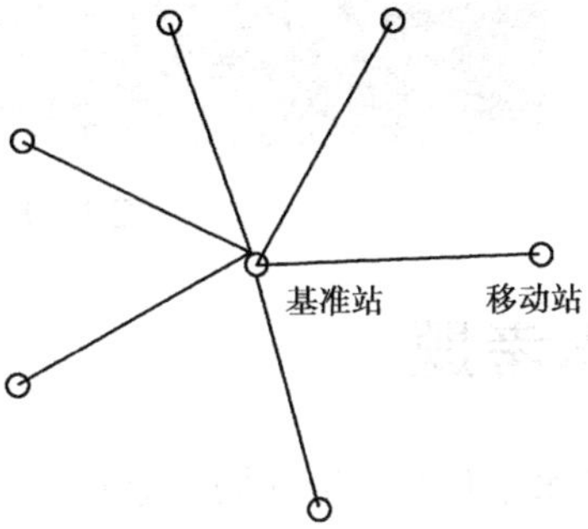

图3.48　动态相对定位模式

5)GPS 实时动态定位(RTK)方法

①RTK 工作原理及方法：与动态相对定位方法相比，定位模式相同，仅需在基准站和流动站间增加一套数据链，实现各点坐标的实时计算、实时输出，如图3.49、图3.50所示。

②RTK 用途：适用于精度要求不高的施工放样及碎部测量。

③作业范围：目前一般为10 km左右。

④精度：可达到 10 ~ 20 mm + 1 × 10^{-6}。

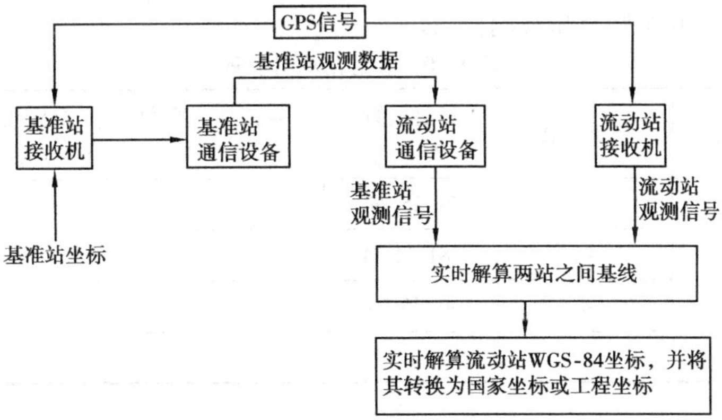

图3.49　RTK 工作原理

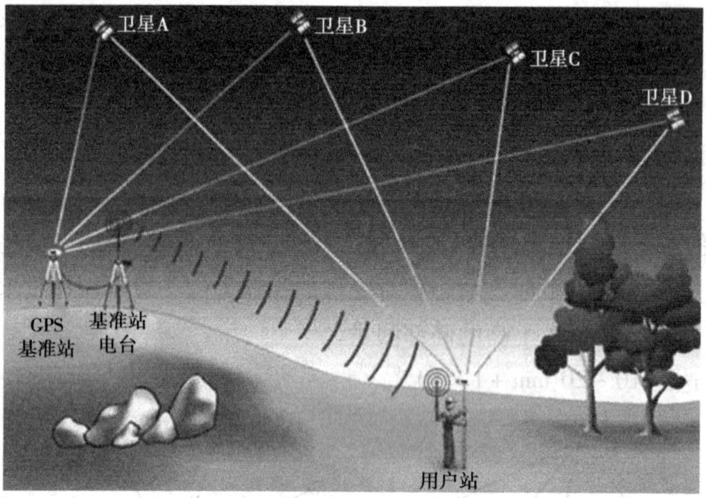

图 3.50　RTK 定位图

练习与思考题

1. 什么是水平角？瞄准在同一竖直面上高度不同的点，其水平度盘读数是否相同？为什么？

2. 什么是竖直角？观测竖直角时，为什么只瞄准一个方向即可测得竖直角值？

3. 经纬仪的安置为什么包括对中和整平？

4. 经纬仪由哪几个主要部分组成？它们各起什么作用？

5. 用经纬仪测量水平角时，为什么要用盘左、盘右进行观测？

6. 用经纬仪测量竖直角时，为什么要用盘左、盘右进行观测？如果只用盘左或只用盘右观测时，应如何计算竖直角？

7. 竖盘指标管水准器的作用是什么？

8. 直线定线的目的是什么？有哪些方法？如何进行？

9. 直线定向的目的是什么？它与直线定线有何区别？

10. 整理表 3.10 中竖直角观测记录。

表 3.10　竖直角观测手薄

测站	目标	竖盘位置	竖盘读数 /(° ′ ″)	半测回竖直角 /(° ′ ″)	指标差 /(″)	一测回竖直角 /(° ′ ″)
A	*B*	左	78 25 24			
		右	281 34 54			
	C	左	98 45 36			
		右	261 14 48			

11. 已知 *A* 点高程为 56.38 m，现用三角高程测量方法进行直反觇观测，观测数据见表 3.12，已知 *AP* 的水平距离为 2 338.379 m，计算 *P* 点的高程。

表 3.12　三角高程观测数据

测站	目标	竖直角/(° ′ ″)	仪器高/m	棱镜高/m	高差方向	高差/m
A	P	1 11 10	1.470	5.210	$A\to P$	+44.675
P	A	−1 02 23	2.170	5.100	$P\to A$	−45.368

12. 用钢尺往、返丈量一段距离，其平均值为 167.38 m，要求量距的相对误差为 1/3 000，问往、返丈量这段距离的绝对较差不能超过多少？

13. 试完成表 3.13 的视距测量计算。其中测站高程 $H_0=45.00$ m，仪器高 $i=1.520$ m，竖盘指标差 $x=+2'$，竖直角的计算公式为 $\alpha_L=90°-L+x$。

表 3.13　视距测量计算表

目标	上丝读数 /m	下丝读数 /m	斜距 /m	竖盘读数 /(° ′ ″)	竖直角 /(° ′ ″)	水平距离 /m	高程 /m
1	0.960	2.003		83 50 24			
2	1.250	2.343		105 44 36			
3	0.600	2.201		85 37 12			

14. 已知 12 边的坐标方位角为 A_{12} 及各转点处的水平角，如图 3.51 所示。试推算各边的坐标方位角，并换算成象限角。

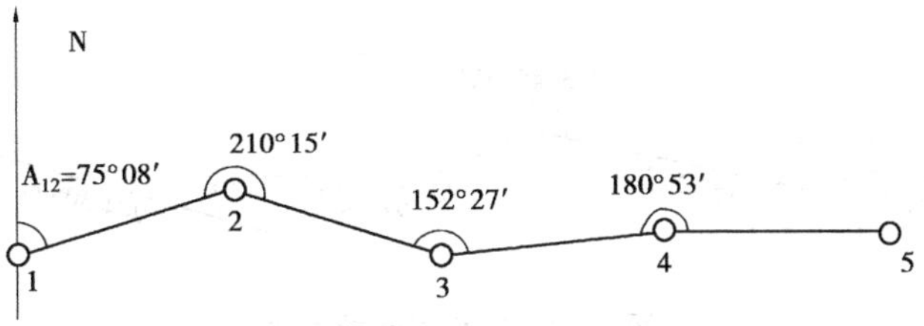

图 3.51　题 14 图

15. 已知 12 边的坐标方位角为 A_{12} 和多边形的各内角，如图 3.52 所示。试推算其他各边的坐标方位角，并换算成象限角。

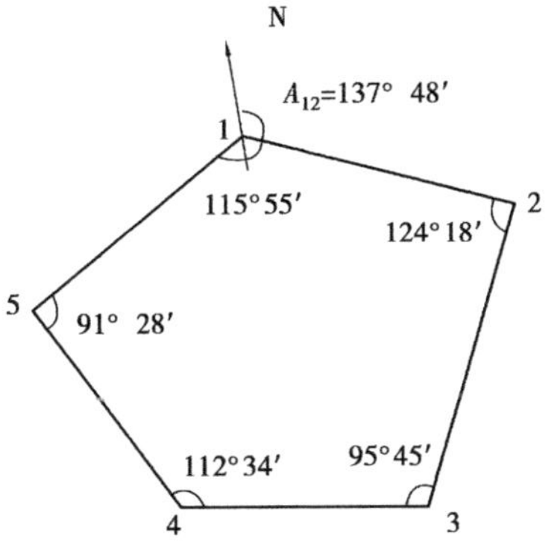

图 3.52　题 15 图

16. 某二级闭合导线如图 3.53 所示，已知 B 点的平面坐标和 AB 边的坐标方位角，观测了图中 6 个水平角和 5 条边长，试用闭合导线内业计算表计算 1、2、3、4 点的平面坐标，并进行精度评定。

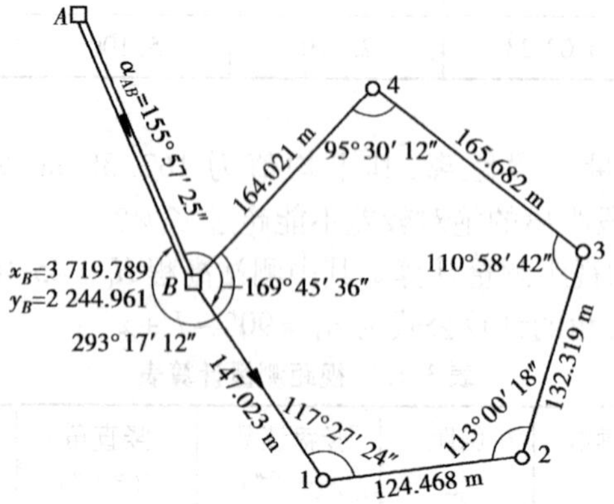

图 3.53　二级闭合导线图

17. 某二级附合导线如图 3.54 所示，已知 B、C 两点的平面坐标和 AB、CD 边的坐标方位角，观测了图中 5 个水平角和 4 条水平距离，试用附合导线内业计算表计算 1、2、3、4 点的平面坐标，并进行精度评定。

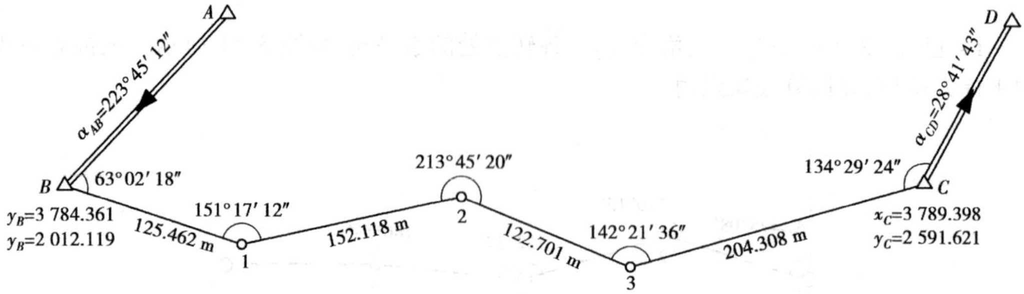

图 3.54　二级附合导线图

项目4 地形图的测绘与应用

任务4.1 地形图的基本知识

4.1.1 地形图、平面图、地图

地形图是通过实地测量，将地面上各种地物、地貌的平面位置，按一定比例尺，用《地形图图式》统一规定的符号和注记，缩绘在图纸上的平面图形，它既表示地物的平面位置，又表示地貌形态。如果图上只反映地物的平面位置，而不反映地貌形态，则称为平面图。

将地球上的自然、社会、经济等若干现象，按一定的数学法则并采用制图综合原则绘成的图，称为地图。

地形图是地球表面实际情况的客观反映，各项经济建设和国防工程建设都需要首先在地形图上进行规划、设计。特别是大比例尺地形图，是城乡建设和各项工程进行规划、设计、施工的重要基础资料之一。

4.1.2 比例尺

1）地形图的比例尺

（1）比例尺的概念

地形图上任一线段的长度 d 与地面上相应线段的实地水平距离 D 之比，称为地形图比例尺。通常用分子为1的分数式 $1/M$（或 $1:M$）来表示。

$$\frac{d}{D}=\frac{1}{D/d}=\frac{1}{M} \tag{4.1}$$

式中，M 为比例尺分母。当图上1 cm代表地面上水平长度10 m（即1 000 cm）时，比例尺就是1:1 000。由此可见，分母1 000就是将实地水平长度缩绘在图上的倍数。M 越小，比例尺越大，图上所表示的地物、地貌越详尽；相反，M 越大，比例尺越小，图上所表示的地物、地貌越粗略。

（2）比例尺的表示方法

比例尺按表示方法的不同，分为数字比例尺和图示比例尺两种形式。

①数字比例尺。数字比例尺即在地形图上直接用数字表示的比例尺,用1/M(或1∶M)来表示。

比例尺的大小是以比例尺的比值来衡量的,分数值越大(分母M越小),比例尺越大。按照《地形图图式》规定,数字比例尺一般注记在地形图下方中间部位,如图4.1所示。

②图式比例尺。为了用图方便,以及减弱由于图纸伸缩而引起的误差,在绘制地形图时,常在图上绘制图示比例尺。1∶1 000的图示比例尺,绘制时先在图上绘两条平行线,再把它分成若干相等的线段,称为比例尺的基本单位,一般为2 cm;将左端的一段基本单位又分成十等分,每等分的长度相当于实地2 m。而每一基本单位所代表的实地长度为2 cm×1 000=20 m。图示比例尺有直线比例尺和斜线比例尺等,直线比例尺是最常见的图示比例尺,如图4.1所示。

图示比例尺标注在图纸的下方,便于用分规直接在图上量取直线段的水平距离,且可以抵消图纸伸缩的影响。

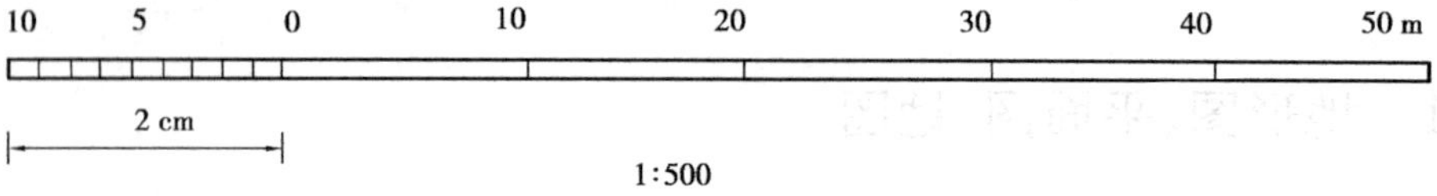

图4.1 比例尺

2)地形图分类(按比例尺)

为了满足经济建设和国防建设的需要,测绘和编制了各种不同比例尺的地形图。通常称1∶1 000 000,1∶500 000,1∶200 000为小比例尺地形图;1∶100 000,1∶50 000和1∶25 000为中比例尺地形图;1∶10 000,1∶5 000,1∶2 000,1∶1 000和1∶500为大比例尺地形图。工程类各专业通常使用大比例尺地形图。

3)比例尺的精度

一般认为,人的肉眼能分辨的图上最小距离是0.1 mm,因此通常把图上0.1 mm所表示的实地水平长度,称为比例尺的精度。根据比例尺的精度,可以确定在测图时量距应准确到什么程度。例如,测绘1∶1 000比例尺地形图时,其比例尺的精度为0.1 m,故量距的精度只需0.1 m,小于0.1 m在图上表示不出来。另外,当设计规定需在图上能量出的实地最短长度时,根据比例尺的精度,可以确定测图比例尺。各比例尺精度见表4.1。

比例尺越大,表示地物和地貌的情况越详细,精度越高。但是必须指出,同一测区,采用较大比例尺测图往往比采用较小比例尺测图的工作量和投资将增加数倍。因此,采用哪一种比例尺测图,应从工程规划、施工实际需要的精度出发,不应盲目追求更大比例尺的地形图。

表4.1 各种大比例尺地形图比例尺精度

比例尺	1∶500	1∶1 000	1∶2 000	1∶5 000	1∶10 000
比例尺精度	0.05 m	0.1 m	0.2 m	0.5 m	1 m

4.1.3　地形图的分幅与编号

为了便于管理和使用地形图,需要将各种比例尺的地形图进行统一的分幅和编号。地形图分幅和编号的方法分为两类:一类是按经纬线分幅的梯形分幅法(又称为国际分幅),另一类是按坐标格网分幅的矩形分幅法。

1)1∶100 万比例尺图的分幅和编号

按国际上的规定,1∶100 万的世界地图实行统一的分幅和编号,如图4.2 所示。即自赤道向北或向南分别按纬差4°分成横列,各列依次用 $A,B,\cdots,S$ 表示。自经度180°开始起算,自西向东按经差6°分成纵行,各行依次用1,2,…,60 表示。每一幅图的编号由其所在的"横列-纵行"的代号组成。例如北京某地的经度为东经118°24′20″,纬度为39°56′30″,则所在的1∶1 000 000 比例尺图的图号为J-50。

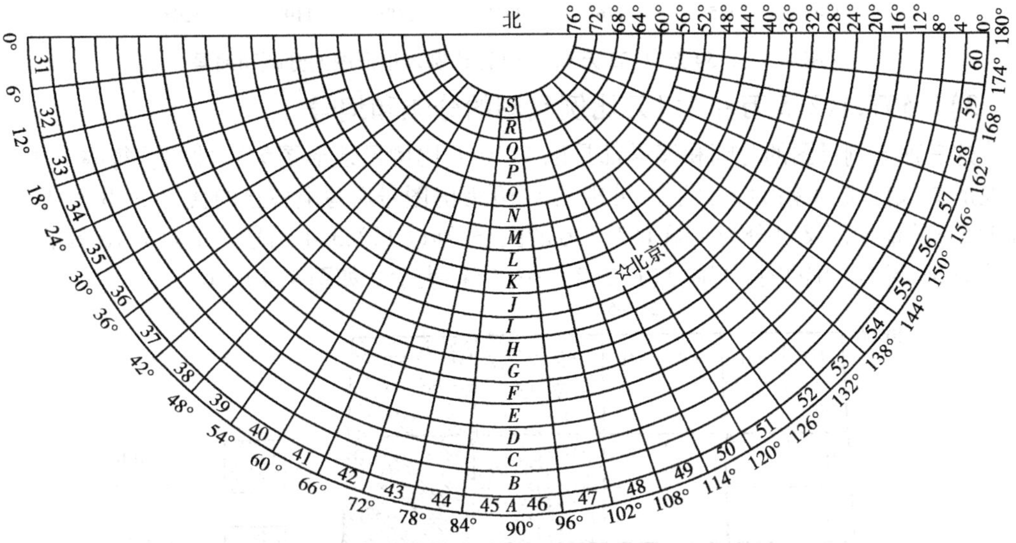

图4.2　北半球东侧1∶100 万地图的国际分幅和编号

2)1∶50 万、1∶25 万和1∶10 万比例尺图的分幅和编号

这三种例尺地形图都是在1∶100 万地形图的基础上进行分幅和编号的,如图4.3 所示。

在1∶100 万的基础上,按经差3°、纬差2°将一幅地形图分成4 幅1∶50 万地形图,依次用A、B、C、D 表示。如图4.3 左上角1∶50 万图幅的编号为J-50-A。

将一幅1∶100 万的地形图按照经差1°30′、纬差1°分成16 幅1∶25 万地形图,依次用[1],[2],…,[16]表示。如图4.3 左上角1∶25 万图幅的编号为J-50-[1]。

将一幅1∶100 万的图,按经差30′、纬差20′分为144 幅1∶10 万地形图,依次用1,2,…,144 表示。如图4.3 左上角1∶10 万图幅的编号为J-50-1。

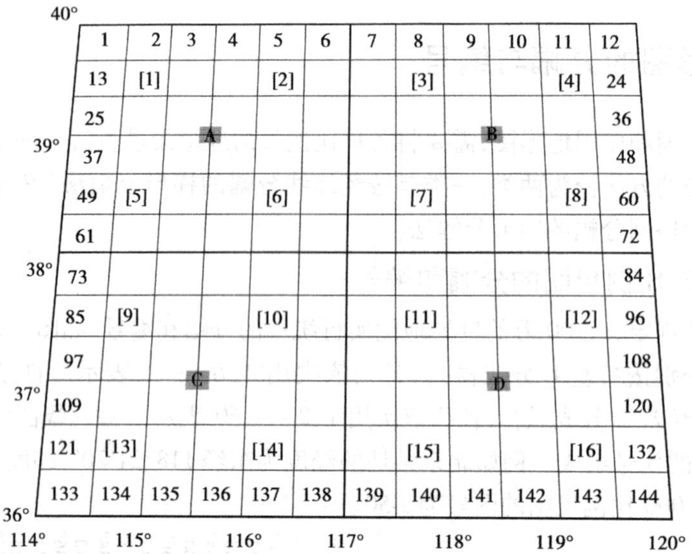

图 4.3　1:50 万、1:25 万和 1:10 万比例尺地形图的分幅和编号

3)1:5万、1:2.5 万和 1:1万比例尺图的分幅和编号

这三种比例尺图的分幅和编号都是以 1:10 万比例尺地形图为基础的。每幅 1:10 万的地形图,划分成 4 幅 1:5万的图,分别在 1:10 万的图号后写上各自的代号 A,B,C,D。每幅 1:5万的地形图又可分为 4 幅 1:2.5 万的图,分别以 1,2,3,4 编号。每幅 1:10 万的地形图分为 64 幅 1:1万的图,分别以(1),(2),…,(64)表示。如图 4.4 所示。

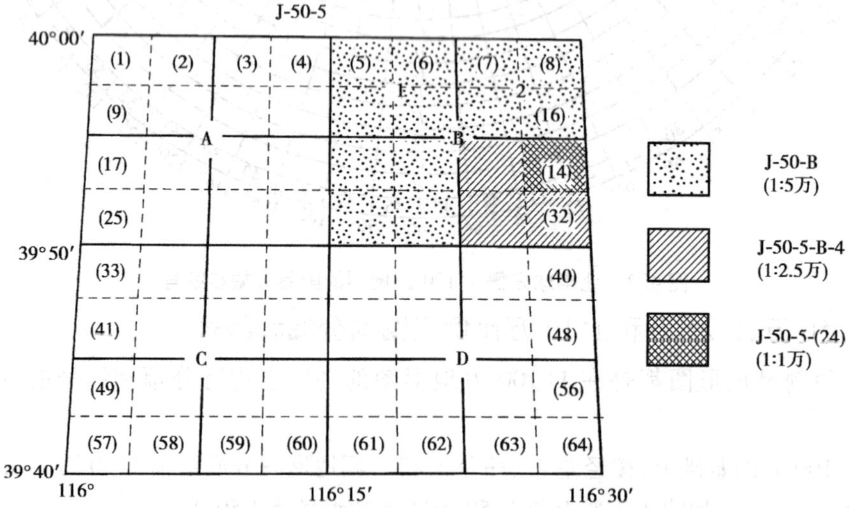

图 4.4　1:5万、1:2.5 万和 1:1万的比例尺地形图的分幅和编号

4)1:5 000 和 1:2 000 比例尺图的分幅和编号

1:5 000 和 1:2 000 比例尺图的分幅和编号是在 1:10 000 地形图的基础上进行的。每幅1:10 000的图分为 4 幅 1:5 000 的图,分别在 1:10 000 的图号后面写上各自的代号 a,b,c,d。每幅 1:5 000 的地形图又分成 9 幅 1:2 000 的图,分别以 1,2,…,9 表示。

上述各种比例尺地形图的分幅与编号方法综合列入表 4.2 中。

表 4.2　梯形分幅的图幅规格与编号

地形图比例尺	图幅大小		图幅包含关系	图幅编号事例
	经度差	纬度差		
1∶100 万	6°	4°		J-50
1∶50 万	3°	2°	1∶100 万图幅包含 4 幅	J-50-A
1∶25 万	1°30′	1°	1∶100 万图幅包含 16 幅	J-50-[1]
1∶10 万	30′	20′	1∶100 万图幅包含 144 幅	J-50-1
1∶5万	15′	10′	1∶10 万图幅包含 4 幅	J-50-144-A
1∶2.5 万	7′30″	5′	1∶5万图幅包含 4 幅	J-50-144-A-2
1∶1万	3′45″	2′30″	1∶10 万图幅包含 64 幅	J-50-144-(62)
1∶5 000	1′52.5″	1′15″	1∶1万图幅包含 4 幅	J-50-144-(62)-b
1∶2 000	37.5″	25″	1∶5 000 图幅包含 9 幅	J-50-144-(62)-b-8

5)国家基本地形图的分幅和编号

1992 年 12 月,我国颁布了《国家基本比例尺地形图分幅和编号》(GB/T 13989—92),1993 年 3 月开始实施。新的分幅和编号方法如下:

①分幅。1∶100 万地形图的分幅标准仍按国际分幅法进行。其余比例尺的分幅均以 1∶100万地形图为基础,按照横行数、纵列数的多少划分图幅,详见表 4.3 和图 4.5。

表 4.3　我国基本比例尺地形图分幅

地形图比例尺	图幅大小		1∶100 万图幅包含关系		
	纬差	经差	行数	列数	图幅数
1∶100 万	4°	6°	1	1	1
1∶50 万	2°	3°	2	2	4
1∶25 万	1°	1°30′	4	4	16
1∶10 万	20′	30′	12	12	144
1∶5万	10′	15′	24	24	576
1∶2.5 万	5′	7′30″	48	48	2 304
1∶1万	2′30″	3′45″	96	96	9 216
1∶5 000	1′15″	1′52.5″	192	192	36 864

②编号。1∶100 万图幅的编号,由图幅所在的“行号列号”组成。与国际编号基本相同,但行与列的称谓相反。如北京所在 1∶100 万图幅编号为 J50。

1∶50 万与 1∶5 000 图幅的编号,由图幅所在的“1∶100 万图行号(字符码)1 位,列号(数字码)1 位,比例尺代码(字符码见表 4.4)1 位,该图幅行号(数字码见图 4.5)3 位,列号(数字码)3 位”共 10 位代码组成。

表 4.4　我国基本比例尺代码

比例尺	1:50 万	1:25 万	1:10 万	1:5万	1:2.5 万	1:1万	1:5 000
代码	B	C	D	E	F	G	H

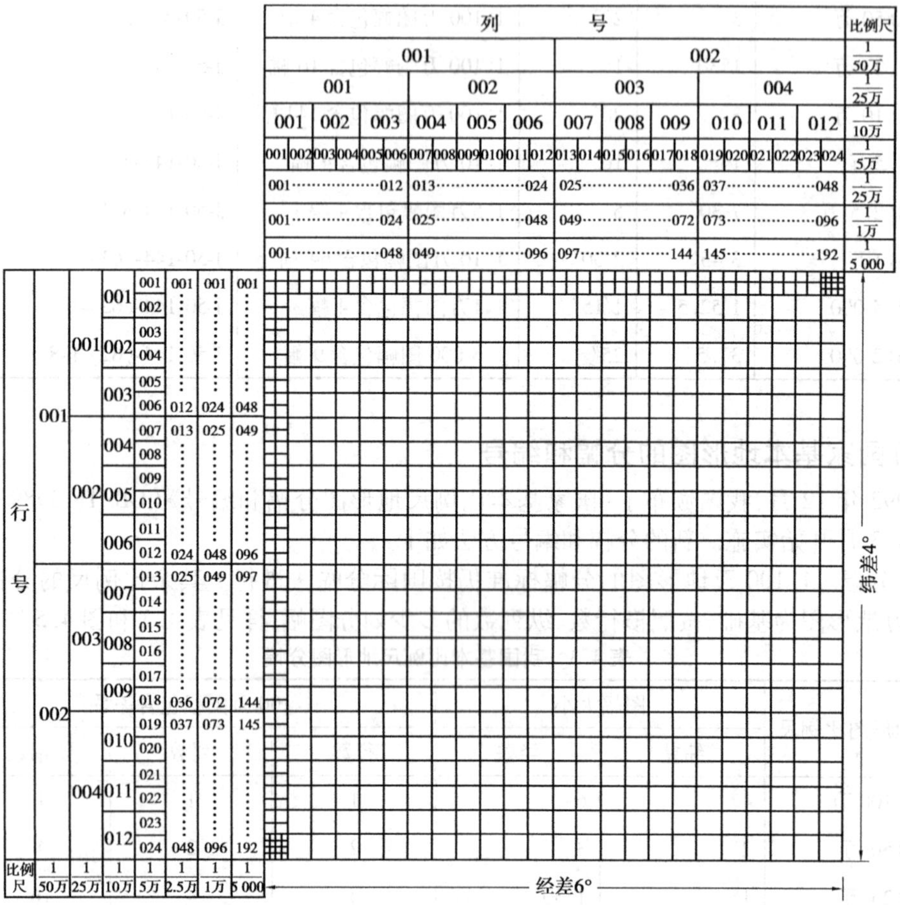

图 4.5　1:100 万～1:5 000 地形图行列分幅与编号

4.1.4　矩形分幅与编号

大比例尺地形图大多采用矩形分幅法，它是按统一的直角坐标格网划分的。采用矩形分幅时，大比例尺地形图的编号一般采用图幅西南角坐标公里数编号法。其西南角的坐标 $X=3\ 530.0$ km，$Y=531.0$ km，所以其编号为“3 530.0-531.0”。编号时，比例尺为 1:500 地形图，坐标值取至 0.01 km，而 1:1 000，1:2 000 地形图取至 0.1 km。

某些工矿企业和城镇，面积较大，而且测绘有几种不同比例尺的地形图，编号时是以 1:5 000比例尺图为基础，并作为包括在本图幅中的较大比例尺图幅的基本图号。例如，某 1:5 000 图幅西南角的坐标值 $x=20$ km，$y=10$ km，则其图幅编号为“20-10”。这个图号将作为该图幅中的较大比例尺所有图幅的基本图号。也就是在 1:5 000 图号的末尾分别加上罗马字Ⅰ、Ⅱ、Ⅲ、Ⅳ,就是1∶2 000比例尺图幅的编号。同样,在1∶2 000图幅编号的末尾分别再加上Ⅰ、Ⅱ、Ⅲ、Ⅳ,就是1∶1 000图幅的编号;在1∶1 000比例尺的图号末尾再加上Ⅰ、Ⅱ、Ⅲ、Ⅳ,就是1∶500图幅的编号。图幅的大小见表4.5。

表4.5 矩形或正方形分幅及面积

比例尺	矩形分幅		正方形分幅		
	图幅大小 /cm×cm	实地面积 /km×km	图幅大小 /cm×cm	实地面积 /km×km	一幅1∶5 000图所含幅数
1∶5 000	50×40	5	40×40	4	1
1∶2 000	50×40	0.8	50×50	1	4
1∶1 000	50×40	0.2	50×50	0.25	16
1∶500	50×40	0.05	50×50	0.062 5	64

例如,一幅1∶5 000地形图的编号为20-60,则其他图的编号见图4.6。

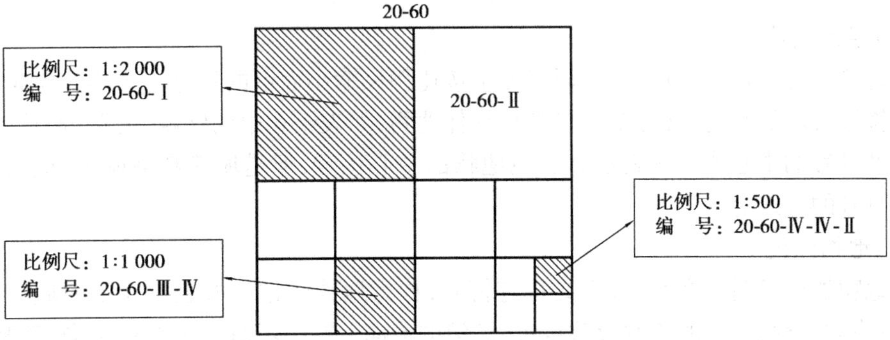

图4.6 1∶5 000基本图号法的分幅编号

任务4.2 地形图测绘

4.2.1 地物、地貌的表示

1)地物符号

地形是地物和地貌的总称。地物是地面上天然或人工形成的物体,如湖泊、河流、房屋、道路等。地面上的地物和地貌,应按国家测绘总局颁发的《地形图图式》中规定的符号表示于图上。其中地物符号有下列几种:

(1)比例符号

地物的形状和大小均按测图比例尺缩小,并用规定的符号描绘在图纸上,这种符号称为比例符号。如湖泊、稻田和房屋等,都采用比例符号绘制。如表4.6中的房屋、桥梁、公路等地物。

(2)非比例符号

有些地物,如表4.6中的导线点、水准点等,轮廓较小,无法将其形状和大小按比例缩绘到图上,而采用相应的规定符号表示在该地物的中心位置上,这种符号称为非比例符号。非比例符号均按直立方向描绘,即与南图廓垂直。非比例符号的中心位置与该地物实地的中心位置关系,随各种不同的地物而异,在测图和用图时应注意下列几点:

①规则的几何图形符号,如圆形、正方形、三角形等,以图形几何中心点为实地地物的中心位置;

②底部为直角形的符号,如独立树、路标等,以符号的直角顶点为实地地物的中心位置;

③宽底符号,如烟囱、岗亭等,以符号底部中心为实地地物的中心位置;

④几种图形组合符号,如路灯、消火栓等,以符号下方图形的几何中心为实地地物的中心位置;

⑤下方无底线的符号,如山洞、窑洞等,以符号下方两端点连线的中心为实地地物的中心位置。

(3)半比例符号

地物的长度可按比例尺缩绘,而宽度不按比例尺缩小表示的符号称为半比例符号。用半比例符号表示的地物,常常是一些带状延伸地物,如表4.6中的铁路、公路、通信线、管道等。这种符号的中心线一般表示其实地地物的中心位置,但是城墙和垣栅等,地物中心位置在其符号的底线上。

(4)地物注记

对地物加以说明的文字、数字或特有符号,称为地物注记。如表4.6中的城镇、学校、河流、道路的名称,桥梁的长宽及载重量,江河的流向、流速及深度,道路的去向,森林、果树的类别等,以文字或特定符号加以说明。

表4.6 地物符号

编号	符号名称	符号式样	编号	符号名称	符号式样
1	三角点 a.土堆上的 张湾岭、黄土岗——点名 156.718、203.623——高程 5.0——比高	3.0 △ 张湾岭/156.718 a 5.0 △ 黄土岗/203.623	4	导线点 a.土堆上的 Ⅰ16、Ⅰ23——等级、点号 84.46、94.40——高程 2.4——比高	2.0 ⊙ Ⅰ16/84.46 a 2.4 ⊙ Ⅰ23/94.40
2	水准点 Ⅱ——等级 京石5——点名点号 32.805——高程	2.0 ⊗ Ⅱ京石5/32.805	5	卫星定位等级点 B——等级 14——点号 495.263——高程	3.0 △ B14/495.263
3	倒虹吸	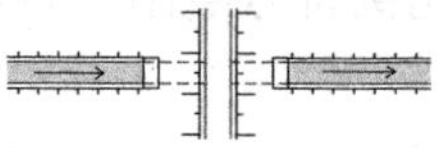	6	池塘	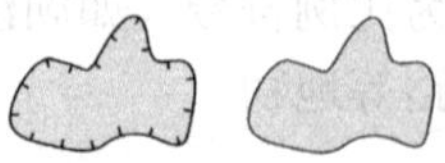

续表

编号	符号名称	符号式样	编号	符号名称	符号式样
7	地面河流 a. 岸线 b. 高水位岸线 清江——河流名称	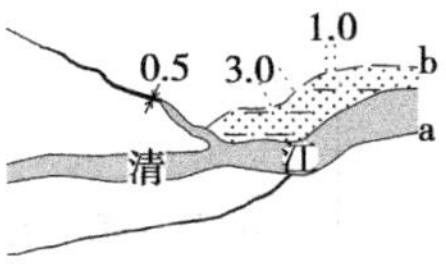	14	运河、沟渠 a. 运河 b. 沟渠 b1. 渠首	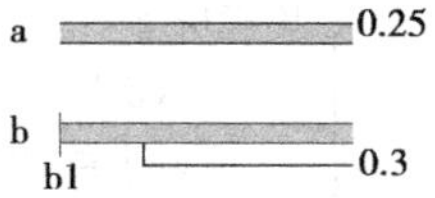
8	涵洞 a. 依比例尺的 b. 半依比例尺的		15	干沟 2.5——深度	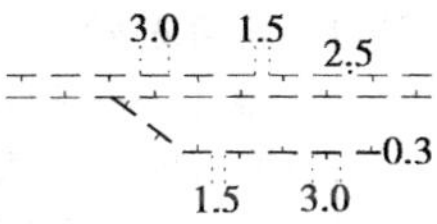
9	沟堑 a. 已加固的 b. 未加固的 2.6——比高	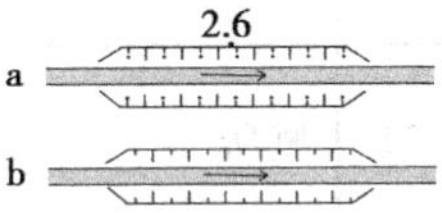	16	贮水池、水窖、地热池 a. 高于地面的 b. 低于地面的 净——净化池 c. 有盖的	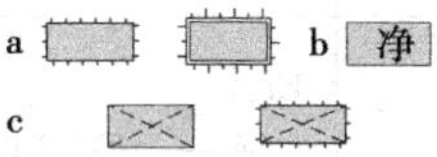
10	水闸 a. 能通车的 5——闸门孔数 82.4——水底高程 砼——建筑结构 b. 不能通车的 c. 不能走人的 d. 水闸上的房屋 e. 水闸房屋 3——层数	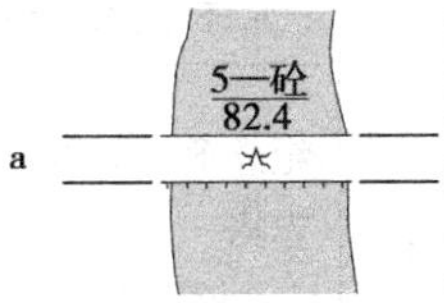	17	水库 a. 毛湾水库——水库名称 b. 溢洪道 54.7——溢洪道堰底面高程 c. 泄洪洞口、出水口 d. 拦水坝、堤坝 d1. 拦水坝 d2. 堤坝 水泥——建筑材料 75.2——坝顶高程 59——坝长(m) e. 建筑中水库	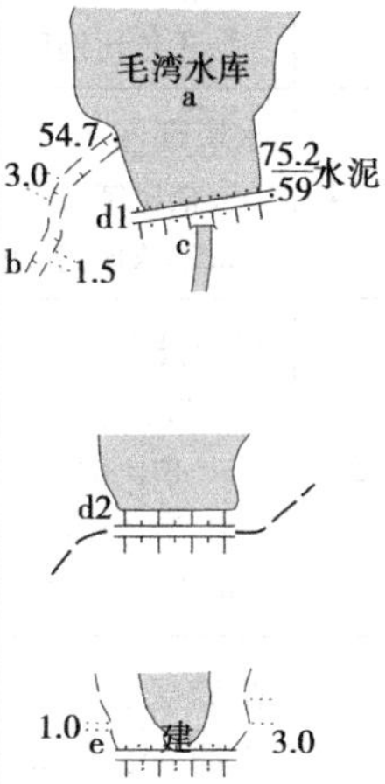
11	堤 a. 堤顶宽依比例尺 24.5——坝顶高程 b. 堤顶宽不依比例尺 2.5——比高	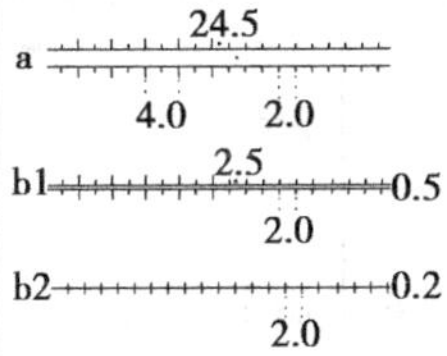	18	输水渡槽(高架渠)	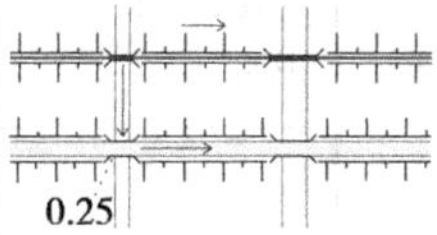
12	棚房 a. 四边有墙的 b. 一边有墙的 c. 无墙的	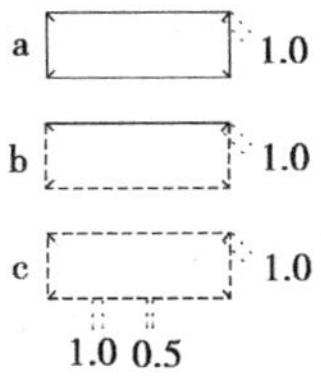	19	破坏房屋	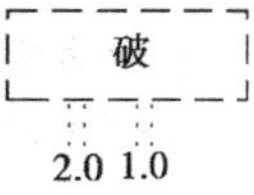
13	建筑中房屋		20	栅栏、栏杆	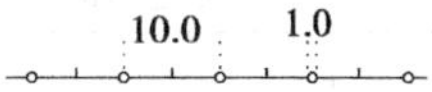

续表

编号	符号名称	符号式样	编号	符号名称	符号式样
21	单幢房屋 a. 一般房屋 b. 有地下室的房屋 c. 突出房屋 d. 简易房屋 混、钢——房屋结构 1、3、28——房屋层数 -2——地下房屋层数	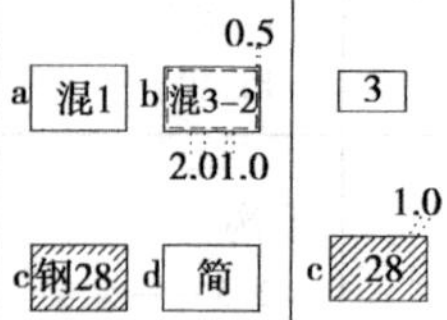	30	窑洞 a. 地面上的 a1. 依比例尺的 a2. 不依比例尺的 a3. 房屋式的窑洞 b. 地面下的 b1. 依比例尺的 b2. 不依比例尺的	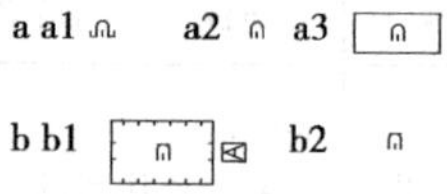
22	钻孔 涌——钻孔说明	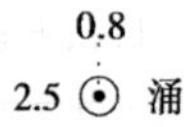	31	厕所	
23	水塔 a. 依比例尺的 b. 不依比例尺的	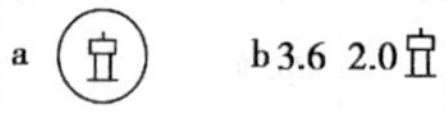	32	坟地、公墓 a. 依比例尺的 b. 不依比例尺的	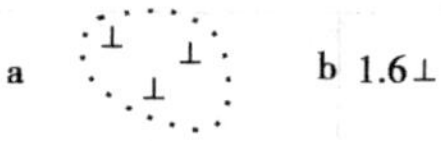
24	水塔烟囱 a. 依比例尺的 b. 不依比例尺的	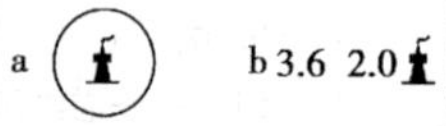	33	亭 a. 依比例尺的 b. 不依比例尺的	
25	露天设备 a. 单个的 a1. 依比例尺的 a2. 不依比例尺的 b. 毗连成群的	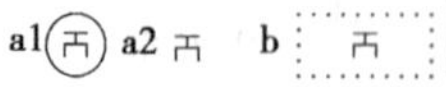	34	纪念碑、北回归线标志塔 a. 依比例尺的 b. 不依比例尺的	
26	饲养场、打谷场、贮草场、贮煤场、水泥预制场 牲、谷、砼预——场地说明		35	温室、大棚 a. 依比例尺的 b. 不依比例尺的 菜、花——植物种类说明	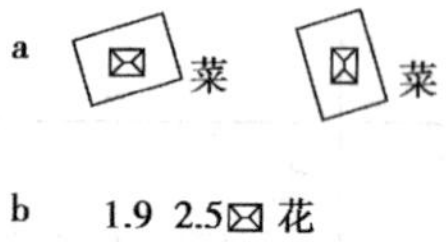
27	旗杆	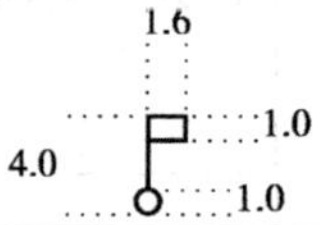	36	庙宇	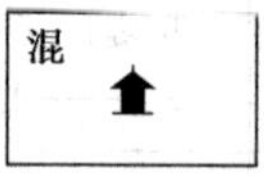
28	露天体育场、网球场、运动场、球场 a. 有看台的 a1. 主席台 a2. 门洞 b. 无看台的	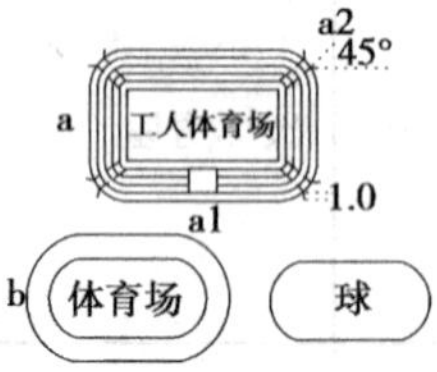	37	围墙 a. 依比例尺的 b. 不依比例尺	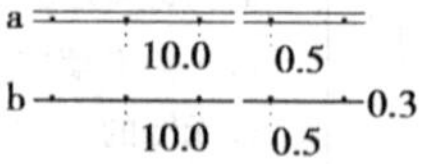
29	篱笆	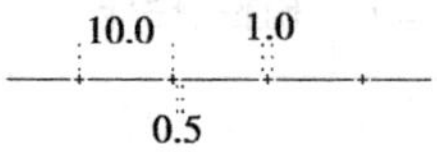	38	路灯	

续表

编号	符号名称	符号式样	编号	符号名称	符号式样
39	铁丝网、电网	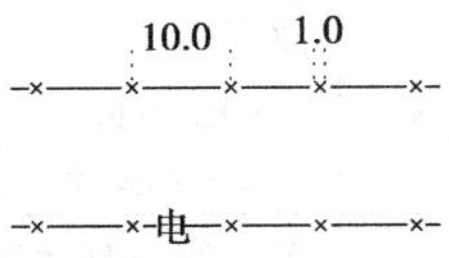	47	宣传橱窗、广告牌 a. 双柱或多柱的 b. 单柱的	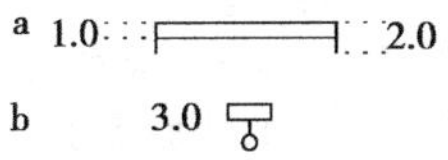
40	地类界	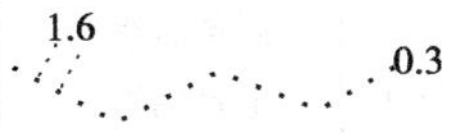	48	假石山	
41	阳台	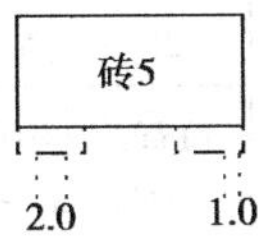	49	气象台(站)	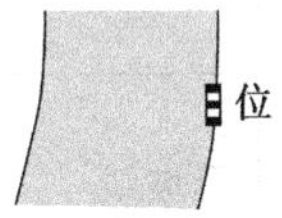
42	台阶	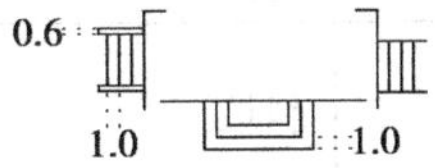	50	小路、栈道	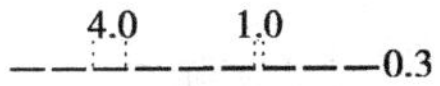
43	露天舞台、观礼台		51	高速公路 a. 临时停车点 b. 隔离带 c. 建筑中的	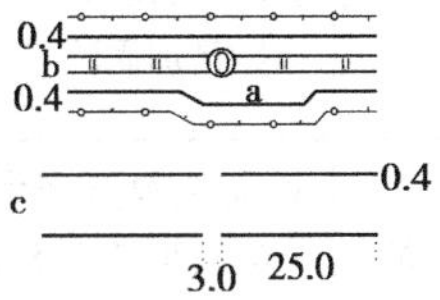
44	国道 a. 一级公寓 a1. 隔离设施 a2. 隔离带 b. 二至四级公路 c. 建筑中的 ①、②——级数等级代码 (G305)、(G301)——国代代码即编号	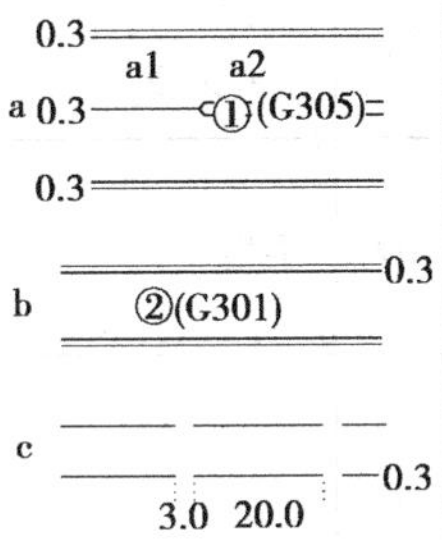	52	省道 a. 一级公路 a1. 隔离设施 a2. 隔离带 b. 二至四级公路 c. 建筑中的 ①、②——技术等级代码 (S305)、(S301)——省道代码及编号	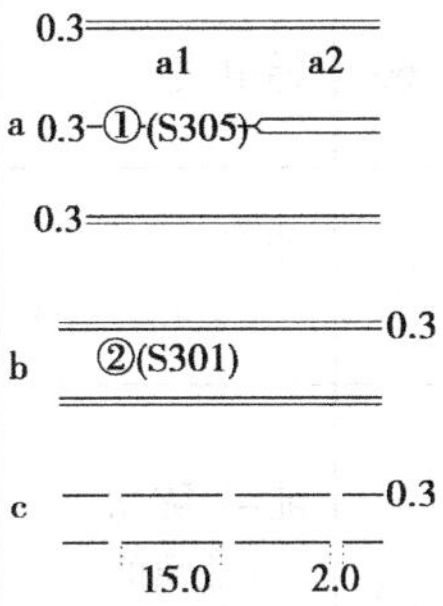
45	县道、乡道及其他公路 a. 有路肩的 b. 无路肩的 ⑨——技术等级代码 (X301)——县道代码及编号 c. 建筑中的	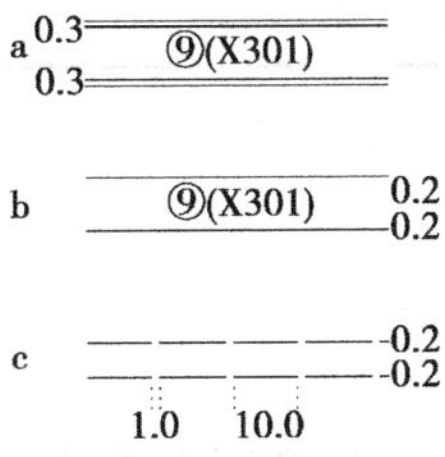	53	立交桥、匝道 a. 匝道	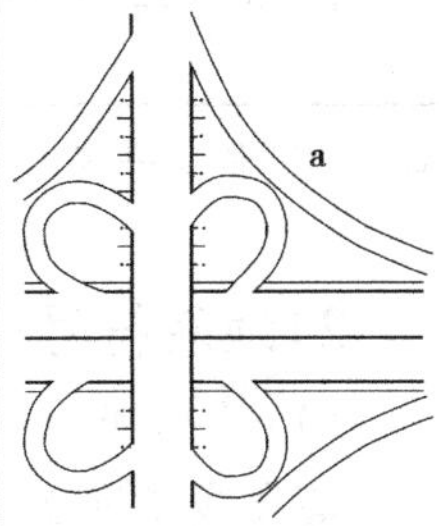
46	街道 a. 主干路 b. 次干路 c. 支路	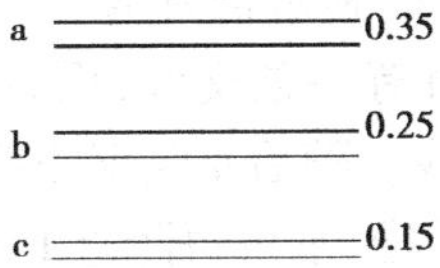	54	内部道路	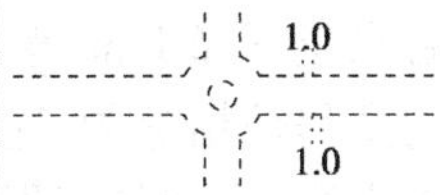

续表

编号	符号名称	符号式样	编号	符号名称	符号式样
55	路堑 a. 已加固的 b. 未加固的	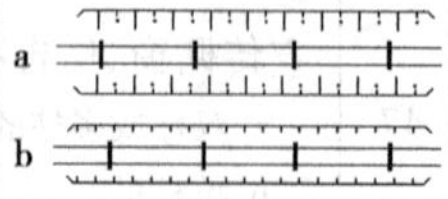	63	路堤 a. 已加固的 b. 未加固的	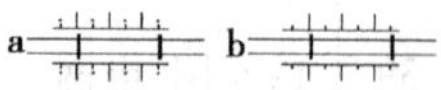
56	乡村路 a. 依比例尺的 b. 不依比例尺的	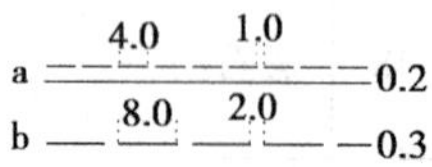	64	等高线及其注记 a. 首曲线 b. 计曲线 c. 间曲线 25——高程	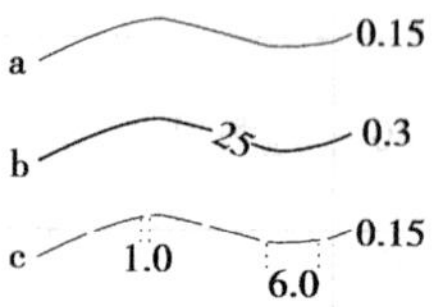
57	示坡线		65	高程点及其注记 1520. 3、－15. 3——高程	0.5· 1520.3 · −15.3
58	人工陡坎 a. 未加固的 b. 已加固的	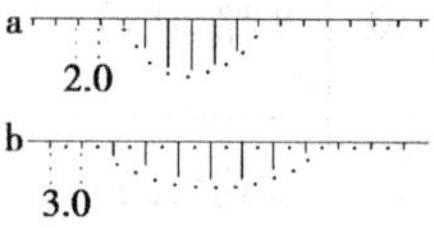	66	斜坡 a. 未加固的 b. 已加固的	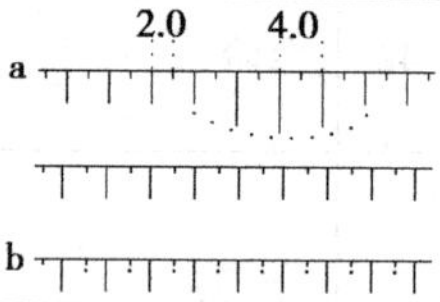
59	比高点及其注记 6. 3、20. 1、3. 5——比高	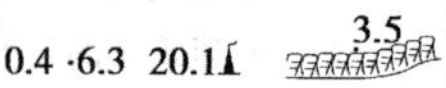	67	石堆 a. 依比例尺的 b. 不依比例尺的	
60	梯田坎		68	稻田 a. 田埂	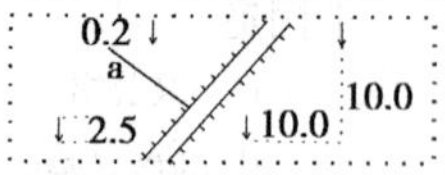
61	冲沟 3. 4、4. 5——比高	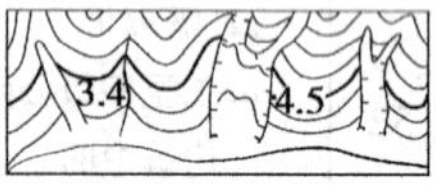	69	旱地	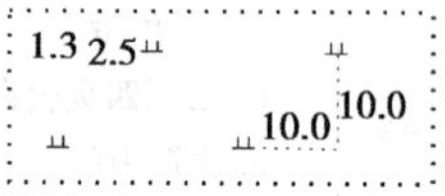
62	陡崖、陡坎 a. 土质的 b. 石质的 18. 6、22. 5——比高	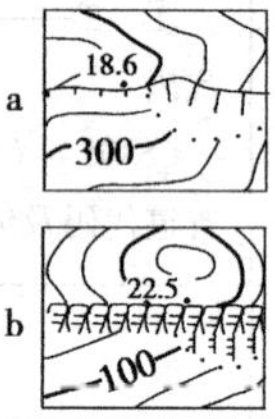	70	菜地	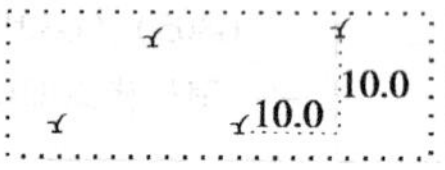

注：表中的砼，即混凝土。

2）地貌符号——等高线

（1）等高线

等高线是地面上高程相同的点所连接而成的连续闭合曲线。

设有一座位于平静湖水中的小山头，山顶被湖水恰好淹没时的水面高程为 53 m。然后水位下降 1 m，露出山头，此时水面与山坡就有一条交线，而且是闭合曲线，曲线上各点的高程是相等的，这就是高程为 52 m 的等高线。随后水位又下降 1 m，山坡与水面又有一条交线，这就是高程为 51 m 的等高线。依次类推，水位每降落 1 m，水面就与地表面相交留下一条等高线，从而得到一组高差为 1 m 的等高线。设想把这组实地上的等高线沿铅垂线

方向投影到水平面 H 上，并按规定的比例尺缩绘到图纸上，就得到用等高线表示该山头地貌的等高线图，如图4.7所示。

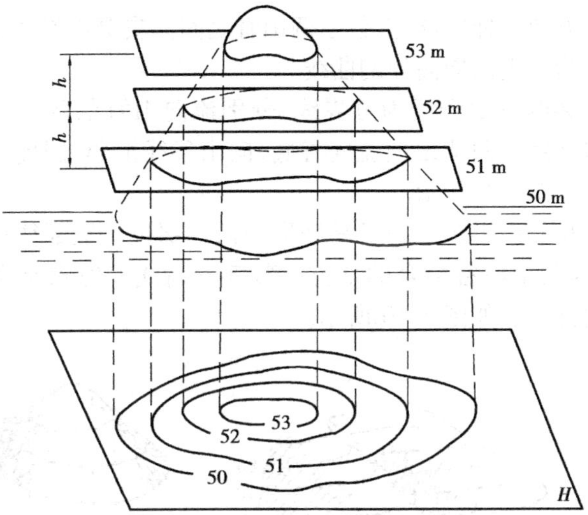

图4.7　等高线原理

(2)地貌

地貌是指地表面的高低起伏状态，是地形图要表示的重要信息之一，包括山地、丘陵和平原等。在图上表示地貌的方法很多，而测量工作中通常用等高线表示，因为用等高线表示地貌，不仅能表示地面的起伏形态，还能表示出地面的坡度和地面点的高程。

地面上地貌的形态是多样的，了解和熟悉用等高线表示典型地貌的特征，将有助于识读、应用和测绘地形图。典型地貌有：

①山丘和洼地(盆地)。山丘和洼地的等高线都是一组闭合曲线。在地形图上区分山丘或洼地的方法是：凡是内圈等高线的高程注记大于外圈者为山丘，小于外圈者为洼地。如果等高线上没有高程注记，则用示坡线来表示。

示坡线是垂直于等高线的短线，用以指示坡度下降的方向。示坡线从内圈指向外圈，说明中间高，四周低，为山丘；示坡线从外圈指向内圈，说明四周高，中间低，故为洼地。如图4.8所示。

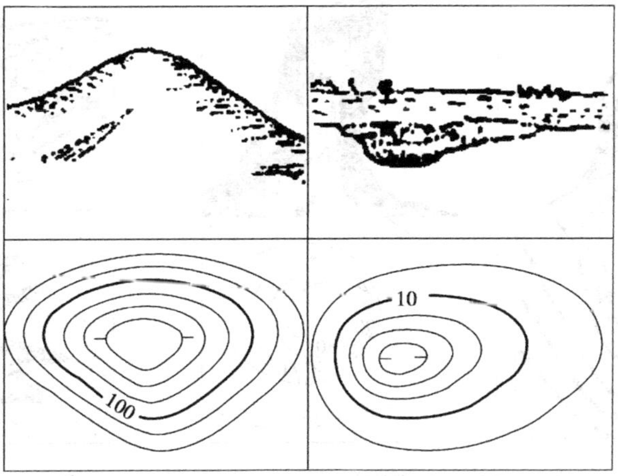

图4.8　山丘和洼地的等高线

②山脊和山谷。山脊是沿着一个方向延伸的高地。山脊的最高棱线称为山脊线。山脊等高线表现为一组凸向低处的曲线。

山谷是沿着一个方向延伸的洼地,位于两山脊之间。贯穿山谷最低点的连线称为山谷线。山谷等高线表现为一组凸向高处的曲线。

山脊附近的雨水必然以山脊线为分界线,分别流向山脊的两侧,因此,山脊又称分水线;而在山谷中,雨水必然由两侧山坡流向谷底,向山谷线汇集,因此,山谷线又称集水线。山脊和山谷的等高线如图4.9所示。

③鞍部。鞍部是相邻两山头之间呈马鞍形的低凹部位。鞍部往往是山区道路通过的地方,也是两个山脊与两个山谷会合的地方。鞍部等高线的特点是在一圈大的闭合曲线内,套有两组小的闭合曲线,如图4.10所示。

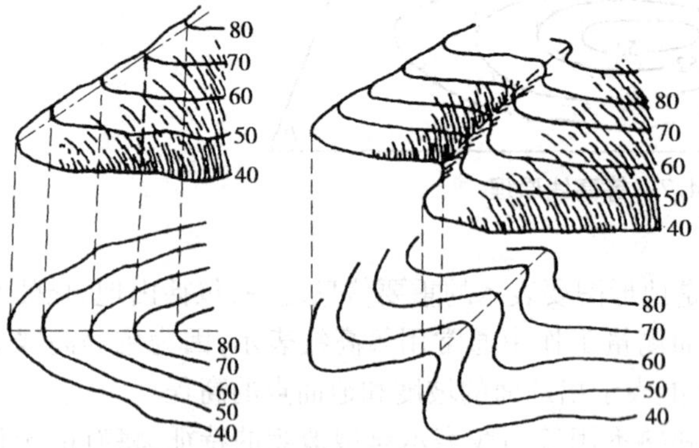

图4.9　山脊和山谷的等高线

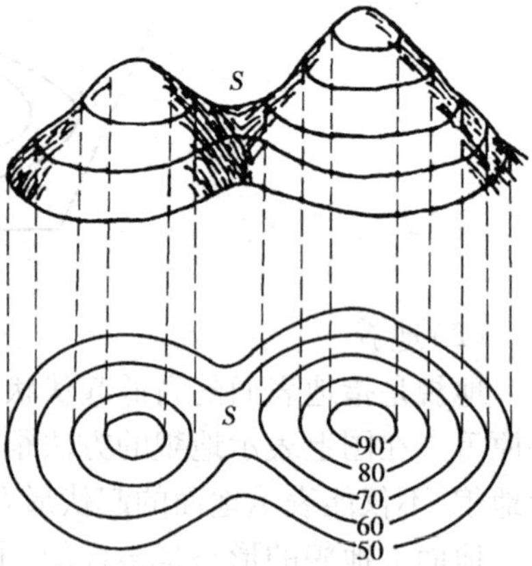

图4.10　鞍部的等高线

④陡崖和悬崖。陡崖是坡度在70°以上的陡峭崖壁,有石质和土质之分;悬崖是上部突出,下部凹进的陡崖,这种地貌的等高线出现相交,俯视时隐蔽的等高线用虚线表示。如图4.11所示。

⑤冲沟。冲沟又称雨裂,它是具有陡峭边坡的深沟,由于边坡陡峭而不规则,所以用锯齿形符号来表示,如图4.12所示。

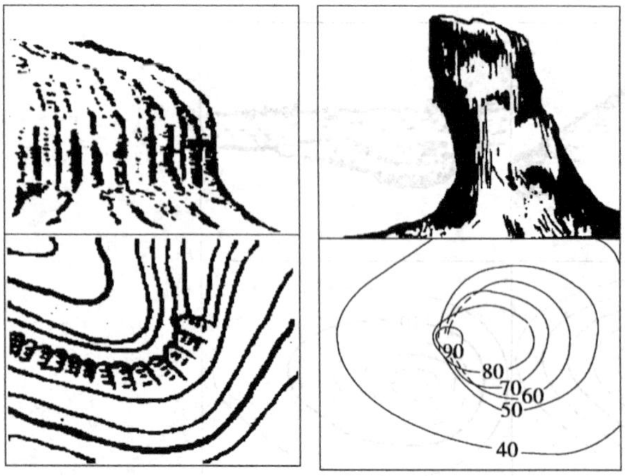

图4.11　陡崖和悬崖的等高线

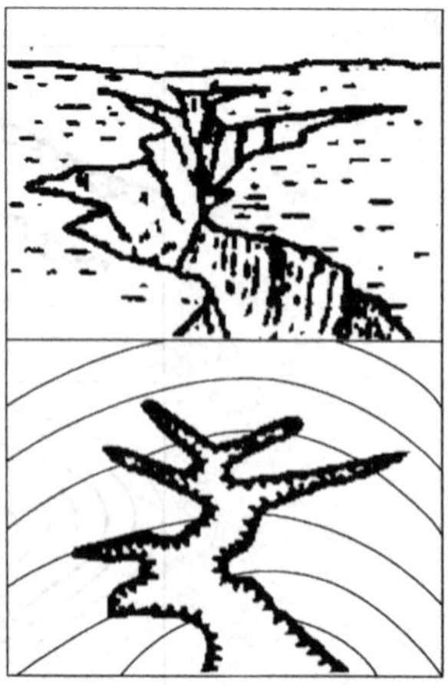

图4.12　冲沟的表示

(3)等高距和等高线平距

相邻等高线之间的高差 h,称为**等高距**或**等高线间隔**。在同一幅地形图上,等高距是相同的,相邻等高线间的水平距离 d,称为**等高线平距**。d 越大,表示地面坡度越缓,反之越陡。坡度与平距成反比。用等高线表示地貌,等高距选择过大,就不能精确显示地貌;反之,选择过小,等高线密集,失去图面的清晰度。因此,应根据地形和比例尺参照表4.7选用等高距。

表4.7　地形图的基本等高距

地形类别	比例尺				备　注
	1:500	1:1 000	1:2 000	1:5 000	
平地	0.5 m	0.5 m	1 m	2 m	等高距为0.5 m时,特征点高程可注至cm,其余均为注至dm
丘陵	0.5 m	1 m	2 m	5 m	
山地	1 m	1 m	2 m	5 m	

按表4.7选定的等高距称为**基本等高距**,同一幅图只能采用一种基本等高距。等高线的高程应为基本等高距的整倍数。按基本等高距描绘的等高线称**首曲线**,用细实线描绘;为了读图方便,高程为5倍基本等高距的等高线用粗实线描绘并注记高程,称为**计曲线**;在基本等高线不能反映出地面局部地貌的变化时,可用二分之一基本等高距用长虚线加密的等高线,称为**间曲线**;更加细小的变化还可用四分之一基本等高距用短虚线加密的等高线,称为**助曲线**,如图4.13所示。

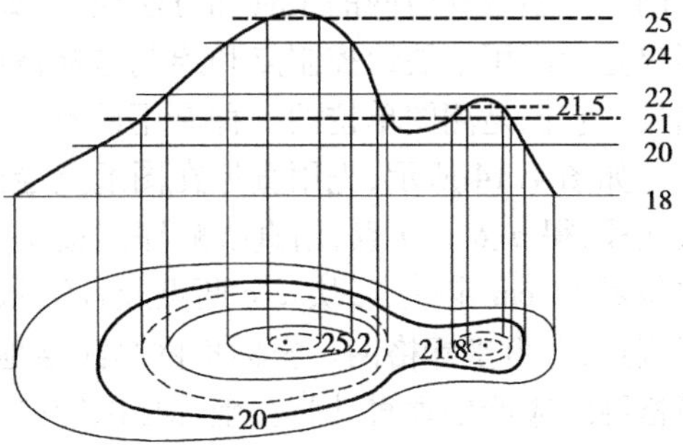

图4.13　各种等高线

(4)等高线的特性

根据等高线的原理和典型地貌的等高线,可得出等高线的如下特性:

①同一条等高线上的点,其高程必相等;

②等高线均是闭合曲线,如不在本图幅内闭合,则必在图外闭合,故等高线必须延伸到图幅边缘;

③除在悬崖或绝壁处外,等高线在图上不能相交或重合;

④等高线的平距小,表示坡度陡,平距大则坡度缓,平距相等则坡度相等,平距与坡度成反比;

⑤等高线和山脊线、山谷线成正交,如图4.9所示;

⑥等高线不能在图内中断,但遇道路、房屋、河流等地物符号和注记处可以局部中断。

4.2.2 地形图的测绘

1)测图前的准备工作

(1)图纸准备

大比例尺地形图的图幅大小一般为 50 cm×50 cm、50 cm×40 cm、40 cm×40 cm。为保证测图的质量,应选择优质绘图纸。一般临时性测图,可直接将图纸固定在图板上进行测绘;需要长期保存的地形图,为减少图纸的伸缩变形,通常将图纸裱糊在锌板、铝板或胶合板上。目前各测绘部门大多采用聚酯薄膜代替绘图纸,它具有透明度好、伸缩性小、不怕潮湿、牢固耐用等特点。聚酯薄膜图纸的厚度为 0.07~0.1 mm,表面打毛,可直接在底图上着墨复晒蓝图,如果表面不清洁,还可用水洗涤,因此方便和简化了成图的工序。但聚酯薄膜易燃、易折和老化,故在使用保管过程中应注意防火、防折。

(2)绘制坐标格网

为了准确地将控制点展绘在图纸上,首先要在图纸上绘制 10 cm×10 cm 的直角坐标格网。绘制坐标格网的工具和方法很多,如可用坐标仪或坐标格网尺等专用仪器工具。坐标仪是专门用于展绘控制点和绘制坐标格网的仪器;坐标格网尺是专门用于绘制格网的金属尺。它们是测图单位的一种专用设备。下面介绍对角线法绘制格网。

如图 4.14 所示,先用直尺在图纸上绘出两条对角线,从交点 *o* 为圆心沿对角线量取等长线段,得 *a*、*b*、*c*、*d* 点,用直线顺序连接 4 点,得矩形 *abcd*。再从 *a*,*d* 两点起各沿 *ab*、*dc* 方向每隔 10 cm 定一点;从 *d*、*c* 两点起各沿 *da*、*cb* 方向每隔 10 cm 定一点,连接矩形对边上的相应点,即得坐标格网。坐标格网是测绘地形图的基础,每一个方格的边长都应该准确,纵横格网线应严格垂直,因此,坐标格网绘好后,要进行格网边长和垂直度的检查。

小方格网的边长检查,可用比例尺量取,其值与 10 cm 的误差不应超过 0.1 mm;小方格网对角线长度与 14.14 cm 的误差不应超过 0.3 mm。方格网垂直度的检查,可用直尺检查格网的交点是否在同一直线上(如图 4.14 中 *mn* 直线),其偏离值不应超过 0.2 mm。如检查值超过限差,应重新绘制方格网。

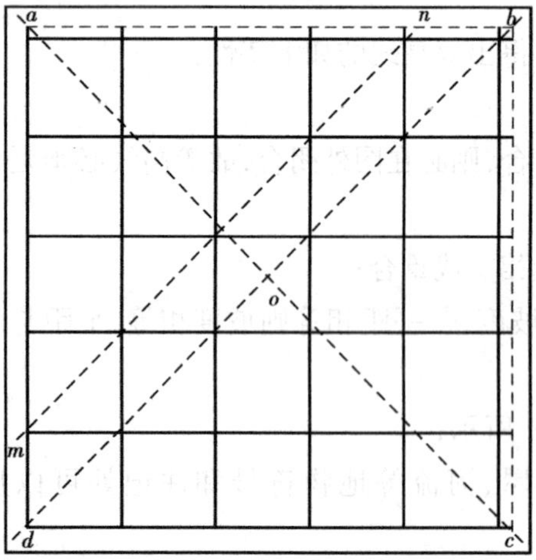

图 4.14 绘制坐标格网

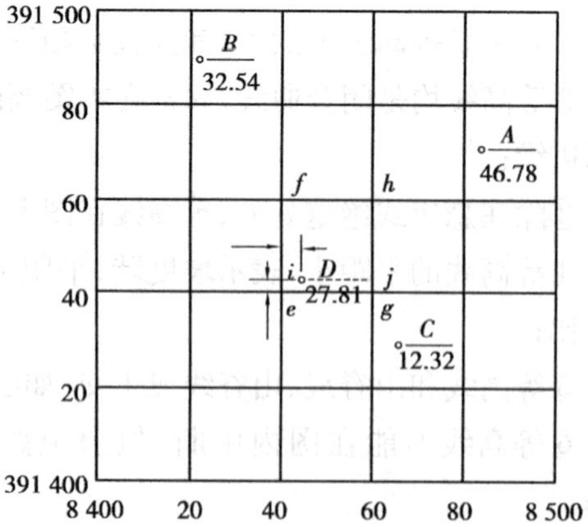

图 4.15 展绘控制点

2)展绘控制点

展绘控制点前,首先要按图的分幅位置,确定坐标格网线的坐标值,也可根据测图控制点的最大和最小坐标值来确定,使控制点安置在图纸上的适当位置,坐标值要注在相应格网边线的外侧,如图4.15所示。

按坐标展绘控制点,先要根据其坐标,确定所在的方格。例如控制点 D 的坐标 $x_D = 440.34$ m,$y_D = 443.43$ m。根据 D 点的坐标值,可确定其位置在 *efhg* 方格内。分别从 *ef* 和 *gh* 按测图比例尺各量取40.34 m,得 i、j 两点;然后从 i 点开始沿 *ij* 方向按测图比例尺量取43.43 m,得 D 点。同法可将图幅内所有控制点展绘在图纸上,最后用比例尺量取各相邻控制点间的距离作为检查,其距离与相应的实地距离的误差不应超过图上0.3 mm。在图纸上的控制点要注记点名和高程,一般可在控制点的右侧以分数形式注明,分子为点名,分母为高程,如图4.15中 A、B、C、D 点。

3)碎部测量

碎部测量是以控制点为测站,测定周围碎部点的平面位置和高程,并按规定的图示符号绘制成图。

(1)碎部点的选择

地物、地貌的特征点统称为**地形特征点**,正确选择地形特征点是碎部测量中十分重要的工作,是地形测绘的基础。

地物特征点,一般选在地物轮廓的方向线变化处,如房屋角点、道路转折点或交叉点、河岸水涯线或水渠的转弯点等。连接这些特征点就能得到地物的相似形状。对于形状不规则的地物,通常要进行取舍。一般的规定是主要地物凸凹部分在地形图上大于0.4 mm均应测定出来;小于0.4 mm时,可用直线连接。一些非比例表示的地物,如独立树、纪念碑和电线杆等独立地物,则应选在中心点位置。

地貌特征点,通常选在最能反映地貌特征的山脊线、山谷线等地性线上。如山顶、鞍部、山脊、山谷、山坡、山脚等坡度或方向的变化点,如图4.16所示的立尺点。利用这些特征点勾绘等高线,才能在地形图上真实地反映出地貌来。

图4.16　地貌特征点

碎部点的密度应适当,过稀不能详细反映地形的细小变化,过密则增加野外工作量,造成浪费。碎部点在地形图上的间距为2~3 cm,各种比例尺的碎部点间距可参考表4.8。在地面平坦或坡度无显著变化地区,地貌特征点的间距可以采用最大值。

表 4.8　碎部点间距和最大视距

测图比例尺	地形点最大间距/m	最大视距(一般地区)		最大视距(城镇建筑区)	
		主要地物点/m	次要地物点和地形点/m	主要地物点/m	次要地物点和地形点/m
1:500	15	60	100	50	70
1:1 000	30	100	150	80	120
1:2 000	50	130	250	120	200
1:5 000	100	300	350		

(2)地物、地貌的描绘

工作中,当碎部点展绘在图上后,根据碎部点的位置和高程对照实地描绘地物和等高线。

①地物描绘。描绘的地形图要按图式规定的符号表示地物。依比例描绘的房屋,轮廓要用直线连接,道路、河流的弯曲部分要逐点连成光滑的曲线;不依比例描绘的地物,需按规定的非比例符号表示。

②等高线勾绘。由于等高线表示的地面高程均为等高距 h 的整倍数,因而需要在两碎部点之间内插以 h 为间隔的等高点。内插是在同坡段上进行。下面介绍两种常见方法:

a. 目估法。如图 4.17(a)所示,某局部地区地貌特征点的相对位置和高程已测定在图上。首先连接地性线上同坡段的相邻特征点 ba、bc 等,虚线表示山脊线,实线表示山谷线,然后在同坡段上,按高差与平距成比例的关系内差等高点,勾绘等高线。已知 a、b 点平距为 35 mm(图上量取),高差 $h_{ab}=H_b-H_a=48.5\ \text{m}-43.1\ \text{m}=5.4\ \text{m}$,如勾绘等高距为 1 m 的等高线,共有 5 根线穿过 ab 段,两根间的平距 $d=6.7$ mm(由 $d:35=1:5.4$ 求得)。a 点至第一根等高线的高差为 0.9 m,不是 1 m,按高差 1 m 的平距 d 为标准,适当缩短(将 d 分为 10 份,取 9 份),目估定出 44 m 的点;同法在 b 点定出 48 m 的点。然后将首尾点间的平距 4 等分定出 45 m、46 m、47 m 各点;同理,在 bc、bd、be 段上定出相应的点,如图 4.17(b)所示。最后将相邻等高的点,参照实地的地貌用圆滑的曲线徒手连接起来,就构成一簇等高线,如图 4.17(c)所示。

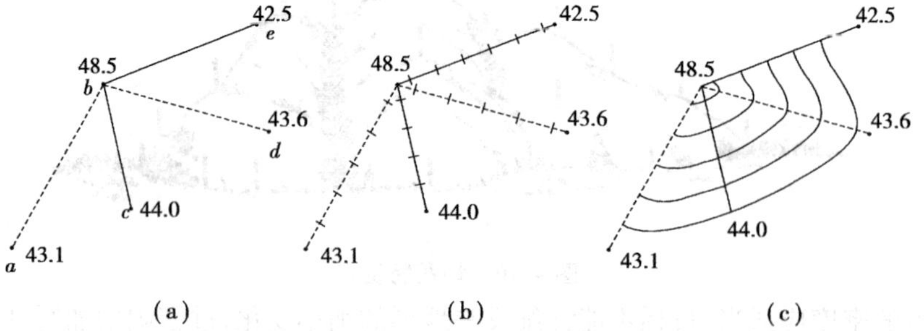

图 4.17　目估法勾绘等高线

b. 图解法。绘一张等间隔若干条平行线的透明纸,蒙在勾绘等高线的图上,转动透明纸,使 a、b 两点分别位于平行线间的 0.9 和 0.5 的位置上,则直线 ab 和 5 条平行线的交点便是高程为 44 m、45 m、46 m、47 m 及 48 m 的等高线位置,如图 4.18 所示。

4)测图方法——经纬仪测绘法

(1)仪器安置

如图4.19所示,在测站A安置经纬仪,量取仪器高i,填入手簿,在视距尺上用红布条标出仪器高的位置v,以便照准。将水平度盘读数配置为0°,照准控制点B,作为后视点的起始方向,并用视距法测定其距离和高差填入手簿,以便进行检查。当测站周围碎部点测完后,再重新照准后视点检查水平度盘零方向,在确定变动不大于2′后,方能撤站。测图板置于测站旁。

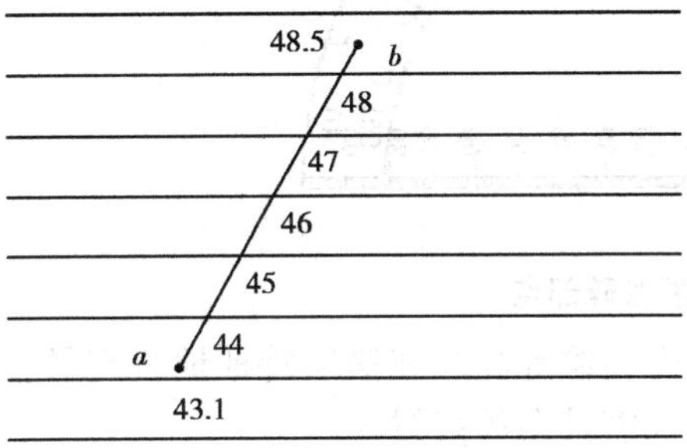

图4.18　图解法内插等高线

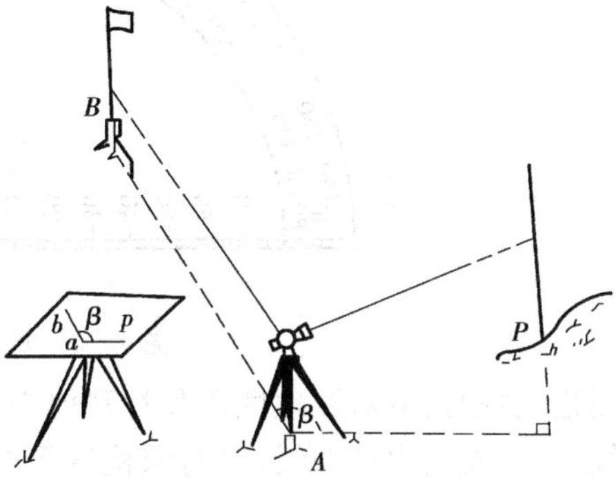

图4.19　经纬仪测绘法

(2)跑尺

在地形特征点上立尺的工作通称为跑尺。立尺点的位置、密度、远近及跑尺的方法影响着成图的质量和功效。立尺员在立尺之前,应弄清实测范围和实地情况,选定立尺点,并与观测员、绘图员共同商定跑尺路线,依次将尺立置于地物、地貌特征点上。

(3)观测

将经纬仪照准地形点P的标尺,中丝对准仪器高处的红布条(或另一位置读数),上下丝读取视距间隔l,并读取竖盘读数L及水平角β,记入手簿进行计算(见表4.9)。然后将β_P、D_P、H_P报给绘图员。同法测定其他各碎部点,结束前,应检查经纬仪的零方向是否符合要求。

表4.9　碎部点测量手簿

测站:GPS6　　后视点:GPS7　　仪器高:1.458 m　　测站高程:H=327.400

点号	测距/m	中丝读数v	水平角β	竖盘读数L	竖直角α	高差h/m	水平距离D/m	高程/m	备　注
1	27.5	1.458	39°55′	83°52′	6°08′	2.92	27.18	330.32	房角
2	43.8	1.458	343°21′	92°25′	−2°25′	−1.84	43.72	325.56	公路边
3	69.4	1.458	268°43′	78°28′	11°32′	13.60	66.63	341.00	水沟
4	36.5	1.458	102°09′	97°30′	−7°30′	−4.72	35.88	322.68	坡脚

(4)绘图

如图4.20所示,展绘碎部点用细针将量角器的圆心插在图上测站点A处,转动量角器,将量角器上等于水平角值的刻划线对准起始方向线,此时量角器的零方向便是碎部点方向，然后用测图比例尺按测得的水平距离在该方向上定出点的位置，并在点的右侧注明其高程。同法展绘其他各点，并根据这些点绘图。测绘地物时，应对照外轮廓随测随绘。

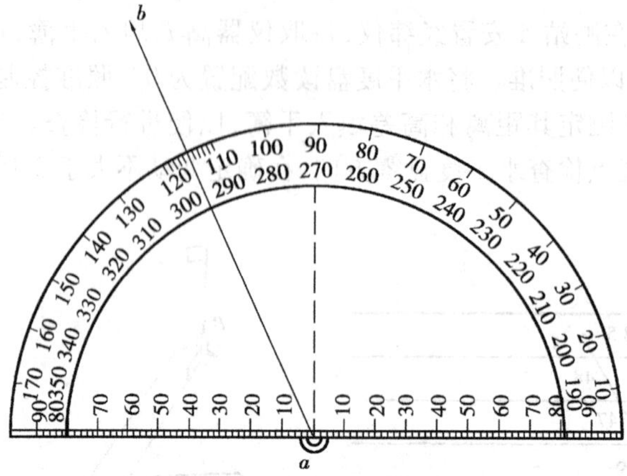

图 4.20　量角器展绘碎部点

测绘地貌时，应对照地性线和特殊地貌外缘点勾绘等高线和描绘特征地貌符号。勾绘等高线时，应先勾出计曲线，经对照检查无误，再加密其余等高线。

为了检查测图质量，仪器搬到下一测站时，应先观测前站所测的某些明显碎部点，以检查由两个测站测得该点平面位置和高程是否相同，如相差较大，则应查明原因，纠正错误，再继续进行测绘。

用光电测距仪测绘地形图与用经纬仪的测绘方法基本一致，只是距离的测量方式不同。根据斜距 S、竖盘读数 L、仪器高 i 和棱镜高 v，就可算出 D 和 H，再加 β 角，即可展绘点位。

(5) 碎部测量注意事项

①观测人员在读取竖盘读数时，要注意检查竖盘指标水准管气泡是否居中；每观测 20～30个碎部点后，应重新瞄准起始方向检查其变化情况。经纬仪测绘法起始方向度盘读数偏差不得超过 2′，小平板仪测绘时起始方向偏差在图上不得大于 0.3 mm。

②立尺人员应将标尺竖直，并随时观察立尺点周围情况，弄清碎部点之间的关系，地形复杂时还需绘出草图，以协助绘图人员作好绘图工作。

③绘图人员要注意图面正确整洁，注记清晰，并做到随测点，随展绘，随检查。

④当每站工作结束后，应进行检查，在确认地物、地貌无测错或漏测时，方可迁站。

4.2.3　全站仪数字化测图

数字化测图技术的实质是解析法测图，将测量仪器测定的待测点三维坐标、属性等野外采集的数据，结合计算机、绘图仪以及相应软件，将地形图信息转化为数字量输入计算机，以数字形式存储在磁盘上，从而便于传输与直接获取地形的数量指标，需要时通过显示屏显示或用绘图仪绘制出地形图。

数字化测图常用的仪器是全站仪，或者常规经纬仪、测距仪配合电子手簿，或者使用便携机现场展点等方法。

1)全站仪测图模式

结合不同的电子设备,全站仪数字化测图主要有如图4.21所示三种模式。

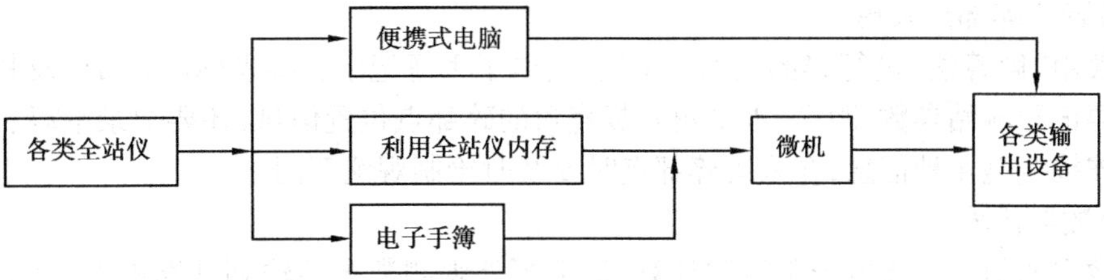

图4.21　全站仪测图模式

(1)全站仪结合电子平板模式

该模式是以便携式电脑作为电子平板,通过通信线直接与全站仪通信、记录数据,实时成图。因此,它具有图形直观、准确性强、操作简单等优点,即使在地形复杂地区,也可现场测绘成图,避免野外绘制草图。目前这种模式的开发与研究相对比较完善,由于便携式电脑的性能和测绘人员的综合素质不断提高,因此它符合今后的发展趋势。

(2)直接利用全站仪内存模式

该模式使用全站仪内存或自带记忆卡,把野外测得的数据,通过一定的编码方式,直接记录,同时野外现场绘制复杂地形草图,供室内成图时参考对照。因此,它操作过程简单,无须附带其他电子设备;对野外观测数据直接存储,纠错能力强,可进行内业纠错处理。随着全站仪存储能力的不断增强,此方法进行小面积地形测量时,具有一定的灵活性。

(3)全站仪加电子手簿或高性能掌上电脑模式

该模式通过通信线将全站仪与电子手簿或掌上电脑相连,把测量数据记录在电子手簿或便携式电脑上,同时可以进行一些简单的属性操作,并绘制现场草图。内业时把数据传输到计算机中,进行成图处理。它携带方便,掌上电脑采用图形界面交互系统,可以对测量数据进行简单的编辑,减少了内业工作量。随着掌上电脑处理能力的不断增强,科技人员正进行针对全站仪的掌上电脑二次开发工作,此方法会在实践中进一步得到完善。

2)全站仪数字测图过程

如图4.22所示,全站仪数字化测图主要分为准备工作、数据获取、数据输入、数据处理、数据输出5个阶段。在准备工作阶段,包括资料准备、控制测量、测图准备等,与传统地

图4.22　全站仪测绘地形图

形测图一样，在此不再赘述。现以实际生产中普遍采用的全站仪加电子手簿测图模式为例，从数据采集到成图输出介绍全站仪数字化测图的基本过程。

(1)野外碎部点采集

一般用"解算法"进行碎部点测量采集，用电子手簿记录三维坐标(x,y,H)及其绘图信息。既要记录测站参数、距离、水平角和竖直角的碎部点位置信息，还要记录编码、点号、连接点和连接线型4种信息，在采集碎部点时要及时绘制观测草图。

(2)数据传输

用数据通信线连接电子手簿和计算机，把野外观测数据传输到计算机中，每次观测的数据要及时传输，避免数据丢失。

(3)数据处理

数据处理包括数据转换和数据计算，如图4.23所示。

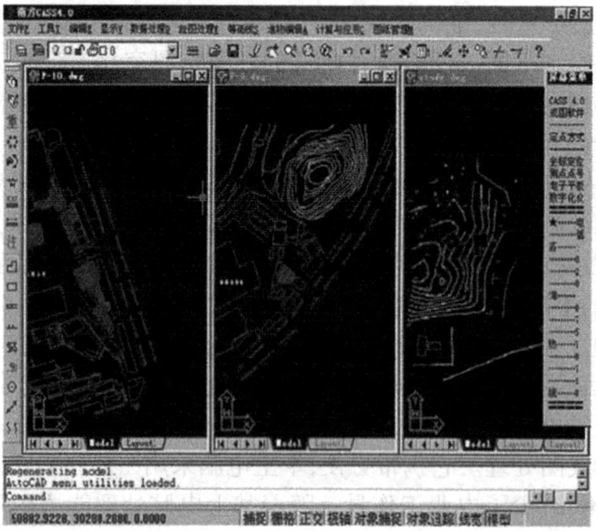

图4.23 南方CASS成图系统

数据处理是根据输入的比例尺、图廓坐标、已生成的坐标文件和连接信息文件，按编码分类，分层进入房屋、道路、水系、独立地物、植被及地貌等野外采集的数据，进行绘图处理。检查可能出现的各种错误，对图形作最后的检索、修改，使测量数据转化成绘图系统所需的编码格式。

数据计算是针对地貌关系的，当测量数据输入计算机后，生成平面图形、建立图形文件、绘制等高线。

(4)图形处理与成图输出

编辑、整理经数据处理后所生成的图形数据文件，对照外业草图，修改整饰新生成的地形图，补测重测存在漏测或测错的地方。然后加注高程、注记等，进行图幅整饰，最后成图输出。

3)数据编码

数字测图中地形点的描述必须具备以下三类信息：

①测点的三维坐标。

②测点的属性，即地形点的特征信息，绘图时必须知道该点是什么点：地貌点还是地物点，有什么特征等。

③测点的连接关系，据此可将相关的点连成一个地物。前一项是定位信息，后两项是绘图信息。

测点的点位是用仪器在外业测量中测得的，最终以 $X,Y,Z(H)$ 三维坐标表示。测点时要标明点号，点号在测图系统中是唯一的，根据它可以提取点位坐标。

测点的属性是用地形编码表示的，有编码就知道它是什么点，图式符号是什么。反之，外业测量知道测的是什么点，就可以给出该点的编码并记录下来。

测点的连接信息是用连接点和连接线型表示的，也可以把连接信息作为地形编码的一部分。

野外数据采集，必须将所测地物点的连接关系和地物类别（或地物属性）等绘图信息记录下来，并按一定的编码格式记录数据。编码按照《1∶500、1∶1 000、1∶2 000 地形图要素分类与代码》（GB/T 14804—93）进行，地形信息的编码由 4 部分组成：大类码、小类码、一级代码、二级代码，分别用 1 位十进制数字顺序排列。第一大类码是测量控制点，又分平面控制点、高程控制点、GPS 点和其他控制点 4 个小类码，编码分别为 11、12、13 和 14。小类码又分若干一级代码，一级代码又分若干二级代码。如小三角点是第 3 个一级代码，5 秒小三角点是第 1 个二级代码，则小三角点的编码是 113，5 秒小三角点的编码是 1131。

野外观测，除要记录测站参数、距离、水平角和竖直角等观测量外，还要记录地物点连接关系信息编码。现以一条小路为例（图 4.24），说明野外记录的方法。记录格式见表 4.10，表中连接点是与观测点相连接的点号，连接线型是测点与连接点之间的连线形式，有直线、曲线、圆弧和独立点 4 种，分别用 1、2、3 和空为代码，小路的编码为 443，点号同时也代表测量碎部点的顺序，表中略去了观测值。

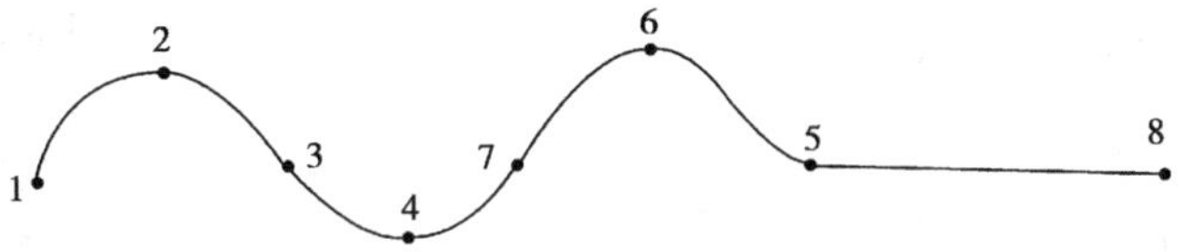

图 4.24　小路的数字化测图记录

表 4.10　小路的数字化测图编码

单　元	点号	编　号	连接点	连接线型
第一单元	1	443	1	
	2	443		2
	3	443		
	4	443		
	5	443	5	
第二单元	6	443		−2
	7	443	−4	
第三单元	8	443	5	1

目前开发的测图软件一般是根据自身特点的需要、作业习惯、仪器设备和数据处理方法制定自己的编码规则。利用全站仪进行野外测设时,编码一般由地物代码和连接关系的简单符号组成。如代码 F0、F1、F2……分别表示特种房、普通房、简单房……(F 为“房”的第一拼音字母,以下类同),H1、H2……表示第一条河流、第二条河流的点位……

任务 4.3　地形图的应用

4.3.1　地形图的阅读

1)地形图图外注记

(1)图名与图号

图名是指本图幅的名称,一般以本图幅内最重要的地名或主要单位名称来命名,注记在图廓外上方的中央。如图 4.25 所示,地形图的图名为“西三庄”。

图号,即图的分幅编号,注在图名下方。如图 4.25 所示,图号为 3510.0-220.0,它由左下角纵、横坐标组成。

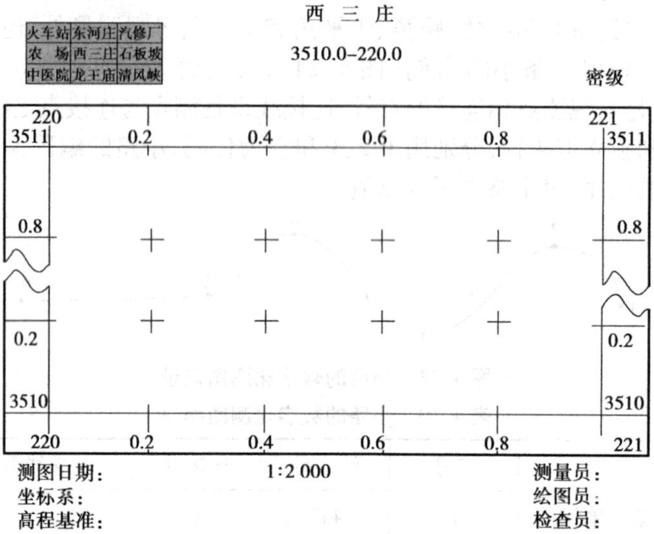

图 4.25　图名、图号、接图表

(2)接图表与图外文字说明

为便于查找、使用地形图,在每幅地形图的左上角都附有相应的图幅接图表,用于说明本图幅与相邻 8 个方向图幅位置的相邻关系。如图 4.25 所示,中央为本图幅的位置。

文字说明是了解图件来源和成图方法的重要资料。如图 4.25 所示,通常在图的下方或左、右两侧注有文字说明,内容包括测图日期、坐标系、高程基准、测量员、绘图员和检查员等;在图的右上角标注图纸的密级。

(3)图廓与坐标格网

图廓是地形图的边界,正方形图廓只有内、外图廓之分。内图廓为直角坐标格网线,外图廓用较粗的实线描绘。外图廓与内图廓之间的短线用来标记坐标值。如图 4.26 所示，左下角的纵坐标为 3 510.0 km，横坐标为 220.0 km。

由经纬线分幅的地形图，内图廓呈梯形，如图 4.26 所示。西图廓经线为东经 128°45′，南图廓纬线为北纬 46°50′，两线的交点为图廓点。内图廓与外图廓之间绘有黑白相间的分度带，每段黑白线长表示经纬差 1′。连接东西、南北相对应的分度带值便得到大地坐标格网，可供图解点位的地理坐标用。分度带与内图廓之间注记了以 km 为单位的高斯直角坐标值。图中左下角从赤道起算的 5 189 km 为纵坐标，其余的 90、91 等省去了前面两位 51 的公里数。横坐标为 22 482 km，其中 22 为该图所在的投影带号，482 km 为该纵线的横坐标值。纵横线构成了公里格网。在四边的外图廓与分度带之间注有相邻接图号，供接边查用。

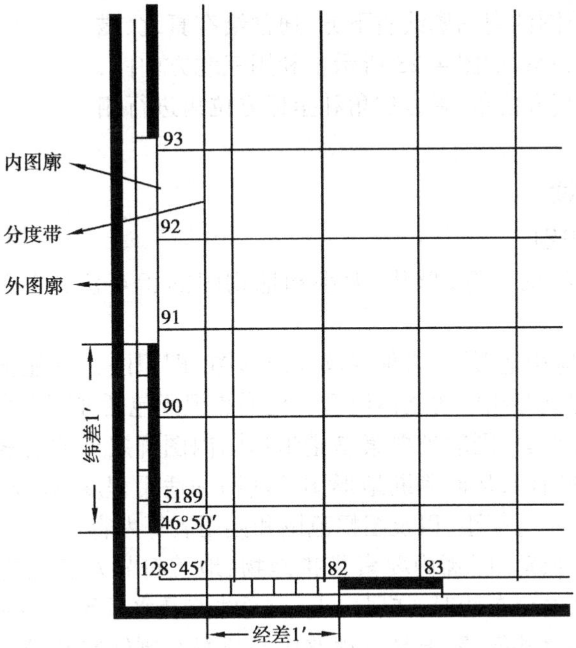

图 4.26　图廓与坐标格网

(4)直线比例尺与坡度尺

直线比例尺也称图示比例尺，它是将图上的线段用实际长度来表示，如图 4.27(a)所示。因此，可以用分规或直尺在地形图上量出两点之间的长度，然后与直线比例尺进行比较，就能直接得出该两点间的实际长度值。三棱比例尺也属于直线比例尺。

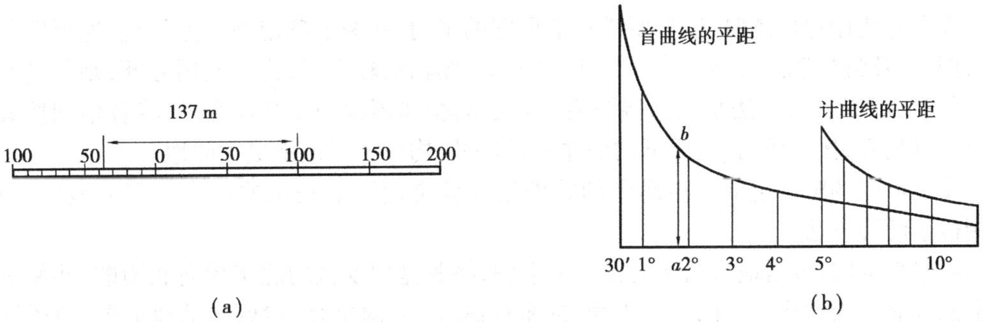

图 4.27　直线比例尺与坡度

为了便于在地形图上量测两条等高线(首曲线或计曲线)间两点直线的坡度,通常在中、小比例尺地形图的南图廓外绘有图解坡度尺,如图4.27(b)所示。坡度尺是按等高距与平距的关系 $d=h\cdot\tan\alpha$ 制成的。如图示,在底线上以适当比例定出0°,1°,2°,…各点,并在点上绘垂线。将相邻等高线平距 d 与各点角值 α_i 按关系式求出相应平距 d_i。然后,在相应点垂线上按地形图比例尺截取 d_i 值定出垂线顶点,再用光滑曲线连接各顶点而成。

应用时,用卡规在地形图上量取等高线 a、b 点平距 ab,在坡度尺上比较,即可查得 ab 的角值约为1°45′。

(5)三北方向

中、小比例尺地形图的南图廓线右下方,通常绘有真北、磁北和轴北之间的角度关系,如图4.28所示。利用三北方向图,可对图上任一方向的真方位角、磁方位角和坐标方位角进行相互换算。

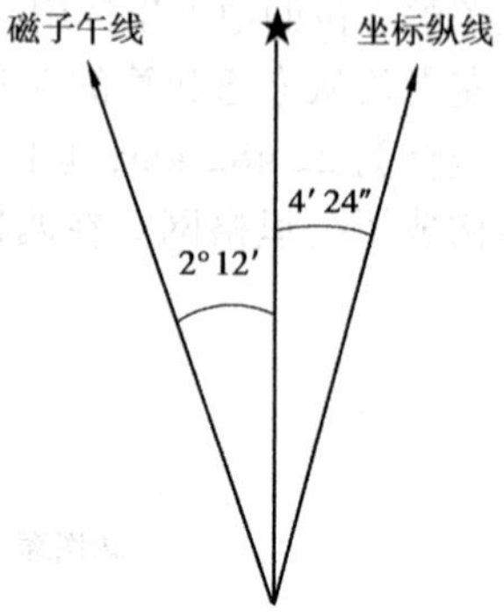

图4.28　三北方向

2)地形图的识读

(1)地物地貌的识别

地形图反映了地物的位置、形状、大小和地物间的相互位置关系,以及地貌的起伏形态。

为了能够正确地应用地形图,必须要读懂地形图(即识图),并能根据地形图上各种符号和注记,在头脑中建立起相应的立体模型。地形图识读包括如下内容:

①图廓外要素的阅读。图廓外要素是指地形图内图廓之外的要素。通过图廓外要素的阅读,可以了解测图时间,从而判断地形图的新旧和适用程度,以及地形图的比例尺、坐标系统、高程系统和基本等高距,以及图幅范围和接图表等内容。

②图廓内要素的判读。图廓内要素是指地物、地貌符号及相关注记等。在判读地物时,首先了解主要地物的分布情况,如居民点、交通线路及水系等。要注意地物符号的主次让位问题,如铁路和公路并行,图上是以铁路中心位置绘制铁路符号,而公路符号让位,地物符号不准重叠。在地貌判读时,先看计曲线再看首曲线的分布情况,了解等高线所表示出的地性线及典型地貌,进而了解该图幅范围总体地貌及某地区的特殊地貌。

同时,通过对居民地、交通网、电力线、输油管线等重要地物的判读,可以了解该地区的社会经济发展情况。

(2)野外使用地形图

在野外使用地形图时,经常要进行地形图的定向、在图上确定站立点位置、地形图与实地对照,以及野外填图等项工作。当使用的地形图幅数较多时,为了使用方便,则需进行地形图的拼接和粘贴,方法是根据接图表所表示的相邻图幅的图名和图号,将各幅图按其关系位置排列好,按左压右、上压下的顺序进行拼贴,构成一张范围更大的地形图。

①地形图的野外定向。地形图的野外定向就是使图上表示的地形与实地地形一致。常用以下两种方法:

a.罗盘定向:根据地形图上的三北关系图,将罗盘刻度盘的北字指向北图廓,并使刻度盘上的南北线与地形图上的真子午线(或坐标纵线)方向重合,然后转动地形图,使磁针北端指到磁偏角(或磁坐偏角)值,完成地形图的定向。

b. 地物定向：首先，在地形图上和实地分别找出相对应的两个位置点，例如，本人站立点、房角点、道路或河流转弯点、山顶、独立树等；然后转动地形图，使图上位置与实地位置一致。

②在地形图上确定站立点位置。当站立点附近有明显地貌和地物时，可利用它们确定站立点在图上的位置。例如，站立点的位置是在图上道路或河流的转弯点、房屋角点、桥梁一端，以及在山脊的一个平台上等。当站立点附近没有明显地物或地貌特征时，可以采用交会方法来确定站立点在图上的位置。

③地图与实地对照。当进行了地形图定向和确定了站立点的位置后，就可以根据图上站立点周围的地物和地貌符号，找出与实地相对应的地物和地貌，或者观察实地地物和地貌来识别其在地图上所表示的位置。

地图和实地通常是先识别主要和明显的地物、地貌，再按关系位置识别其他地物、地貌。通过地形图和实地对照，了解和熟悉周围地形情况，比较出地形图上内容与实地相应地形是否发生了变化。

④野外填图。野外填图是指把土壤普查、土地利用、矿产资源分布等情况填绘于地形图上。野外填图时，应注意沿途具有方位意义的地物，随时确定本人站立点在图上的位置；同时，站立点要选择视线良好的地点，便于观察较大范围的填图对象，确定其边界并填绘在地形图上。通常用罗盘或目估方法确定填图对象的方向，用目估、步测或皮尺确定距离。

4.3.2　地形图的基本应用

地形图是国家各个部门、各项工程建设中必需的基础资料，在地形图上可以获取多种、大量的所需信息。从地形图上确定地物的位置和相互关系及地貌的起伏形态等情况，比实地更准确、更全面、更方便、更迅速。

1) 确定图上点位的坐标

(1) 求点的直角坐标

欲求图4.29中P点的直角坐标，可以通过从P点作平行于直角坐标格网的直线，交格网线于e、f、g、h点。用比例尺（或直尺）量出ae和ag两段距离，则P点的坐标为：

$$\begin{aligned} x_P &= x_a + ae = 21\,100 + 27 = 21\,127\ (\mathrm{m}) \\ y_P &= y_a + ag = 32\,100 + 29 = 32\,129\ (\mathrm{m}) \end{aligned} \tag{4.2}$$

为了防止图纸伸缩变形带来的误差，可以采用下列计算公式消除：

$$\begin{aligned} x_P &= x_a + \frac{ae}{ab}\cdot l = 21\,100 + \frac{27}{99.9}\times 100 = 21\,127.03(\mathrm{m}) \\ y_P &= y_a + \frac{ag}{ad}\cdot l = 32\,100 + \frac{29}{99.9}\times 100 = 32\,129.03(\mathrm{m}) \end{aligned} \tag{4.3}$$

式中，l为相邻格网线间距。

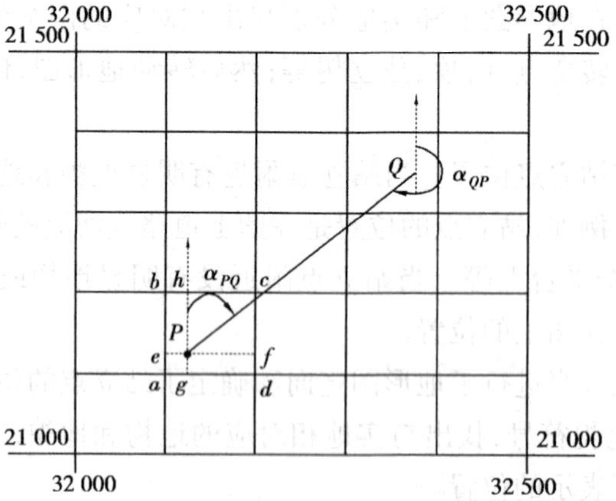

图4.29　确定点的坐标、高程、直线段的距离、坐标方位角

(2)求点的大地坐标

在求某点的大地坐标时,首先根据地形图内外图廓中的分度带,绘出大地坐标格网;然后作平行于大地坐标格网的纵横直线,交于大地坐标格网;最后,按照上面求点直角坐标的方法计算出点的大地坐标。

2)确定图上直线段的距离

如图4.29所示,若求 PQ 两点间的水平距离,最简单的办法是用比例尺或直尺直接从地形图上量取。为了消除图纸的伸缩变形给量取距离带来的误差,可以用两脚规量取 PQ 间的长度,然后与图上的直线比例尺进行比较,得出两点间的距离。更精确的方法是利用前述方法求得 P、Q 两点的直角坐标,再用坐标反算公式求出两点间距离。

3)图上确定直线的坐标方位角

如图4.29所示,若求直线 PQ 的坐标方位角 α_{PQ},可以先过 P 点作一条平行于坐标纵线的直线,然后用量角器直接量取坐标方位角 α_{PQ}。要求精度较高时,可以利用前述方法先求得 P、Q 两点的直角坐标,再利用坐标反算公式计算出 α_{PQ}。

4)确定图上点的高程

根据地形图上的等高线,可确定任一地面点的高程。如果地面点恰好位于某一等高线上,则根据等高线的高程注记或基本等高距,便可直接确定该点高程。如图4.30所示,p 点的高程为20 m。当确定位于相邻两等高线之间的地面点 q 的高程时,可以采用目估的方法确定。更精确的方法是,先过 q 点作垂直于相邻两等高线的线段 mn,再依高差和平距成比例的关系求解。例如,图中等高线的基本等高距为1 m,则 q 点高程为:

$$H_q = H_n + \frac{mq}{mn} \cdot h = 23 + \frac{14}{20} \times 1 = 23.7(\text{m}) \tag{4.4}$$

如果要确定两点间的高差,则可采用上述方法确定两点的高程后,相减即得两点间高差。

5)确定图上地面坡度

由等高线的特性可知,地形图上某处等高线之间的平距越小,则地面坡度越大;反之,等高线间平距越大,坡度越小。当等高线为一组等间距平行直线时,则该地区地貌为斜平面。

如图4.30所示，欲求p、q两点之间的地面坡度，可先求出两点高程H_p、H_q，然后求出高差$h_{pq}=H_q-H_p$，以及两点水平距离d_{pq}，再按下式计算：

$$i=\frac{h_{pq}}{d_{pq}} \tag{4.5}$$

p、q两点之间的地面坡度：

$$\alpha_{pq}=\arctan\frac{h_{pq}}{d_{pq}} \tag{4.6}$$

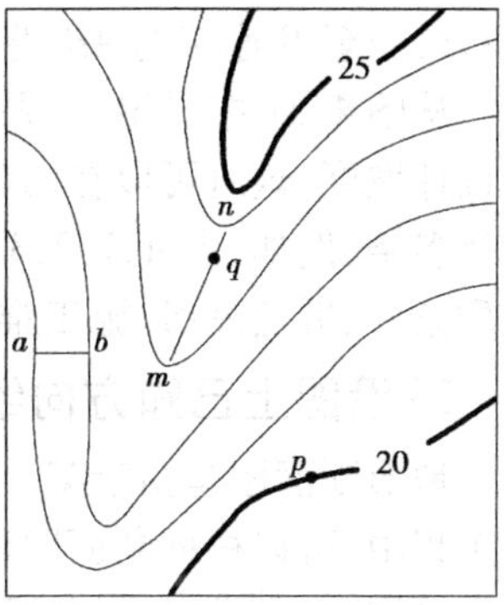

图4.30　确定点的高程和坡度

当地面两点间穿过的等高线平距不等时，计算的坡度则为地面两点平均坡度。

两条相邻等高线间的坡度，是指垂直于两条等高线两个交点间的坡度。如图4.30所示，垂直于等高线方向的直线ab具有最大的倾斜角，该直线称为最大倾斜线（或坡度线），通常以最大倾斜线的方向代表该地面的倾斜方向。最大倾斜线的倾斜角也代表该地面的倾斜角。

此外，也可以利用地形图上的坡度尺求取坡度。

4.3.3　地形图的工程应用

1）在图上设计规定坡度的线路

对管线、渠道、交通线路等工程进行初步设计时，通常先在地形图上选线。按照技术要求，选定的线路坡度不能超过规定的限制坡度，并且线路最短。

如图4.31所示，地形图的比例尺为1∶2 000，等高距为2 m。设需在该地形图上选出一条由公路A至某山顶B的最短线路，并且在该线路任何处的坡度都不超过4%。常见的作法是将两脚规在坡度尺上截取坡度为4%时相邻两等高线间的平距；也可以按下式计算相邻等高线间的最小平距（地形图上距离）：

$$d=\frac{h}{M\cdot i}=\frac{2}{2\ 000\times 4\%}=25(\text{mm}) \tag{4.7}$$

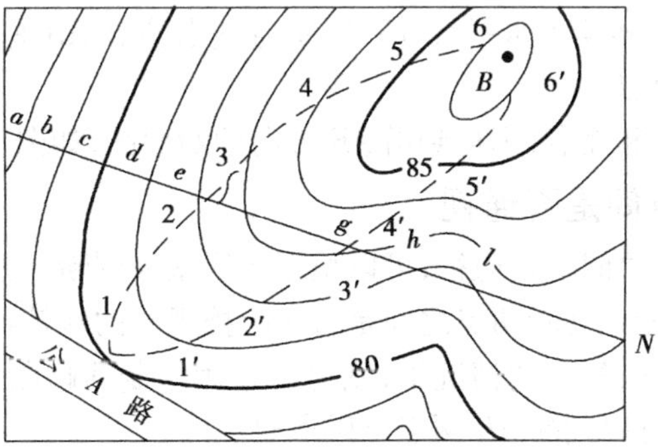

图4.31　在图上设计规定坡度

然后，将两脚规的脚尖设置为25 mm，把一脚尖立在以点A为圆心上作弧，交另一等高线1′点，再以1′点为圆心，另一脚尖交相邻等高线2′点。如此继续直到B点。这样，由A，

1,2,3,…至 B 连接的 AB 线路,就是所选定的坡度不超过 4% 的最短线路。

从图 4.31 中看出,如果平距 d 小于图上等高线间的平距,则说明该处地面最大坡度小于设计坡度,这时可以在两等高线间用垂线连接。此外,从 A 到 B 的线路可采用上述方法选择多条,例如,由 A,1,2,3,…至 B 所确定的线路。最后选用哪条,则主要根据占用耕地、地质条件、拆迁民房、施工难度及工程费用等因素决定。

2)沿图上已知方向绘制断面图

地形断面图是指沿某一方向描绘地面起伏状态的竖直面图。在交通、渠道以及各种管线工程中,可以根据断面图地面起伏状态,量取有关数据进行线路设计。断面图可以在实地直接测定,也可以根据地形图绘制。

绘制断面图时,首先要确定断面图的水平方向和垂直方向的比例尺。通常,在水平方向采用与所用地形图相同的比例尺,而垂直方向的比例尺通常要比水平方向大 10 倍,以突出地形起伏状况。

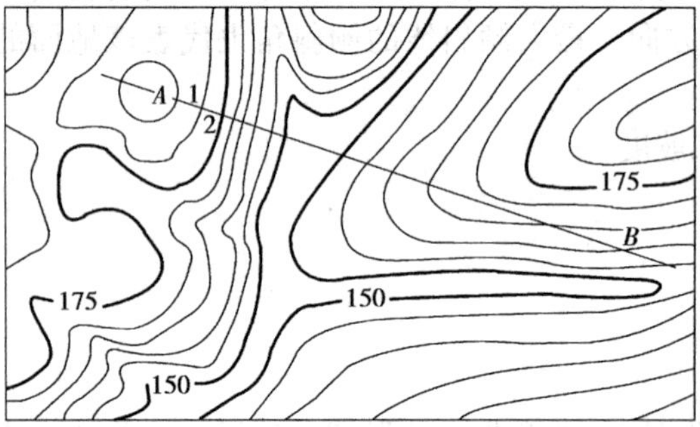

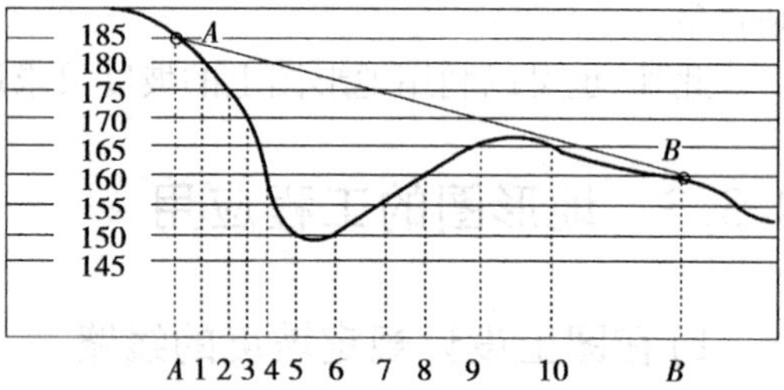

图 4.32　绘制地形断面图和确定地面两点间通视情况

如图 4.32(a)所示,要求在等高距为 5 m、比例尺为 1∶5 000 的地形图上,沿 AB 方向绘制地形断面图,方法如下:

①在地形图上绘出断面线 AB,依次交于等高线 1,2,3,…点。

②如图 4.32(b)所示,在另一张白纸(或毫米方格纸)上绘出水平线 AB,并作若干平行于 AB 等间隔的平行线,间隔大小依竖向比例尺而定,再注记出相应的高程值。

③把 1,2,3,…交点转绘到水平线 AB 上,并通过各点作 AB 垂直线,各垂线与相应高程的水平线交点即为断面点。

④用平滑曲线连各断面点,则得到沿 AB 方向的断面图,如图 4.32(b)所示。

3)确定两地面点间是否通视

要确定地面上两点之间是否通视,可以根据地形图来判断。如果地面两点间的地形比较平坦时,通过在地形图上观看两点之间是否有阻挡视线的建筑物就可以进行判断。但在两点之间地形起伏变化较复杂的情况下,则可以采用绘制简略断面图来确定其是否通视,如图 4.32(b)所示,则可以判断 AB 两点可以通视。

4)确定汇水面积

在修建交通线路的涵洞、桥梁或水库的堤坝等工程建设中,需要确定有多大面积的雨水量汇集到桥涵或水库,即需要确定汇水面积,以便进行桥涵和堤坝的设计工作。通常是在地形图上确定汇水面积。

汇水面积是由山脊线所构成的区域。如图4.33所示，某公路经过山谷地区，欲在 m 处建造涵洞，cn 和 em 为山谷线，注入该山谷的雨水是由山脊线（即分水线）a,b,c,d,e,f,g 及公路所围成的区域。区域汇水面积可通过面积量测方法得出。另外，根据等高线的特性可知，山脊线处处与等高线相垂直，且经过一系列的山头和鞍部，可以在地形图上直接确定。

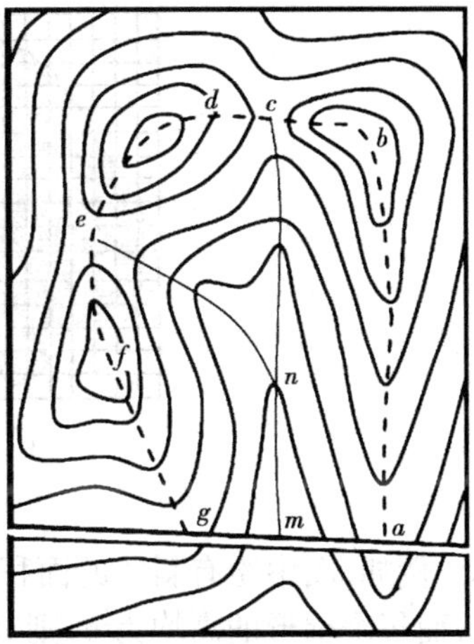

图4.33　图上确定汇水面积

5）面积测定

（1）几何图形法

当欲求面积的边界为直线时，可以把该图形分解为若干个规则的几何图形，例如三角形、梯形或平行四边形等，如图4.34所示。然后，量出这些图形的边长，这样就可以利用几何公式计算出每个图形的面积。最后，将所有图形的面积之和乘以该地形图比例尺分母的平方，即为所求面积。

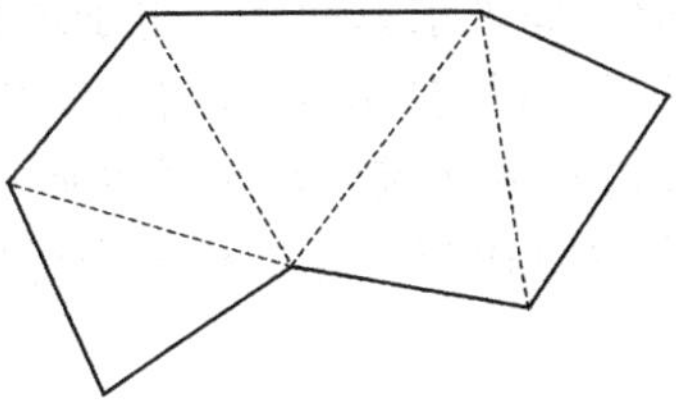
图4.34　几何图形法测算面积

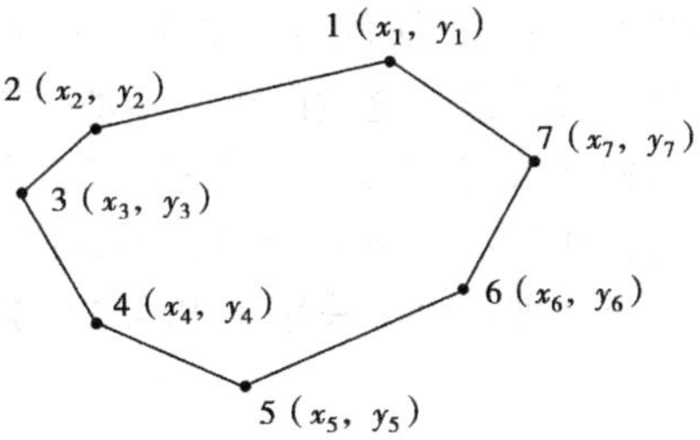

图4.35　坐标计算法测算面积

（2）坐标计算法

如果图形为任意多边形，并且各顶点的坐标已知，则可以利用坐标计算法精确求算该图形的面积。如图4.35所示，各顶点按照逆时针方向编号，则面积为：

$$S = \frac{1}{2}\sum_{i=1}^{n} x_i(y_{i-1} - y_{i+1}) \tag{4.8}$$

式中，当 $i=1$ 时，y_{i-1} 用 y_n 代替；当 $i=n$ 时，y_{i+1} 用 y_1 代替。

（3）透明方格法

对于不规则图形，则可以采用图解法求算图形面积。通常使用绘有单元图形的透明纸蒙在待测图形上，统计落在待测图形轮廓线以内的单元图形个数来量测面积。

透明方格法通常是在透明纸上绘出边长为1 mm的小方格（图4.36（a）），每个方格的面积为1 mm^2，而所代表的实际面积则由地形图的比例尺决定。量测图上面积时，将透明方格纸固定在图纸上，先数出完整小方格数 n_1，再估读被图形边线分割的非整格面积 n_2，然后，两者相加即得整个图形的面积。

（4）透明平行线法

透明方格网法的缺点是数方格困难，为此，可以使用透明平行线法，如图4.36（b）所示。被测图形被平行线分割成若干个等高的长条，每个长条的面积可以按照梯形公式计

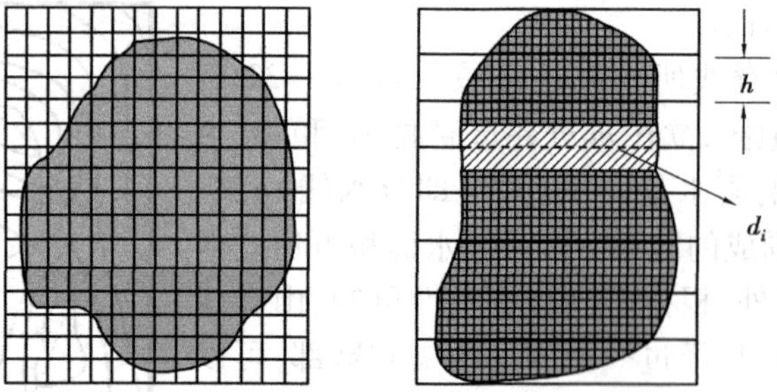

(a)　　　　(b)

图 4.36　透明纸法测算面积

算。例如，图中绘有斜线的面积，其中间位置的虚线为上底加下底的平均值 d_i，可以直接量出，而每个梯形的高均为 h，则其面积为：

$$S = \sum_{i=1}^{n} d_i \cdot h = h \sum_{i=1}^{n} d_i \tag{4.9}$$

(5)电子求积仪的使用

电子求积仪是一种用来测定任意形状图形面积的仪器，如图 4.37 所示。

在地形图上求取图形面积时，先在求积仪的面板上设置地形图的比例尺和使用单位，再利用求积仪一端的跟踪透镜的十字中心点绕图形一周来求算面积。电子求积仪具有自动显示量测面积结果、存储测得的数据、计算周围边长、数据打印、边界自动闭合等功能，计算精度可以达到 0.2%。同时，具备各种计量单位，如公制、英制，有计算功能，当数据量溢出时会自动移位处理。由于采用了 RS-232 接口，可以直接与计算机相连进行数据管理和处理。

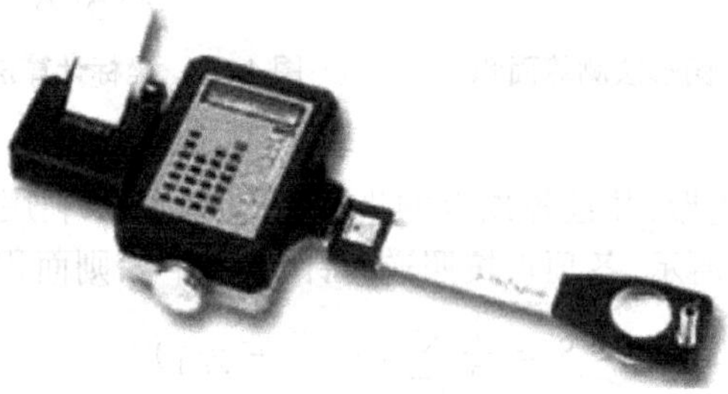

图 4.37　电子求积仪

为了保证量测面积的精度和可靠性，应将图纸平整地固定在图板或桌面上。当需要测量的面积较大，可以采取将大面积划分为若干块小面积的方法，分别求这些小面积，最后把量测结果加起来。也可以在待测的大面积内画出一个或若干个规则图形(四边形、三角形、圆等)，用解析法求算面积，剩下的边、角小块面积用求积仪求取。

6)在地形图上绘出填挖边界线

在平整场地的土石方工程中，可以在地形图上确定填方区和挖方区的边界线。如图 4.38 所示，要将山谷地形平整为一块平地，并且其设计高程为 45 m，则填挖边界线就是 45 m的等高线，可以直接在地形图上确定。

如果在场地边界 aa' 处的设计边坡为 1∶1.5(即每 1.5 m 平距下降深度 1 m)，欲求填方坡脚边界线，则需在图上绘出等高距为 1 m、平距为 1.5 m、一组平行 aa' 表示斜坡面的等高线。如图4.38所示,根据地形图同一比例尺绘出间距为1.5 m的平行等高线与地形图同高程等高线的交点,即为坡脚交点。依次连接这些交点,即绘出填方边界线。同理,根据设计边坡,也可绘出挖方边界线。

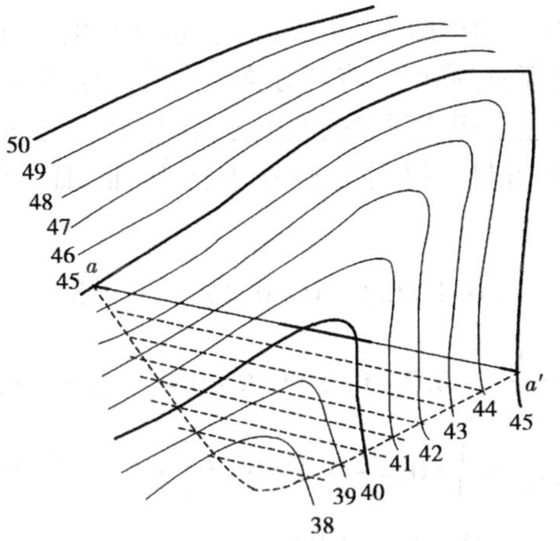

图4.38 图上确定填挖边界线

7)土石方计算

为了使起伏不平的地形满足一定的工程要求,需要把地表平整成为一块水平面或斜平面。在进行工程量的预算时,可以利用地形图进行填、挖土石方量的计算。

(1)方格网法

如果地面坡度较平缓,可以将地面平整为某一高程的水平面。如图4.39所示,计算步骤如下:

①绘制方格网。方格的边长取决于地形的复杂程度和土石方量估算的精度要求,一般取10 m或20 m。然后,根据地形图的比例尺在图上绘出方格网。

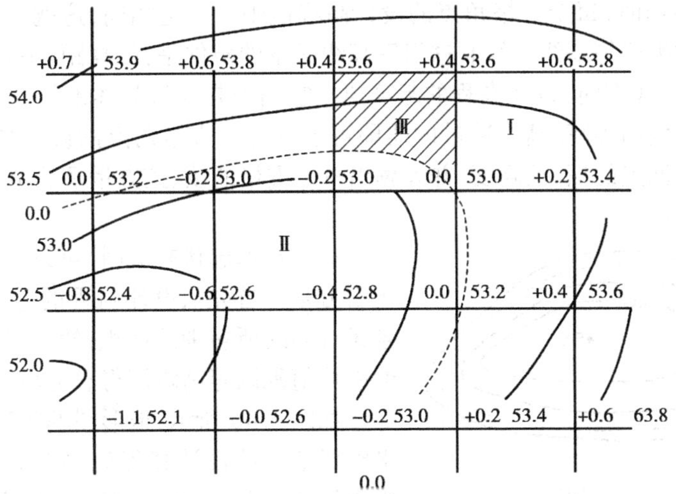

图4.39 方格网法计算填挖方量

②求各方格角点的高程。根据地形图上的等高线和其他地形点高程,采用目估法内插出各方格角点的地面高程值,并标注于相应顶点的右上方。

③计算设计高程。将每个方格角点的地面高程值相加,并除以4则得到各方格的平均

高程，再把每个方格的平均高程相加除以方格总数就得到设计高程 $H_{设}$。$H_{设}$ 也可以根据工程要求直接给出。

④确定填、挖边界线。根据设计高程 $H_{设}$，在地形图上绘出高程为 $H_{设}$ 的高程线（如图4.39中虚线所示），在此线上的点即为不填又不挖，也就是填、挖边界线，亦称零等高线。

⑤计算各方格网点的填、挖高度。将各方格网点的地面高程减去设计高程 $H_{设}$，即得各方格网点的填、挖高度，并注于相应顶点的左上方，正号表示挖，负号表示填。

⑥计算各方格的填、挖方量。以图4.39中方格Ⅰ、Ⅱ、Ⅲ为例，说明各方格的填、挖方量计算方法。

方格Ⅰ的挖方量：$V_1=\frac{1}{4}(0.4+0.6+0+0.2)\cdot A=0.3A$

方格Ⅱ的填方量：$V_2=\frac{1}{4}(-0.2-0.2-0.6-0.4)\cdot A=-0.35A$

方格Ⅲ的填、挖方量：$V_3=\frac{1}{4}(0.4+0.4+0+0)\cdot A_{挖}-\frac{1}{4}(0-0.2-0)\cdot A_{填}$

$$=0.2A_{挖}-0.05A_{填}$$

式中，A 为每个方格的实际面积，$A_{挖}$、$A_{填}$ 分别为方格Ⅲ中挖方区域和填方区域的实际面积。

⑦计算总的填、挖方量。将所有方格的填方量和挖方量分别求和，即得总的填、挖土石方量。如果设计高程 $H_{设}$ 是各方格的平均高程值，则最后计算出来的总填方量和总挖方量基本相等。

当地面坡度较大时，可以按照填、挖土石方量基本平衡的原则，将地形整理成某一坡度的倾斜面。

由图4.39可知，当把地面平整为水平面时，每个方格角点的设计高程值相同；而当把地面平整为倾斜面时，每个方格角点的设计高程值则不一定相同，这就需要在图上绘出一组代表倾斜面的平行等高线。绘制这组等高线必备的条件是：等高距、平距、平行等高线的方向（或最大坡度线方向）以及高程的起算值。它们都是通过具体的设计要求直接或间接提供的。绘出倾斜面等高线后，通过内插即可求出每个方格角点的设计高程值。这样，便可以计算各方格网点的填、挖高度，并计算出每个方格的填、挖方量及总填、挖方量。

(2)等高线法

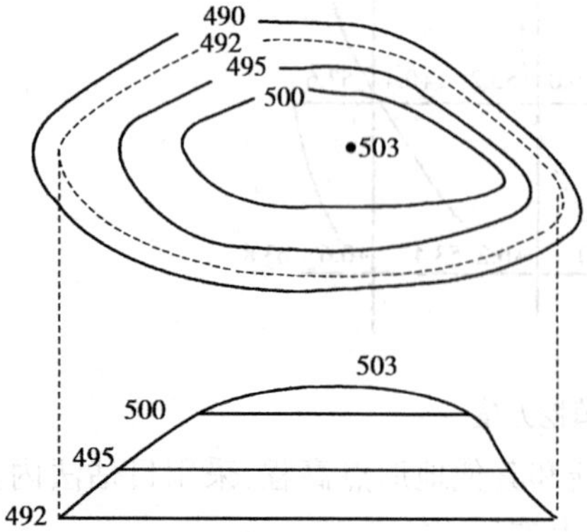

图4.40 等高线法计算填挖方量

如果地形起伏较大时，可以采用等高线法计算土石方量。首先从设计高程的等高线开始计算出各条等高线所包围的面积，然后将相邻等高线面积的平均值乘以等高距即得总的填挖方量。

如图4.40所示，地形图的等高距为5 m，要求平整场地后的设计高程为492 m。首先在地形图中内插出设计高程为492 m的等高线（如图中虚线），再求出492 m、495 m、500 m这三条等高线所围成的面积 A_{492}、A_{495}、A_{500}，即可算出每层土石方的挖方量为：

$$V_{492-495} = \frac{1}{2}(A_{492} + A_{495}) \cdot 3$$

$$V_{495-500} = \frac{1}{2}(A_{495} + A_{500}) \cdot 5$$

$$V_{500-503} = \frac{1}{3}A_{500} \cdot 3$$

则总的土石方挖方量为：$V_{总} = \sum V = V_{492-495} + V_{495-500} + V_{500-505}$

(3)断面法

这种方法是在施工场地范围内，利用地形图以一定间距绘出地形断面图，并在各个断面图上绘出平整场地后的设计高程线。然后分别求出断面图上地面线与设计高程线所围成的面积，再计算相邻断面间的土石方量，求其和即为总土石方量。

练习与思考题

1. 何为比例尺的精度？比例尺的精度与碎部测量的距离精度有何关系？

2. 地形图上表示地貌的主要方法是等高线，等高线、等高距、等高线平距是如何定义的？等高线可以分为哪些类型？如何定义与绘制？

3. 典型地貌有哪些类型？它们的等高线各有何特点？

4. 根据表4.11中的观测数据，计算出测站与测站间平距和各测点的高程。已知测站的高程为161.21 m，仪器高为1.51 m，当盘左观测视线水平时，竖盘读数为90°；望远镜向上倾斜时，竖盘读数减小，竖盘指标差为−30″。

表4.11　题4表

测点	视距 /m	中丝读数 /m	竖盘读数 /(° ′ ″)	竖直角 /(° ′ ″)	水平距离 /m	高差 /m	高程 /m	备　注
1	110.23	1.40	86 47 30					
2	28.94	1.10	91 41 20					
3	84.75	1.60	107 28 50					
4	141.56	1.20	90 02 40					
5	45.38	1.70	87 50 30					
6	79.23	2.30	109 20 10					

5. 根据图4.41所示碎部点的平面位置和高程，勾绘等高距为1 m的等高线，加粗并注记45 m高程的等高线。

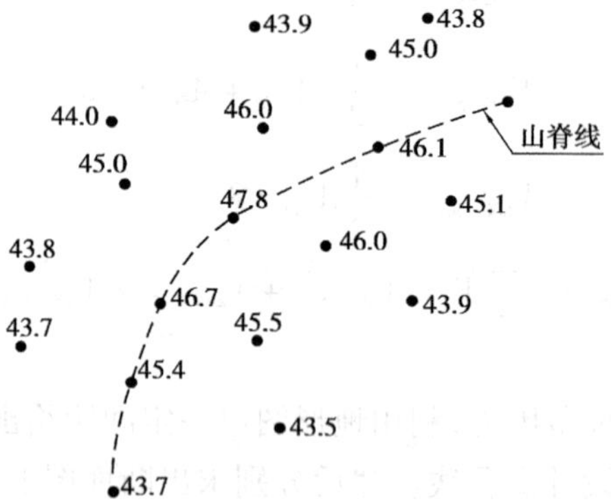

图 4.41　题 5 图

6. 按图 4.42 所示各碎部点勾绘出等高线，等高距为 1 m。

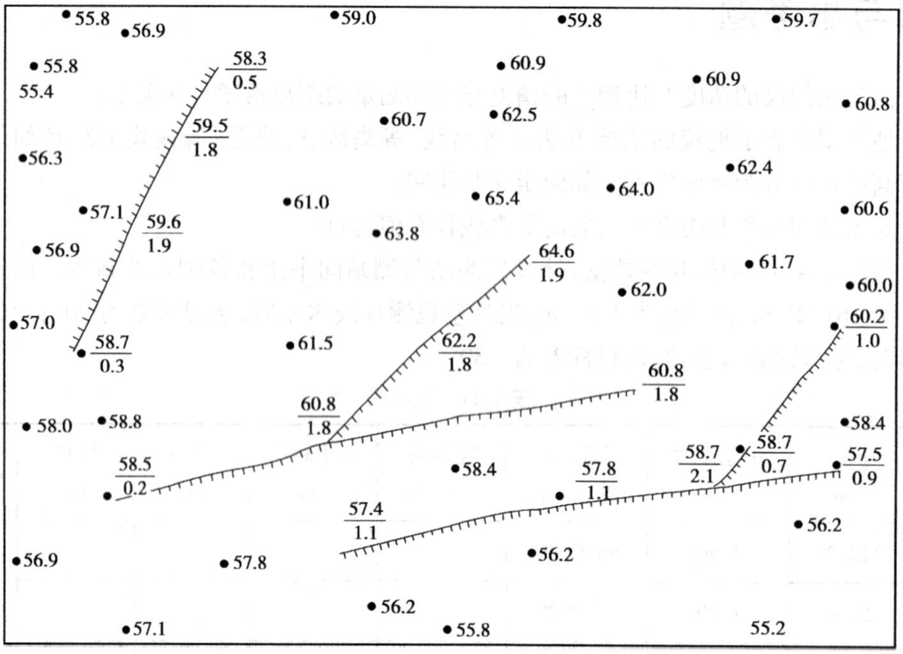

图 4.42　题 6 图

7. 在图 4.43 中（比例尺为 1∶2 000），完成下列工作：

（1）在地形图上用圆括号符号绘出山顶（△），鞍部的最低点（×），山脊线（—·—·—），山谷线（……）。

（2）*B* 点高程是多少？*AB* 水平距离是多少？

（3）*A*、*B* 两点间，*B*、*C* 两点间是否通视？

（4）由 *A* 选一条既短，坡度又不大于 3% 的线路到 *B* 点。

（5）绘 *AB* 断面图，平距比例尺为 1∶2 000，高程比例尺为 1∶200。

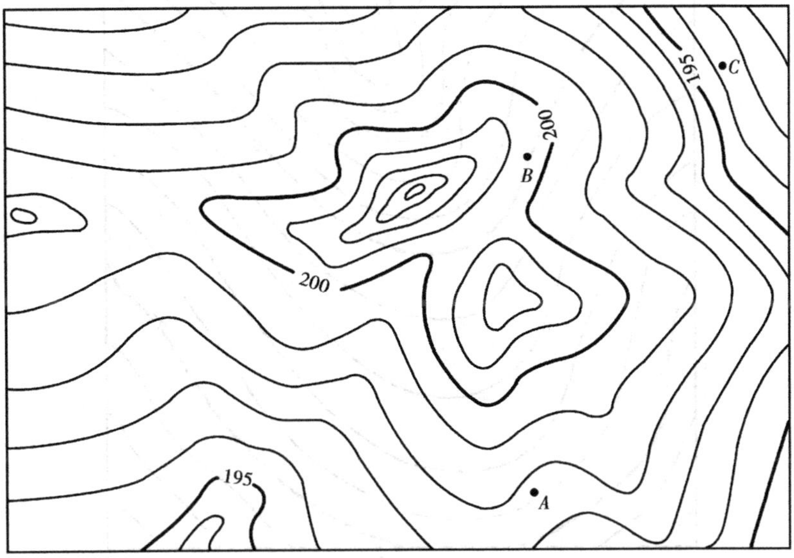

图4.43　题7图

8. 在图4.44所示1∶10 000的地形图上,用虚线(－－－－－)标出路线上桥涵 A 和 B 的汇水面积,并用透明纸方格法分别求出它们的面积。

图4.44　题8图

9. 欲将图4.45中地面 ABCD 平整成 AB 线高程为80 m且向 CD 方向降坡,坡度为 －3% 的降坡场地,在图上绘出填挖边界线,并计算填挖土方量。

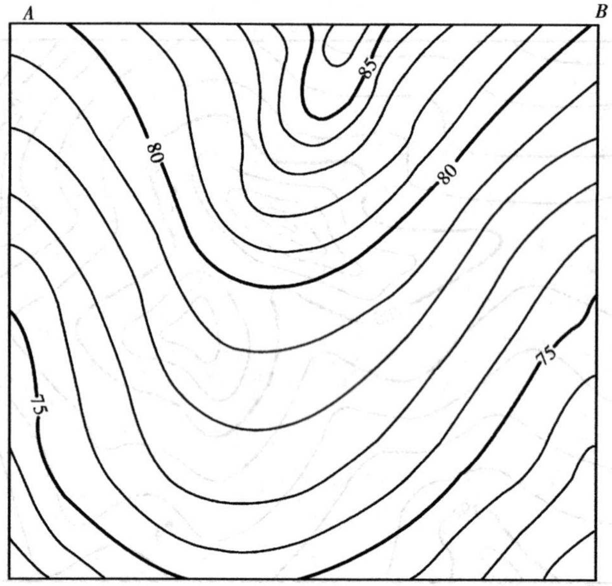

图 4.45　题 9 图

项目5　地面点的测设

任务5.1　地面点的测设

把图纸上设计好的建(构)筑物位置(包括平面和高程位置)在实地标定出来的工作,即按设,这项工作又称为测设或放样。

这些待测设的点位是根据控制点或已有建筑物特征点与待测设点之间的角度、距离和高差等几何关系,应用测绘仪器和工具标定出来的。因此,测设已知水平距离、测设已知水平角、测设已知高程是施工测量的基本工作。

5.1.1　测设已知水平距离

测设已知水平距离是从地面一已知点开始,沿已知方向测设出给定的水平距离,以定出第二个端点的工作。根据测设的精度要求不同,可分为一般测设方法和精确测设方法。

1)用钢尺测设已知水平距离

(1)一般方法

在地面上,由已知点 A 开始,沿给定方向,用钢尺量出已知水平距离 D 定出 B 点。为了校核与提高测设精度,在起点 A 处改变读数,按同法量已知距离 D 定出 B' 点。由于量距有误差,B 与 B' 两点一般不重合,其相对误差在允许范围内时,则取两点的中点作为最终位置。

(2)精确方法

当水平距离的测设精度要求较高时,按照上面一般方法在地面测设出的水平距离,还应再加上尺长、温度和高差三项改正,但改正数的符号与精确量距时的符号相反。即

$$S = D - \Delta_l - \Delta_t - \Delta_h \tag{5.1}$$

式中　S——实地测设的距离;

D——待测设的水平距离;

Δ_l——尺长改正数 $\Delta_l = \dfrac{\Delta l}{l_0} \cdot D$,$l_0$ 和 Δ_l 分别是所用钢尺的名义长度和尺长改正数;

Δ_t——温度改正数,$\Delta_t = \alpha \cdot D \cdot (t - t_0)$,$\alpha = 1.25 \times 10^{-5}$ 为钢尺的线膨胀系数,t 为测设时的温度,t_0 为钢尺的标准温度,一般为 20 ℃;

Δ_h——倾斜改正数，$\Delta_h = -\frac{h^2}{2D}$，$h$ 为线段两端点的高差。

【例 5.1】 如图 5.1 所示，欲测设水平距离 AB，所使用钢尺的尺长方程式为：

$$L_t = 30.000\ \text{m} + 0.003\ \text{m} + 1.2 \times 10^{-5} \times 30(t - 20\ ℃)\text{m}$$

测设时的温度为 5 ℃，AB 两点之间的高差为 1.2 m，试求测设时在实地应量出的长度是多少？

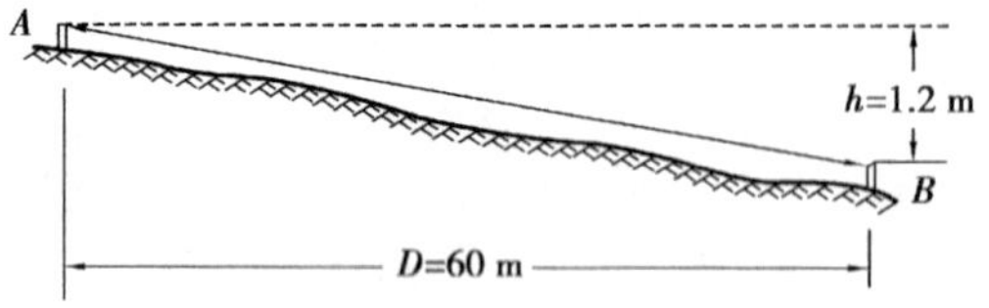

图 5.1 已知水平距离测设

【解】 根据精确量距公式计算出三项改正：

尺长改正：$\Delta_l = \frac{\Delta l}{l_0} \cdot D = 0.003/30 \times 60 = 0.006(\text{m})$

温度改正：$\Delta_t = \alpha \cdot D \cdot (t - t_0) = 60 \times 1.2 \times 10^{-5} \times (5 - 20) = -0.011(\text{m})$

倾斜改正：$\Delta_h = -\frac{h^2}{2D} = -1.2^2/2 \times 60 = -0.012(\text{m})$

则实地测设水平距离为：

$$S = D - \Delta_l - \Delta_t - \Delta_h = 60 - 0.006 + 0.011 + 0.012 = 60.017(\text{m})$$

测设时，自线段的起点 A 沿给定的 AB 方向量出 S，定出终点 B，即得设计的水平距离 D。为了检核，通常再放样一次，若两次放样之差在允许范围内，则取平均位置作为终点 B 的最后位置。

2）光电测距仪测设已知水平距离

用光电测距仪测设已知水平距离与用钢尺测设方法大致相同。如图 5.2 所示，光电测距仪安置于 A 点，反光镜沿已知方向 AB 移动，使仪器显示的距离大致等于待测设距离 D，定出 B' 点，测出架设在 B' 点棱镜中心的竖直角及斜距，根据公式计算出水平距离 D'。再计算出 D' 与需要测设的水平距离 D 之间的改正数 $\Delta D = D - D'$。根据 ΔD 的符号，在实地沿已知方向用钢尺由 B' 点量 ΔD 定出 B 点，AB 即为测设的水平距离 D。

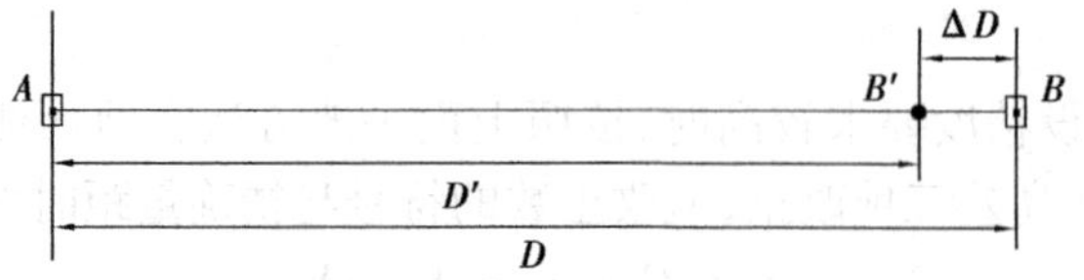

图 5.2 光电测距仪放样距离

全站仪瞄准位于 B 点附近的棱镜后，能够直接显示出全站仪与棱镜之间的水平距离 D'，因此，可以通过前后移动棱镜使其水平距离 D' 等于待测设的已知水平距离 D 时，即可定出 B 点。

为了检核，将棱镜安置在 B 点，测量 AB 两点的水平距离，若不符合要求，则再次改正，直至在允许范围之内为止。

5.1.2　测设已知水平角

测设已知水平角就是根据一已知方向测设出另一方向，使它们的夹角等于给定的设计角值。按测设精度要求不同，分为一般方法和精确方法。

1)一般方法

当测设水平角精度要求不高时，可采用此法，即用盘左、盘右取平均值的方法。如图5.3所示，设 OA 为地面上已有方向，欲测设水平角 β，在 O 点安置经纬仪，以盘左位置瞄准 A 点，配置水平度盘读数为0。转动照准部使水平度盘读数恰好为 β 值，在视线方向定出 B_1 点。然后用盘右位置，重复上述步骤定出 B_2 点，取 B_1 和 B_2 中点 B，则 $\angle AOB$ 即为测设的 β 角。

该方法也称为盘左盘右分中法。

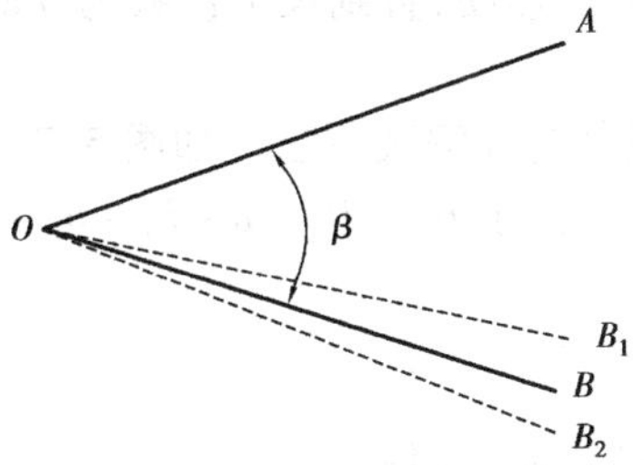

图5.3　一般方法测设水平角

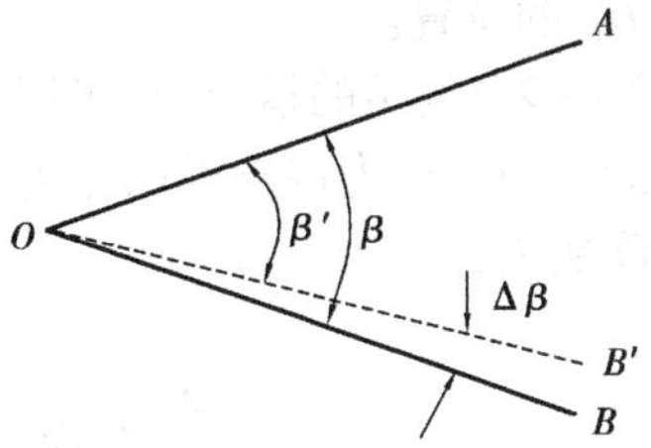

图5.4　精确方法测设水平角

2)精确方法

当测设精度要求较高时，可采用精确方法测设已知水平角。如图5.4所示，安置经纬仪于 O 点，按照上述一般方法测设出已知水平角 $\angle AOB'$，定出 B'点。然后较精确地测量 $\angle AOB'$的角值，一般采用多个测回取平均值的方法，设平均角值为 β'，测量出 OB'的距离。按下式计算 B'点处 OB'线段的垂距 $B'B$。

$$B'B = OB' \times \tan \Delta\beta = OB' \times \Delta\beta/\rho \tag{5.2}$$

然后，从 B'点沿 OB'的垂直方向调整垂距 $B'B$，$\angle AOB$ 即为 β 角。如图5.4所示，若 $\Delta\beta>0$ 时，则从 B'点往内调整 $B'B$ 至 B 点；若 $\Delta\beta<0$ 时，则从 B'点往外调整 $B'B$ 至 B 点。

5.1.3　测设已知高程

测设已知高程就是根据已知点的高程，通过引测，把设计高程标定在固定的位置上。如图5.5所示，已知高程点 A，其高程为 H_A，需要在 B 点标定出已知高程为 H_B 的位置。方法是：A 点和 B 点中间安置水准仪，精平后读取 A 点的标尺读数为 a，则仪器的视线高程为 $H_i=H_A+a$，由图可知测设已知高程为 H_B 的 B 点标尺读数应为：

$$b = H_i - H_B \tag{5.3}$$

将水准尺紧靠 B 点木桩的侧面上下移动，直到尺上读数为 b 时，沿尺底画一横线，此线即为设计高程 H_B 的位置。测设时应始终保持水准管气泡居中。

在建筑设计和施工中，为了计算方便，通常把建筑物的室内设计地坪高程用±0标高表示，建筑物的基础、门窗等高程都是以±0为依据进行测设。因此，首先要在施工现场利用测设已知高程的方法测设出室内地坪高程的位置。

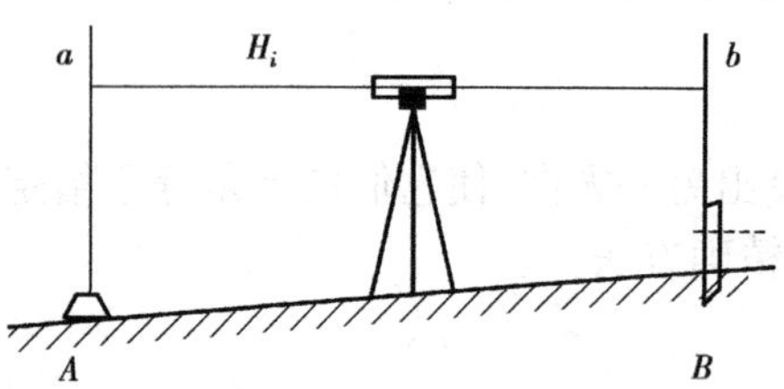

图 5.5　已知高程测设

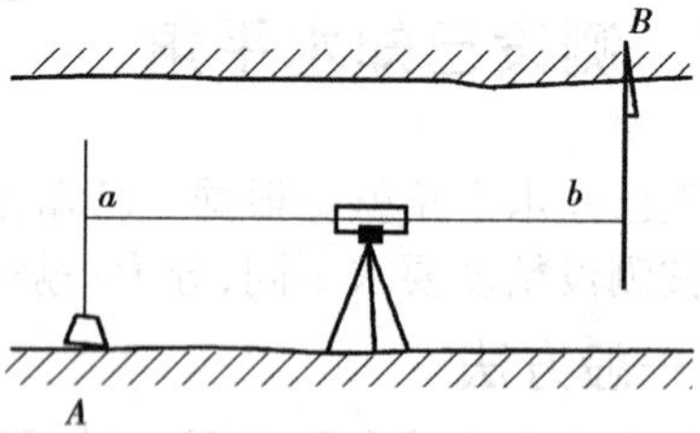

图 5.6　高程点在顶部的测设

在地下坑道施工中，高程点位通常设置在坑道顶部。通常规定当高程点位于坑道顶部时，在进行水准测量时水准尺均应倒立在高程点上。如图 5.6 所示，A 为已知高程 H_A 的水准点，B 为待测设高程为 H_B 的位置，由于 $H_B = H_A + a + b$，则在 B 点应有的标尺读数 $b = H_B - (H_A + a)$。因此，将水准尺倒立并紧靠 B 点木桩上下移动，直到尺上读数为 b 时，在尺底画出设计高程 H_B 的位置。

同样，对于多个测站的情况，也可以采用类似分析和解决方法。如图 5.7 所示，A 为已知高程 H_A 的水准点，C 为待测设高程为 H_C 的点位，由于 $H_C = H_A - a - b_1 + b_2 + c$，则在 C 点应有的标尺读数为：

$$c = H_C - (H_A - a - b_1 + b_2) \tag{5.4}$$

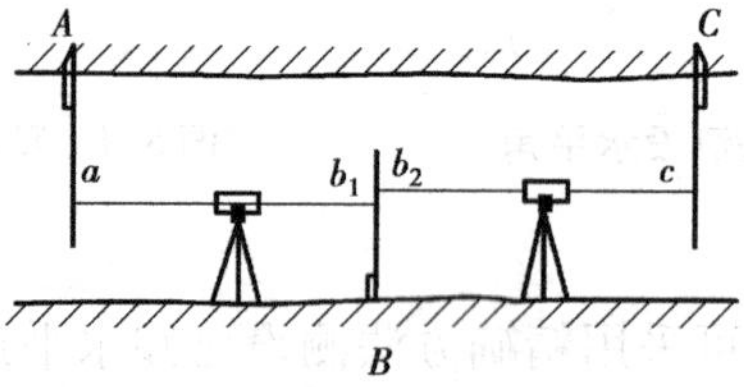

图 5.7　多个测站高程点测设

当待测设点与已知水准点的高差较大时，则可以采用悬挂钢尺的方法进行测设。如图 5.8 所示，钢尺悬挂在支架上，零端向下并挂一重物，A 为已知高程为 H_A 的水准点，B 为待测设高程为 H_B 的点位。在地面和待测设点位附近安置水准仪，分别在标尺和钢尺上读数 a_1、b_1 和 a_2。由于 $H_B = H_A + a - (b_1 - a_2) - b_2$，则可以计算出 B 点处标尺的读数 $b_2 = H_A + a - (b_1 - a_2) - H_B$。同样，图 5.9 所示情形也可以采用类似方法进行测设，即计算出前视读数 $b_2 = H_A + a + (a_2 - b_1) - H_B$，再画出已知高程。

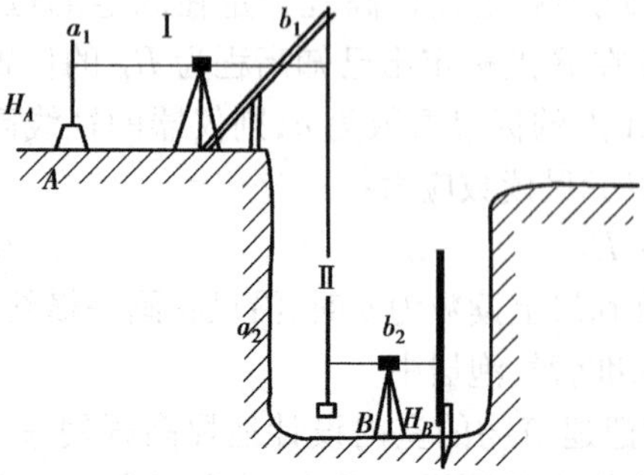

图 5.8　测设建筑基底高程

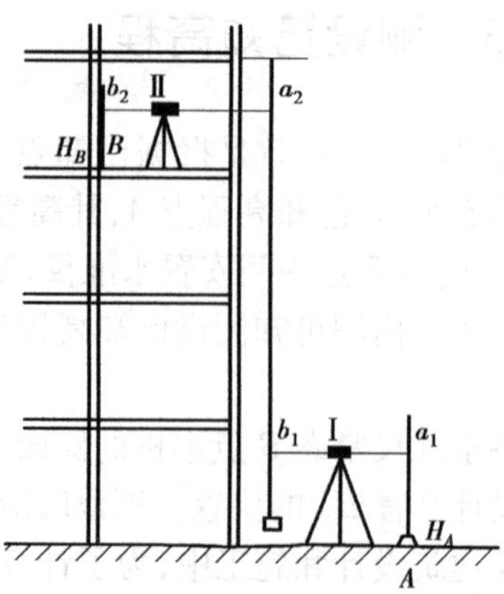

图 5.9　测设建筑楼层高程

5.1.4　测设点的平面位置

点的平面位置测设是根据已布设好的控制点的坐标和待测设点的坐标，反算出测设数据，即控制点和待测设点之间的水平距离和水平角，再利用上述测设方法标定出设计点位。根据所用的仪器设备、控制点的分布情况、测设场地地形条件及测设点精度要求等条件，可以采用以下几种方法进行测设工作：

1)直角坐标法

直角坐标法是建立在直角坐标原理基础上测设点位的一种方法。当建筑场地已建立有相互垂直的主轴线或建筑方格网时，一般采用此法。

如图5.10所示，A、B、C、D 为建筑方格网或建筑基线控制点，1、2、3、4 点为待测设建筑物轴线的交点，建筑方格网或建筑基线分别平行或垂直待测设建筑物的轴线。根据控制点的坐标和待测设点的坐标，可以计算出两者之间的坐标增量。下面以测设 1、2 点为例，说明测设方法。

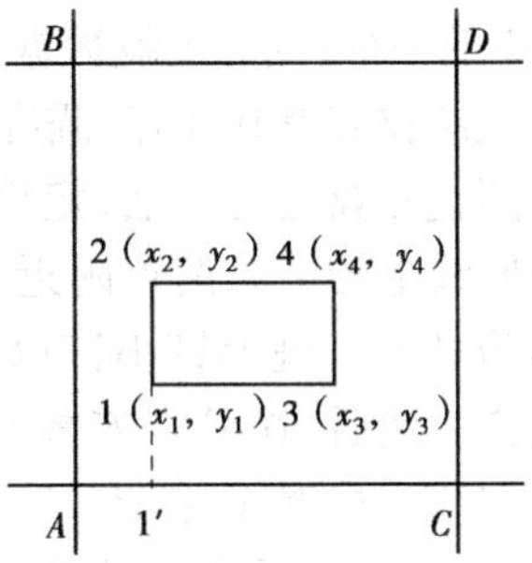

图5.10　直角坐标法测设点位

首先计算出 A 点与 1、2 点之间的坐标增量，即 $\Delta x_{A1} = x_1 - x_A$，$\Delta y_{A1} = y_1 - y_A$。测设 1、2 点平面位置时，在 A 点安置经纬仪，照准 C 点，沿此视线方向从 A 沿 C 方向测设水平距离 Δy_{A1} 定出 1′点。再安置经纬仪于 1′点，盘左照准 C 点(或 A 点)，转 90°给出视线方向，沿此方向分别测设出水平距离 Δx_{A1} 和 Δx_{12} 定 1、2 两点。同法以盘右位置再定出 1、2 两点，取 1、2 两点盘左和盘右的中点即为所求点位置。

采用同样的方法可以测设 3、4 点的位置。

检查时，可以在已测设的点上架设经纬仪，检测各个角度是否符合设计要求，并丈量各条边长。

如果待测设点位的精度要求较高，可以利用精确方法测设水平距离和水平角。

2)极坐标法

极坐标法是根据控制点、水平角和水平距离测设点平面位置的方法。在控制点与测设点间便于钢尺量距的情况下，采用此法较为适宜，而利用测距仪或全站仪测设水平距离，则没有此项限制，且工作效率和精度都较高。

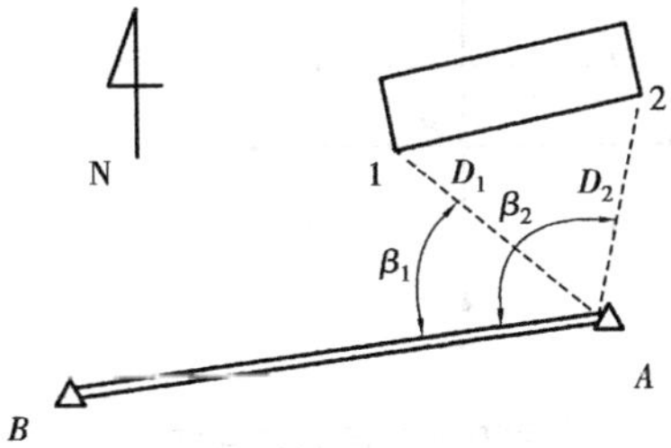

图5.11　极坐标法测设点位

如图5.11所示，$A(x_A, y_A)$、$B(x_B, y_B)$ 为已知控制点，$1(x_1, y_1)$、$2(x_2, y_2)$ 点为待测设点。根据已知点坐标和测设点坐标，按坐标反算方法求出测设数据，即：D_1，D_2，$\beta_1 = \alpha_{A1} - \alpha_{AB}$，$\beta_2 = \alpha_{A2} - \alpha_{AB}$。

测设时，经纬仪安置在 A 点，后视 B 点，置度盘为零，按盘左盘右分中法测设水平角 β_1、β_2，定出 1、2 点方向，沿此方向测设水平距离 D_1、D_2，则可以在地面标定出设计点位 1、2 两点。

检核时，可以采用丈量实地 1、2 两点之间的水平边长，并与 1、2 两点设计坐标反算出的水平边长进行比较。

如果待测设点 1、2 的精度要求较高，可以利用前述的精确方法测设水平角和水平距离。

3）角度交会法

角度交会法是在两个控制点上分别安置经纬仪，根据相应的水平角测设出相应的方向，根据两个方向交会定出点位的一种方法。此法适用于测设点离控制点较远或量距有困难的情况。

如图 5.12 所示，根据控制点 A、B 和测设点 1、2 的坐标，反算测设数据 β_{A1}、β_{A2}、β_{B1} 和 β_{B2} 角值。将经纬仪安置在 A 点，瞄准 B 点，利用 β_{A1}、β_{A2} 角值按照盘左盘右分中法，定出 A_1、A_2 方向线，并在其方向线上的 1、2 两点附近分别打上两个木桩（俗称骑马桩），桩上钉小钉以表示此方向，并用细线拉紧。然后，在 B 点安置经纬仪，同法定出 B_1、B_2 方向线。根据 A_1 和 B_1、A_2 和 B_2 方向线可以分别交出 1、2 两点，即为所求待测设点的位置。

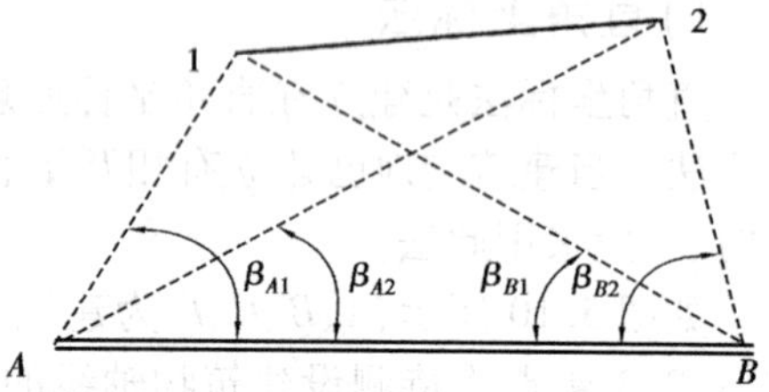

图 5.12　角度交会法测设点位

当然，也可以利用两台经纬仪分别在 A、B 两个控制点同时设站，测设出方向线后标定出 1、2 两点。

检核时，可以采用丈量实地 1、2 两点之间的水平边长，并与 1、2 两点设计坐标反算出的水平边长进行比较。

4）距离交会法

距离交会法是从两个控制点利用两段已知距离进行交会定点的方法。当建筑场地平坦且便于量距时，用此法较为方便。

如图 5.13 所示，A、B 为控制点，1 点为待测设点。首先，根据控制点和待测设点的坐标反算出测设数据 D_A 和 D_B，然后用钢尺从 A、B 两点分别测设两段水平距离 D_A 和 D_B，其交点即为所求 1 点的位置。

同样，2 点的位置可以由附近的地形点 P、Q 交会出。

检核时，可以实地丈量 1、2 两点之间的水平距离，并与 1、2 两点设计坐标反算出的水平距离进行比较。

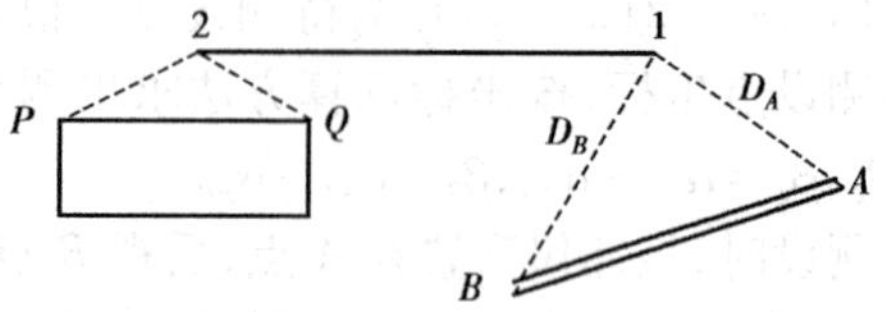

图 5.13　距离交会法测设点位

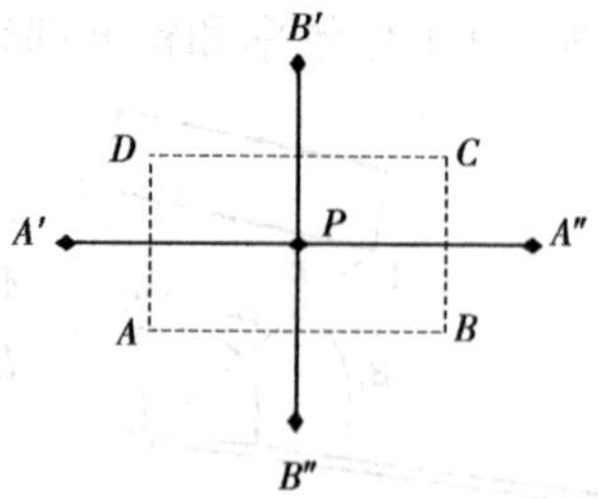

图 5.14　十字方向线法测设点位

5）十字方向线法

十字方向线法是利用两条互相垂直的方向线相交得出待测设点位的一种方法。如图 5.14 所示，设 A、B、C 及 D 为一个基坑的范围，P 点为该基坑的中心点位，在挖基坑时，P 点则会遭到破坏。为了随时恢复 P 点的位置，则可以采用十字方向线法重新测设 P 点。

首先，在 P 点架设经纬仪，设置两条相互垂直的直线，并分别用两个桩点来固定。当 P 点被破坏后需要恢复时，则利用桩点 $A'A''$ 和 $B'B''$ 拉出两条相互垂直的直线，根据其交点重新定出 P 点。

为了防止由于桩点发生移动而导致 P 点测设误差，可以在每条直线的两端各设置两个桩点，以便能够发现错误。

6）全站仪坐标测设法

全站仪不仅具有测设精度高、速度快的特点，而且可以直接测设点的位置。同时，在施工放样中受天气和地形条件的影响较小，从而在生产实践中得到了广泛应用。

全站仪坐标测设法，就是根据控制点和待测设点的坐标定出点位的一种方法。首先，仪器安置在控制点上，使仪器置于测设模式，然后输入控制点和测设点的坐标，一人持反光棱镜立在待测设点附近，用望远镜照准棱镜，按坐标测设功能键，全站仪显示出棱镜位置与测设点的坐标差。根据坐标差值，移动棱镜位置，直到坐标差值等于零，此时，棱镜位置即为测设点的点位。

为了能够发现错误，每个测设点位置确定后，可以再测定其坐标作为检核。

5.1.5　已知坡度线的测设

已知坡度线的测设就是在地面上定出一条直线，其坡度值等于已给定的设计坡度。在交通线路工程、排水管道施工和敷设地下管线等项工作中经常涉及该问题。

如图5.15所示，设地面上 A 点的高程为 H_A，AB 两点之间的水平距离为 D，要求从 A 点沿 AB 方向测设一条设计坡度为 δ 的直线 AB，即在 AB 方向上定出1、2、3、4、B 各桩点，使其各个桩顶面连线的坡度等于设计坡度 δ。

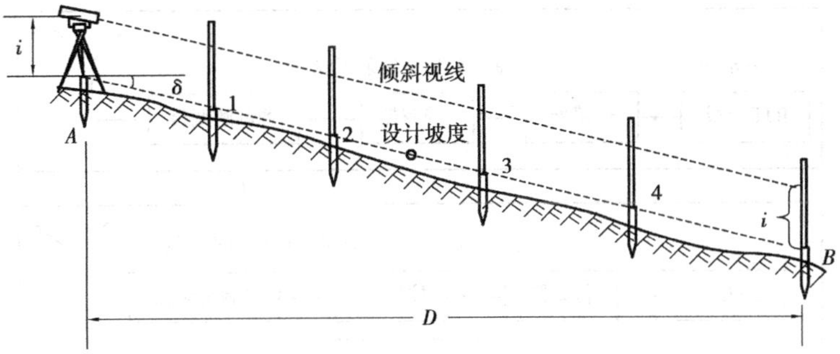

图5.15　已知坡度线测设

具体测设时，先根据设计坡度 δ 和水平距离 D 计算出 B 点的高程，$H_B = H_A - \delta \times D$。

计算 B 点高程时，注意坡度 δ 的正、负，在图5.15中 δ 应取负值。

然后，按照前面所述测设已知高程的方法，把 B 点的设计高程测设到木桩上，则 AB 两点的连线的坡度等于已知设计坡度 δ。

为了在 AB 间加密1、2、3、4等点，在 A 点安置水准仪时，使一个脚螺旋在 AB 方向线上，另两个脚螺旋的连线大致与 AB 线垂直，量取仪器高 i，用望远镜照准 B 点水准尺，旋转在 AB 方向上的脚螺旋，使 B 点桩上水准尺的读数等于 i，此时仪器的视线即为设计坡度线。

在 *AB* 中间各点打上木桩，并在桩上立尺使读数皆为 i，这样各桩桩顶的连线就是测设坡度线。当设计坡度较大时，可利用经纬仪定出中间各点。

任务 5.2 GPS-RTK 放样平面点位置

5.2.1 RTK 的基本原理和系统组成

1) RTK 的基本原理

RTK(Real Time Kinematic)技术是以载波相位测量与数据传输技术相结合的以载波相位测量为依据的实时差分 GPS 测量技术，是 GPS 测量技术发展里程中的一个标志，是一种高效的定位技术。

如图 5.16 所示，利用两台以上 GPS 接收机同时接收卫星信号，其中一台安置在已知坐标点上作为基准站，另一台用来测定未知点的坐标——移动站，基准站根据该点的准确坐标求出其到卫星的距离改正数，并将这一改正数发给移动站，移动站根据这一改正数来改正其定位结果，从而大大提高定位精度。实时提供测站点指定坐标系的三维定位结果，并达到厘米级精度。

RTK 技术根据差分方法的不同，分为修正法和差分法。

修正法是将基准站的载波相位修正值发送给移动站，改正移动站接收到的载波相位，再求解坐标；

差分法是将基准站采集到的载波相位发送给移动站，进行求差解算坐标。RTK 的关键技术主要是初始整周期模糊度的快速解算数据链的优质完成——实现高波特率数据传输的高可靠性和强抗干扰性。

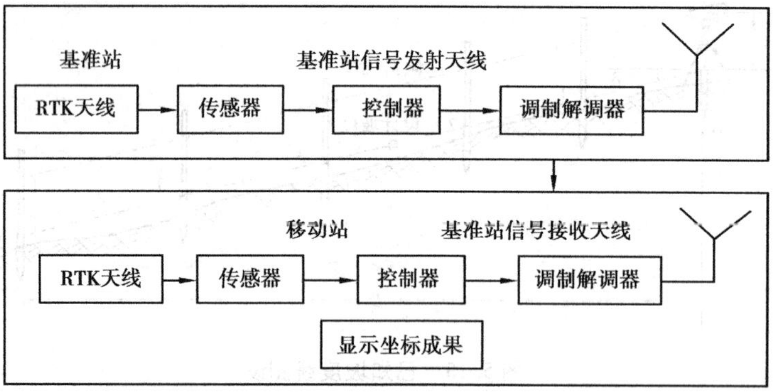

图 5.16 RTK 工作原理

2) RTK 系统的组成

RTK 系统主要由三大部分组成，即基准站接收机、数据链、移动站接收机。

3) RTK 系统正常工作需具备的条件

①基准站和移动站同时接收到 5 颗以上 GPS 卫星信号；

②基准站和移动站同时接收到卫星信号和基准站发出的差分信号；

③基准站和移动站要连续接收 GPS 卫星信号和基准站发出的差分信号。即移动站迁站过程中不能关机,不能失锁,否则 RTK 需重新初始化。

5.2.2　RTK 的误差来源和测量精度

1) RTK 的误差来源

RTK 定位的误差一般分为两类:同仪器和干扰有关的误差、同距离有关的误差。对固定基准站而言,同仪器和干扰有关的误差可通过各种校正方法予以削弱,同距离有关的误差将随移动站至基准站距离的增加而加大,所以 RTK 的有效作业半径是有限制的(一般为几公里)。同距离有关的误差的主要部分可通过多基准站技术来消除,但是其残余部分也随着移动站至基准站距离的增加而加大。

(1)同仪器和干扰有关的误差

①天线相位中心变化。天线的机械中心和电子相位中心一般不重合,而且电子相位中心是变化的,它取决于接收信号的频率、方位角和高度角。天线相位中心的变化,可使点位坐标的误差一般达到 3 ~5 cm。因此,若要提高 RTK 测量的定位精度,必须进行天线检验校正。

②多路径误差。多路径误差是 RTK 测量中最严重的误差,其大小取决于天线周围的环境,一般为几厘米,高反射环境下可超过 10 cm。多路径误差可通过选择地形开阔、不具反射面的点位,采用具有削弱多路径误差的各种技术的天线、基准站附近铺设吸收电波的材料等措施予以削弱。

③信号干扰。信号干扰可能有多种原因,如无线电发射源、雷达装置、高压线等,干扰的强度取决于频率、发射台功率和至干扰源的距离。为了削弱电磁波幅射副作用,必须在选点时远离这些干扰源,离无线电发射台应超过 200 m,离高压线应超过 50 m。

④气象因素。快速运动中的气象峰面,可能导致观测坐标的变化达到 1 ~2 dm。因此,在天气急剧变化时不宜进行 RTK 测量。

(2)同距离有关的误差

①轨道误差。目前轨道误差只有几米,其残余的相对误差影响约为 1×10^{-6},就短基线($<$10 km)而言,对结果的影响可忽略不计,但是对 20 ~30 km 的基线则可达到几厘米。

②电离层误差。电离层引起电磁波传播延迟从而产生误差,其延迟强度与电离层的电子密度密切相关,电离层的电子密度随太阳黑子活动状况、地理位置、季节变化、昼夜不同而变化,白天为夜间的 5 倍,冬季为夏季的 5 倍,太阳黑子活动最强时为最弱时的 4 倍。利用下列方法可使电离层误差得到有效的消除和削弱:利用双频接收机将 L1 和 L2 的观测值进行线性组合来消除电离层的影响;利用两个以上观测站同步观测量求差(短基线);利用电离层模型加以改正。实际上 RTK 技术一般都考虑了上述因素和办法。但在太阳黑子爆发期内,不但 RTK 测量无法进行,而且静态 GPS 测量也会受到严重影响。太阳黑子平静期,其误差一般小于 5×10^{-6}。

③对流层误差:对流层误差同点间距离和点间高差密切相关,一般可达 3×10^{-6}。

2) RTK 的测量精度

RTK 测量采用求差分法降低了载波相位测量改正后的残余误差,以及接收机钟差和卫星改正后的残余误差等因素的影响,使测量精度达到厘米级,一般系统标称精度为 10 mm + 2×10^{-6}。工程实践和研究证明,RTK 测量能达到厘米级精度。有研究表明,RTK 测量的平面精度在数据链信号接收半径小于 4 km 时可保持较高精度,用全站仪检查其中误差在 ±5 cm 以内,大于 4 km 时测量误差明显增大。另外,作业时接收到的卫星数目越少,RTK 测量结果误差越大,但只要能接收到 5 颗以上卫星,得出的固定解就能达到仪器标称精度。

5.2.3 RTK 的技术特点

①工作效率高。在一般的地形地势下,高质量的 RTK 设站一次即可测完 4 km 半径的测区,大大减少了传统测量所需的控制点数量和测量仪器的设站次数,移动站一人操作即可,劳动强度低,作业速度快,提高了工作效率。

②定位精度高。只要满足 RTK 的基本工作条件,在一定的作业半径范围内(一般为 4 km),RTK 的平面精度和高程精度都能达到厘米级。

③全天候作业。RTK 测量不要求基准站、移动站间光学通视,只要求满足"电磁波通视",因此和传统测量相比,RTK 测量受通视条件、能见度、气候、季节等因素的影响和限制较小,在传统测量看来难于开展作业的地区,只要满足 RTK 的基本工作条件,它就能进行快速的高精度定位,使测量工作变得既容易又轻松。

④RTK 测量自动化、集成化程度高,数据处理能力强。RTK 可进行多种测量内、外业工作。移动站利用软件控制系统,无须人工干预便可自动实现多种测绘功能,减少了辅助测量工作和人为误差,保证了作业精度。

⑤操作简单,易于使用。现在的仪器一般都提供中文菜单,只要在设站时进行简单的设置,就可方便地获得二维坐标。数据输入、存储、处理、转换和输出能力强,能方便地与计算机、其他测量仪器通信。

5.2.4 RTK 的局限性和精度保障

当然 RTK 也有其局限性,会影响到执行上述测量任务的能力。了解其局限性可确保 RTK 测量成功。最主要的局限性其实不在于 RTK 本身,而是源于整个 GPS 系统。如前所述,GPS 依靠的是接收两万多公里高空的卫星发射来的无线电信号。相对而言,这些信号频率高、信号弱,不易穿透可能阻挡卫星和 GPS 接收机之间视线的障碍物。事实上,存在于 GPS 接收机和卫星之间路径上的任何物体都会对系统的操作产生不良影响。有些物体如房屋,会完全屏蔽卫星信号。因此,GPS 不能在室内使用。同样原因,GPS 也不能在隧道内或水下使用。有些物体如树木会部分阻挡、反射或折射信号,GPS 信号的接收在树林茂密地区会很差。树林中有时会有足够的信号来计算概略位置,但信号清晰度难以达到厘米水平的精确定位。因此,RTK 在林区作业有一定的局限性。这并不是说,GPS-RTK 只适用于四周对空开阔的地区。RTK 测量在部分障碍地区也可以是有效而精确的,其奥秘是能观测到足够的卫星来精确可靠地实现定位。在任何时间、任何地区,都可能会有 7 到 10 颗 GPS 卫星用于 RTK 测量。RTK 系统的工作并不需要这么多颗卫星,如果天空中有 5 颗适当分布的卫星,就可做精确可靠的定位。有部分障碍的地点只要可以观测到至少 5 颗卫星,就有可能做 RTK 测量。在树林或大楼四周做测量时,只要该地留有足够的开放空间,使 RTK 系统可观测到至少 5 颗卫星,RTK 测量就有成功的条件。

5.2.5　RTK 的作业过程

1)启动基准站

将基准站架设在上空开阔、没有强电磁干扰、多路径误差影响小的控制点上,正确连接好各仪器电缆,打开各仪器。将基准站设置为动态测量模式。

2)建立新工程,定义坐标系统

新建一个工程,即新建一个文件夹,并在这个文件夹里设置好测量参数(如椭球参数、投影参数等)。这个文件夹中包括许多小文件,它们分别是测量的成果文件和各种参数设置文件,如 *.dat, *.cot, *.rtk, *.ini 等。

3)点校正

CPS 测量的是 WCS-84 系坐标,而我们通常需要的是在流动站上实时显示国家坐标系或地方独立坐标系下的坐标,这需要进行坐标系之间的转换,即点校正。点校正可以通过两种方式进行:

①在已知转换参数的情况下。如果有当地坐标系统与 WCS-84 坐标系统的转换参数,则可以在测量控制器中直接输入,建立坐标转换关系。如果操作是在国家大地坐标系统下进行,而且知道椭球参数和投影方式以及基准点坐标,则可以直接定义坐标系统,建议在 RTK 测量中最好加入 1 ~2 个点校正,避免投影变形过大,提高数据的可靠性。

②在不知道转换参数的情况下。如果在局域坐标系统中工作或任何坐标系统进行测量和放样工作,可以直接采用点校正方式建立坐标转换方式,平面至少 3 个点,如果进行高程拟合则至少要有 4 个水准点参与点校正。

4)流动站开始测量

(1)单点测量

在主菜单上选择“测量”图标打开,测量方式选择“RTK”,再选择“测量点”选项,即可进行单点测量。注意要在“固定解”状态下才开始测量。单点测量观测时间的长短与跟踪的卫星数量、卫星图形精度、观测精度要求等有关。当“存储”功能键出现时,若满足要求,则按“存储”键保存观测值,否则按“取消”放弃观测。

(2)放样测量

在进行放样之前,根据需要“键入”放样的点、直线、曲线、DTM 道路等各项放样数据。当初始化完成后,在主菜单上选择“测量”图标打开,测量方式选择“RTK”,再选择“放样”选项,即可进行放样测量作业。作业时,在手簿控制器上显示箭头及目前位置到放样点的方位和水平距离,观测值只需根据箭头的指示放样。当流动站距离放样点的距离小于设定值时,手簿上显示同心圆和十字丝,分别表示放样点位置和天线中心位置。当流动站天线整平后,十字丝与同心圆圆心重合时,可以按“测量”键对该放样点进行实测,并保存观测值。

练习与思考题

1. 施工测量测设的基本工作是什么?
2. 水平角测设的方法有哪些?
3. 测设点的平面位置有哪些方法?
4. 试叙述使用水准仪进行坡度测设的方法。
5. RTK 技术根据差分方法分为哪两种?
6. RTK 系统主要由哪三大部分组成?
7. RTK 系统正常工作要具备哪三个条件?
8. 已知 $\alpha_{AB}=300°04'00''$, $x_A=14.22$ m, $y_A=86.71$ m; $x_1=34.22$ m, $y_1=66.71$ m; $x_2=54.14$ m, $y_2=101.40$ m。试计算仪器安置于 A 点,用极坐标法测设 1 与 2 点的测设数据及检核角 γ、检核长度 D_{1-2},并简述测设点位过程。
9. 利用高程为 9.531 m 的水准点 A,测设设计高程为 9.800 m 的室内 ±0.000 标高,水准仪安置在合适位置,读取水准点 A 上水准尺读数为 1.035 m,问水准仪瞄准 ±0.000 处水准尺,读数应为多少时,尺底高程就是 ±0.000 标高位置?
10. 已知边 AB 的坐标方位角 $\alpha_{AB}=200°15'30''$,A 点坐标 $X_A=30.000$ m, $Y_A=40.000$ m,待测点 P 的坐标 $X_P=-20.000$ m, $Y_P=20.000$ m,计算仪器安置在 A 点,用极坐标法测设 P 点的测设数据 β 为多少?

项目6 建筑工程测量

建筑工程测量主要是指施工期间的施工测量，其目的是将设计的建(构)筑物的平面位置和高程，按设计要求以一定的精度测设在地面上，作为施工的依据；并在施工过程中进行一系列的测量工作，以衔接和指导各工序间的施工。

任务6.1 建筑物的定位

建筑物的定位工作包括平面点位、点位高程放样。这个工作是确保工程质量目标、工期目标、投资目标的关键。

6.1.1 施工测量准备

施工测量的任务是按照设计的要求，把建筑物的位置测设到地面上，并配合施工进度进行放样与检测，确保工程施工质量。进行施工测量前，应按照施工测量规范要求，选定所用测量仪器和工具，并对其进行检验和校正。施工测量准备工作包括技术准备、资源准备、人员准备及现场准备。

1)前期准备工作

施工测量前期准备工作包括：施工图审核、测量定位控制点的交接与检测、测量方案的编制与数据准备、测量仪器和工具的检验校正、施工场地测量等内容。

施工测量前，应根据工程任务的要求，收集和分析有关施工资料，包括以下内容：

①城市规划、测绘成果；

②工程勘察报告；

③施工设计图纸与有关变更文件；

④施工组织设计或施工方案；

⑤施工场区地下管线、建(构)筑物等测绘成果。

2)作业前准备工作

(1)健全组织体系

在施工测量前，施工项目部应健全测量组织和质量保证体系，落实检查制度。

(2)熟悉并核对设计图纸(图纸会审)

通过阅读图纸了解工程全貌和主要设计意图，对测量的要求等内容。主要检查总尺寸和各分尺寸之和是否相符,总平面图和大样详图尺寸是否一致,以免出现差错,不符之处要向设计单位提出,进行修正。图纸会审主要包括坐标与高程系统及以下5个方面图纸中建筑轴线关系、几何尺寸、各部位高程等。

①建筑总平面图。它是建筑施工放样的总体依据,建筑物就是根据总平面图上所给的尺寸关系进行定位的。可以从总平面图上查取或计算设计建筑物与原有建筑物或测量控制点之间的平面尺寸和高差,作为测设建筑物总体位置的依据。

②建筑平面图。给出建筑物各定位轴线间的尺寸关系及室内地坪标高等,是施工测设的基本资料。

③立面图和剖面图。在建筑物的立面图和剖面图中,可以查取基础、地坪、门窗、楼板、屋架和屋面等设计高程,是高程测设的主要依据。

④基础平面图。给出基础边线与定位轴线的平面尺寸和编号,是测设基础轴线的必要数据。

⑤基础详图。给出基础立面尺寸、设计标高以及基础边线与定位轴线的尺寸关系,是基础施工放样的依据。

(3)明确技术要求

根据设计图纸要求以及相应的规范、规程及文件要求,明确施工测量任务的技术标准及要求。

(4)现场踏勘及制订测设方案

对施工现场进行实地踏勘,明确平面控制点、水准点的具体位置,并对已知数据进行检查和复核,根据现场地貌及通视条件制订测设方案,编制测设详图,计算测设数据。

(5)仪器设备准备

对施工测量所使用的仪器、工具进行检验、校正,否则不能使用。

(6)安全要求

工作中必须注意人身和仪器的安全,特别是在高空和危险地区测量时,必须采取防护措施。

6.1.2 建筑定位测量

建筑物的定位是指根据建筑规划定位图及设计图纸计算标定数据、绘制测设图,将建筑物外墙轴线交点(也称角点)测设在实地,最后在施工现场形成不少于4个定位桩并以此作为基础放样和细部放样的依据。

1)施工控制网

施工控制网是建筑物定位的基础与依据。由于设计方案根据施工场地条件来选定,对于不同的设计方案及其施工控制测量方案,其建筑物的定位方法也不一样。施工控制网有以下特点:

①控制范围小,控制点的密度大,精度要求高。与测图的范围相比,工程施工场区范围比较小,各种建筑物布置复杂。没有足够密度的控制点,就无法满足施工放样工作的要求。施工控制网的主要任务是进行建筑物轴线的放样,这些轴线的位置偏差都有一定的限值。

《工程测量规范》(GB 50026—2007)规定,建筑物施工放样外廓轴线的允许误差在

±5 ~ ±20 mm，细部轴线允许误差在 ±2 mm。因此，施工控制网的精度比测图控制网的精度要高很多。

②受施工干扰较大，使用频繁。平行施工交叉作业的建设流程，使施工区的各种建筑同时施工；施工机械的设置（如吊车、建筑材料运输机、混凝土搅拌机等）妨碍了控制点之间的相互通视；控制点容易被碰动，不易保存。因此，应恰当分布施工控制点的位置，易于通视和长久保存，要有足够的密度，必须埋设稳固，方便长期使用。

在勘测时期建立的控制网是为测图而建立的，未考虑施工的要求，控制点的分布、密度和精度都难以满足施工测量的要求。为保证各类建（构）筑物的平面及高程位置能够按设计要求，合理精确地标定到实地，互相连成统一的整体，必须重新建立统一的平面和高程施工控制网。

2）建筑定位的方法

（1）根据建筑物红线或与原有建筑物的关系定位

红线一般是指各种用地的边界线。有时也把确定沿街建筑位置的一条建筑线谓之红线，即建筑红线。建筑红线也称“建筑控制线”，指城市规划管理中，控制城市道路两侧沿街建（构）筑物（如外墙、台阶等）靠临街面的界线。

任何临街建（构）筑物不得超过建筑红线。它可与道路红线重合，也可退于道路红线之后，但决不允许超越红线，在建筑红线以外不允许建任何建筑物。一般情况下，道路红线就是建筑红线。但有些城市在主要干道道路红线的外侧，另行划定建筑红线，使道路上部空间向两侧伸展，显得道路更加开阔。某些公用建筑和住宅适当退后布置，留出的地方有利于人流或车流的集散，也可以进行绿化，美化环境。

用地红线是围起某个地块的一些坐标点连成的线，红线内土地面积就是取得使用权的用地范围。开发建设这个地块的建筑小区时，还需要退红线 2 mm 左右，这个数字各地不一，视当地规划局的规定。小区的建筑不许在退红线范围内，退出的这块地不准占用（尽管已为退出的这块地支付了土地出让金）。用地红线只是标注在红线图上，现场是看不到的。不过退界线一目了然，小区的围墙就是退界线。

《民用建筑设计通则》（GB 50352—2005）4.2.3 条规定：当地城市规划行政主管部门在用地红线范围内另行划定建筑控制线时，建筑物的基底不应超出建筑控制线，突出建筑控制线的建筑突出物和附属设施应符合当地城市规划的要求。

在建筑区内新建或扩建建筑物时，一般设计图上都给出新建建筑物与附近原有建筑物或道路中心线的相互位置关系，故可依据新旧建筑的关系进行建筑定位。

（2）根据建筑方格网定位

为简化计算或方便施测，施工平面控制网多由正方形或矩形格网组成，称为建筑方格网。

建筑方格网的布设应根据总平面图中各种已建和待建的建筑物、道路及各种管线的布置情况，结合现场的地形条件来确定。方格网的形式有正方形、矩形两种。当场地面积较大时，分两级布设，首级可采用“十”字形、“口”字形、“田”字形，然后再加密方格网。

建筑方格网适用于按矩形布置的建筑群或大型建筑场地。建筑方格网的轴线与建筑物轴线平行或垂直，因此，可用直角坐标法进行建筑物的定位，测设较为方便，且精度较高。但由于建筑方格网必须按总平面图的设计来布置，测设工作量成倍增加，其点位缺乏灵活性，易被破坏，所以在全站仪普及的条件下，正逐步被导线或三角网所取代。

(3)利用控制点坐标定位

在建筑物附近,如果有测量控制点可以利用,应根据控制点坐标及建筑物定位点的设计坐标,反算出标定角度和距离,然后采用极坐标法或角度交会法将建筑物测设到地面上。

任务6.2 建筑物的放线

建筑物的放线是指根据已定位的外墙主轴线交点桩(角桩)及建筑物平面图,详细测设出建筑物各轴线的交点位置,并设置交点中心桩;然后根据各交点中心桩,沿轴线用白灰撒出基槽开挖边界线,以便进行开挖施工。由于基槽开挖后,各交点桩将被挖掉,为了便于在施工中恢复各轴线位置,还须把各轴线延长到基槽外安全地点,设置控制桩或龙门板,并做好标志。建筑物施工放线一般包括基础施工放线与主体施工放线。

1)外墙轴线周边上测设中心桩位置的方法

如图6.1所示,在M点安置经纬仪,瞄准Q点,用钢尺沿MQ方向量出相邻两轴线间的距离,定出MQ方向的各轴线点。同理,瞄准N点,沿MN方向量出相邻轴线间的距离,定出MN方向的各轴线点。量距精度应达到设计精度要求。量出各轴线之间距离时,钢尺零点要始终对在同一点上。

2)恢复轴线位置的方法

由于在开挖基槽时,角桩和中心桩要被挖掉,为了便于在施工中恢复各轴线位置,应把各轴线延长到基槽外安全地点,并做好标志。其方法有设置轴线控制桩和龙门板两种形式。

(1)设置轴线控制桩

轴线控制桩设置在基槽外,基础轴线的延长线上,作为开槽后各施工阶段恢复轴线的依据,如图6.2所示。轴线控制桩一般设置在基槽外2~4 m处,打下木桩,桩顶钉上小钉,准确标出轴线位置,并用混凝土包裹木桩(图6.2)。如附近有建筑物,亦可把轴线投测到建筑物上,用红漆做出标志,以代替轴线控制桩。

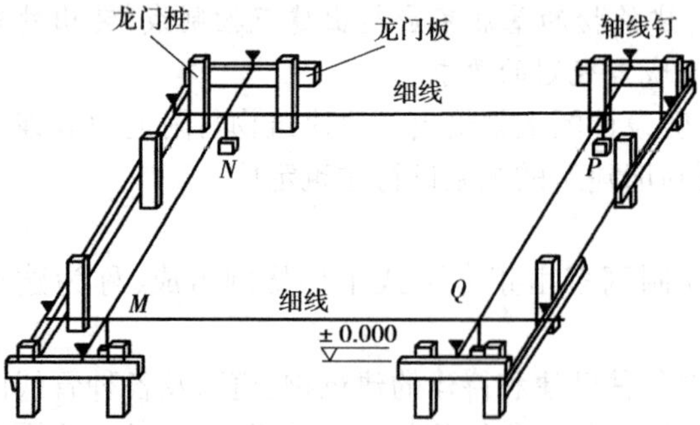

图6.1 龙门板

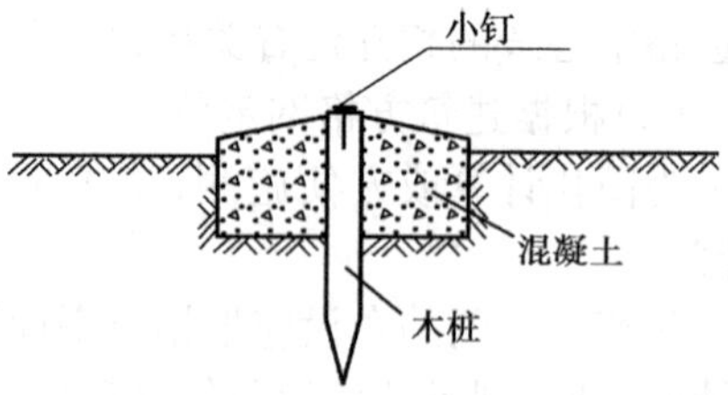

图6.2 轴线控制桩

(2)设置龙门板

在小型民用建筑施工中,常将各轴线引测到基槽外的水平木板上。水平木板称为龙门板,固定龙门板的木桩称为龙门桩,如图6.1所示。设置龙门板的步骤如下:

①在建筑物四角与隔墙两端,基槽开挖边界线以外1.5～2 m处设置龙门桩。龙门桩要钉得竖直、牢固,龙门桩的外侧面应与基槽平行。

②根据施工场地的水准点,用水准仪在每个龙门桩外侧,测设出该建筑物室内地坪设计高程线(即±0.000标高线),并做出标志。

③沿龙门桩上±0.000标高线钉设龙门板,这样龙门板顶面的高程就同在±0.000的水平面上。然后,用水准仪校核龙门板的高程,如有差错应及时纠正,其允许误差为±5 mm。

④在N点安置经纬仪,瞄准P点,沿视线方向在龙门板上定出一点,用小钉作标志,纵转望远镜在N点的龙门板上也钉一个小钉。用同样的方法,将各轴线引测到龙门板上,所钉之小钉称为轴线钉。轴线钉定位误差应小于±5 mm。

⑤最后,用钢尺沿龙门板的顶面,检查轴线钉的间距,其误差不超过1∶2 000。检查合格后,以轴线钉为准,将墙边线、基础边线、基础开挖边线等标定在龙门板上。

任务6.3　建筑物基础施工测量

6.3.1　基槽抄平

建筑施工中的高程测设,又称抄平。为了控制基槽的开挖深度,当快挖到槽底设计标高时,应用水准仪根据地面上±0.000m点,在槽壁上测设一些水平小木桩(称为水平桩),使木桩的上表面离槽底的设计标高为一固定值(如0.500m),如图6.3所示。

为了施工时使用方便,一般在槽壁各拐角处、深度变化处和基槽壁上每隔3～4 m测设一水平桩。水平桩可作为挖槽深度、修平槽底和打基础垫层的依据。

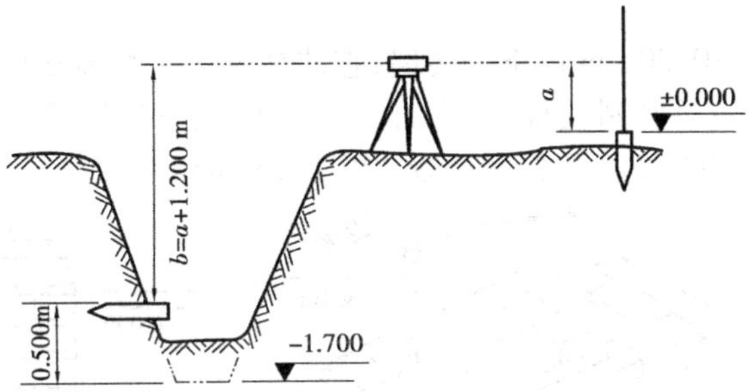

图6.3　底桩的测设

6.3.2　水平桩的测设方法

如图6.3所示,槽底设计标高为−1.700 m,欲测设比槽底设计标高高0.500 m的水平桩,测设方法如下:

①在地面适当地方安置水准仪,在±0.000标高线位置上立水准尺,读取后视读数为1.318 m。

②计算测设水平桩的应读前视读数,则:

$$b_{应}=a-h=1.318-(-1.700+0.500)=2.518(\text{m})$$

③在槽内一侧立水准尺，并上下移动，直至水准仪视线读数为 2.518 m 时，沿水准尺尺底在槽壁打入一小木桩。

6.3.3 垫层中线的投测

基础垫层打好后，根据轴线控制桩或龙门板上的轴线钉，用经纬仪或用拉绳挂锤球的方法，把轴线投测到垫层上，并用墨线弹出墙中心线和基础边线，作为砌筑基础的依据，如图 6.4 所示。

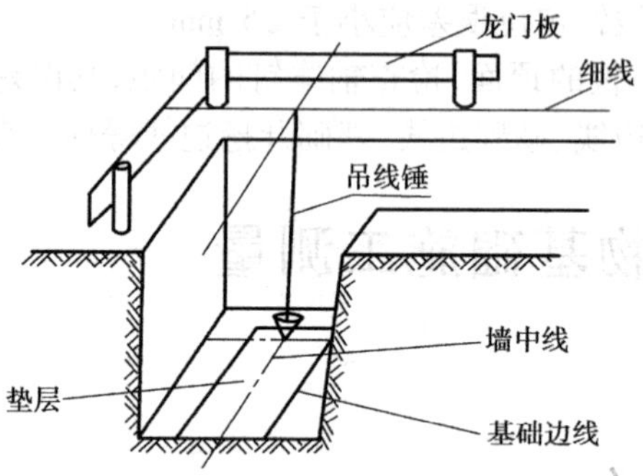

图 6.4 垫层中线的投测

由于整个墙身砌筑均以此线为准，这是确定建筑物位置的关键环节，所以要严格校核后方可进行砌筑施工。

6.3.4 基础墙标高的控制

房屋基础墙是指 ±0.000 m 以下的砖墙，它的高度是用基础皮数杆来控制的。

①基础皮数杆是一根木制的杆子，在杆上事先按照设计尺寸，将砖、灰缝厚度画出线条，并标明 ±0.000 m 和防潮层的标高位置，如图 6.5 所示。

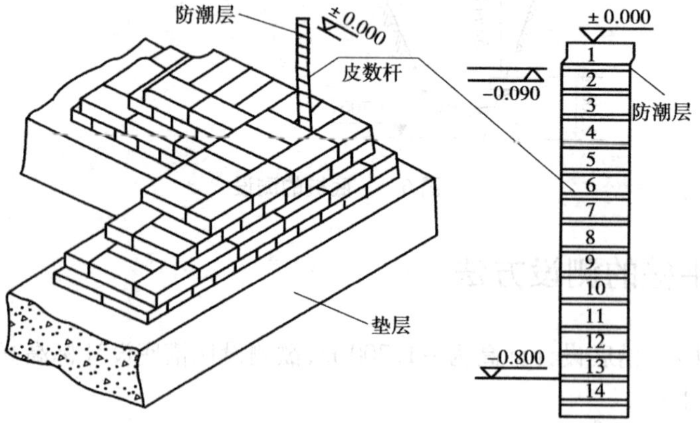

图 6.5 基础墙标高的控制

②立皮数杆时，先在立杆处打一木桩，用水准仪在木桩侧面定出一条高于垫层某一数值（如 100 mm）的水平线，然后将皮数杆上标高相同的一条线与木桩上的水平线对齐，并用

大铁钉把皮数杆与木桩钉在一起，作为基础墙的标高依据。

6.3.5　基础面标高的检查

基础施工结束后，应检查基础面的标高是否符合设计要求（也可检查防潮层），可用水准仪测出基础面上若干点的高程和设计高程比较，允许误差为 ±10 mm。

任务 6.4　墙体施工测量

6.4.1　墙体定位

①利用轴线控制桩或龙门板上的轴线和墙边线标志，用经纬仪或拉细绳挂锤球的方法将轴线投测到基础面上或防潮层上。

②用墨线弹出墙中线和墙边线。

③检查外墙轴线交角是否等于90°。

④把墙轴线延伸并画在外墙基础上，作为向上投测轴线的依据，如图6.6所示。

⑤把门、窗和其他洞口的边线，也在外墙基础上标定出来。

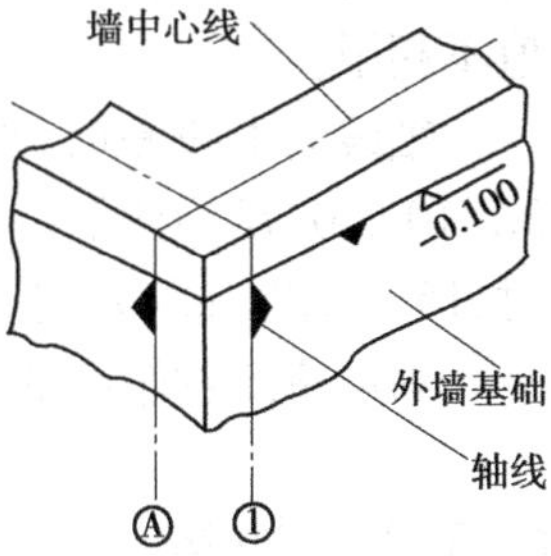

图6.6　墙体定位

6.4.2　墙体各部位标高控制

在墙体施工中，墙身各部位标高通常也是用皮数杆控制。

①在墙身皮数杆上，根据设计尺寸，按砖、灰缝的厚度画出线条，并标明 0.000 m、门、窗、楼板等的标高位置，如图6.7所示。

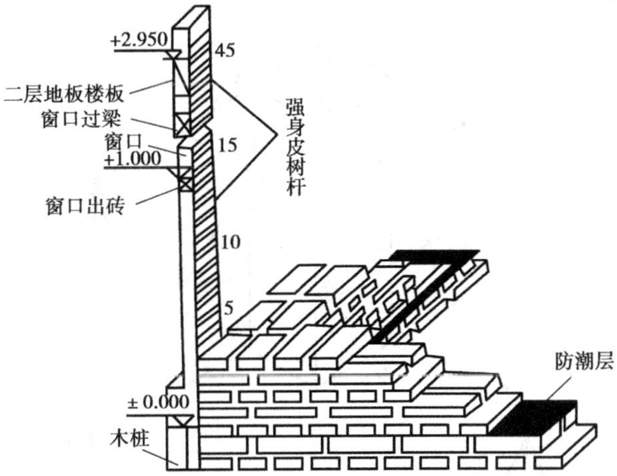

图6.7　墙体皮数杆的设置

②墙身皮数杆的设立与基础皮数杆相同，使皮数杆上的0.000 m标高与房屋的室内地坪标高相吻合。在墙的转角处，每隔10～15 m设置一根皮数杆。

③在墙身砌起1 m以后，就在室内墙身上定出+0.500 m的标高线，作为该层地面施工和室内装修用。

④第二层以上墙体施工中，为了使皮数杆在同一水平面上，要用水准仪测出楼板四角的标高，取平均值作为地坪标高，并以此作为立皮数杆的标志。框架结构的民用建筑，墙体砌筑是在框架施工后进行的，故可在柱面上画线，代替皮数杆。

任务6.5 高层建筑施工测量

高层建筑物施工测量中的主要问题是控制垂直度，就是将建筑物的基础轴线准确地向高层引测，并保证各层相应轴线位于同一竖直面内，控制竖向偏差，使轴线向上投测的偏差值不超限。

轴线向上投测时，要求竖向误差在本层内不超过5 mm，全楼累计误差值不应超过 $2H/10\ 000$（H 为建筑物总高度），且不应大于：30 m < H ≤ 60 m时，10 mm；60 m < H ≤ 90 m时，15 mm；90 m < H 时，20 mm。

高层建筑物轴线的竖向投测，主要有外控法和内控法两种，下面分别介绍这两种方法。

6.5.1 外控法

外控法是在建筑物外部，利用经纬仪，根据建筑物轴线控制桩来进行轴线的竖向投测，亦称为“经纬仪引桩投测法”。具体操作方法如下：

1）在建筑物底部投测中心轴线位置

高层建筑的基础工程完工后，将经纬仪安置在轴线控制桩 A_1、A_1'、B_1 和 B_1' 上，把建筑物主轴线精确地投测到建筑物的底部，并设立标志，如图6.8中的 a_1、a_1'、b_1 和 b_1'，以供下一步施工与向上投测之用。

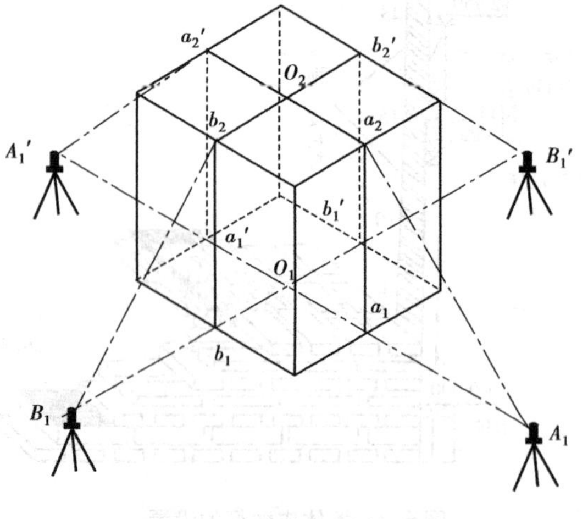

图6.8　经纬仪投测中心轴线

2)向上投测中心线

随着建筑物不断升高,要逐层将轴线向上传递,将经纬仪安置在中心轴线控制桩 A_1、A_1'、B_1 和 B_1' 上,严格整平仪器,用望远镜瞄准建筑物底部已标出的轴线 a_1、a_1'、b_1 和 b_1' 点,用盘左和盘右分别向上投测到每层楼板上,并取其中点作为该层中心轴线的投影点,如图6.8 中的 a_2、a_2'、b_2 和 b_2'。

3)增设轴线引桩

当楼房逐渐增高,而轴线控制桩距离建筑物又较近时,望远镜的仰角较大,操作不便,投测精度也会降低。为此,要将原中心轴线控制桩引测到更远的安全地方,或者附近大楼的屋面。

具体做法是:将经纬仪安置在已经投测上去的较高层(如第10层)楼面轴线 $a_{10}a_{10}'$ 上,瞄准地面上原有的轴线控制桩 A_1 和 A_1' 点,用盘左、盘右分中投点法,将轴线延长到远处 A_2 和 A_2' 点,并用标志固定其位置,A_2、A_2' 即为新投测的 A_1A_1' 轴线控制桩,如图6.9所示。

更高各层的中心轴线,可将经纬仪安置在新的引桩上,按上述方法继续进行投测。

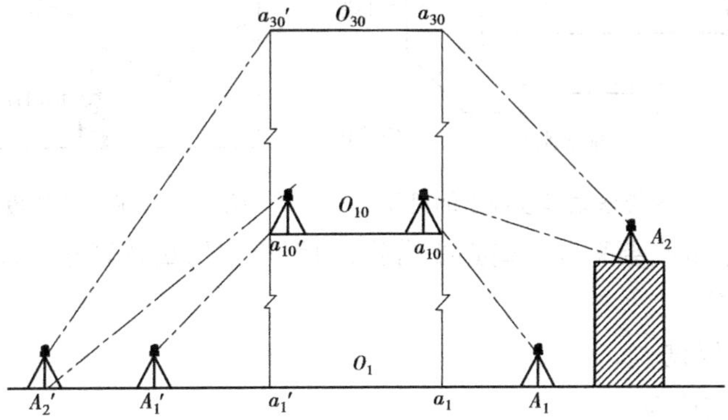

图6.9 经纬仪引桩投测

6.5.2 内控法

内控法是在建筑物内 ±0.000 平面设置轴线控制点,并预埋标志,以后在各层楼板相应位置上预留 200 mm×200 mm 的传递孔,在轴线控制点上直接采用吊线锤法或激光铅垂仪法,通过预留孔将其点位垂直投测到任一楼层,如图6.10和图6.11所示。

1)内控法轴线控制点的设置

在基础施工完毕后,在 ±0.000 首层平面上适当位置设置与轴线平行的辅助轴线。辅助轴线距轴线 500~800 mm 为宜,并在辅助轴线交点或端点处埋设标志,如图6.10所示。

2)吊线锤法

吊线锤法是利用钢丝悬挂重锤球的方法,进行轴线竖向投测。这种方法一般用于高度在 50~100 m 的高层建筑施工中,锤球质量为 10~20 kg,钢丝直径为 0.5~0.8 mm。投测方法如下:

如图6.11所示,在预留孔上面安置十字架,挂上锤球,对准首层预埋标志。当锤球线静止时，固定十字架，并在预留孔四周作出标记，作为以后恢复轴线及放样的依据。此时，十字架中心即为轴线控制点在该楼面上的投测点。

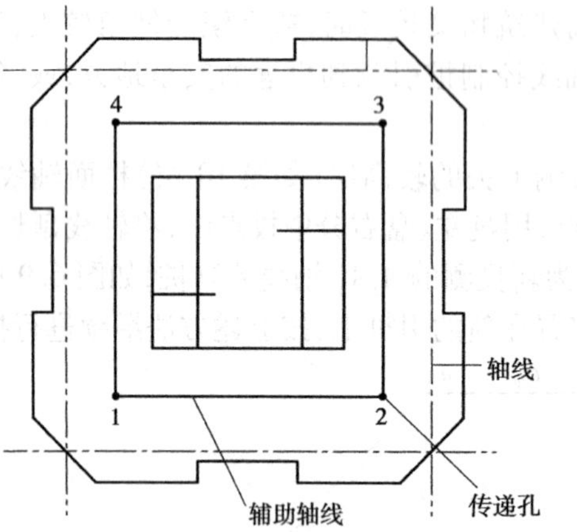

图 6.10　内控法轴线控制点的设置

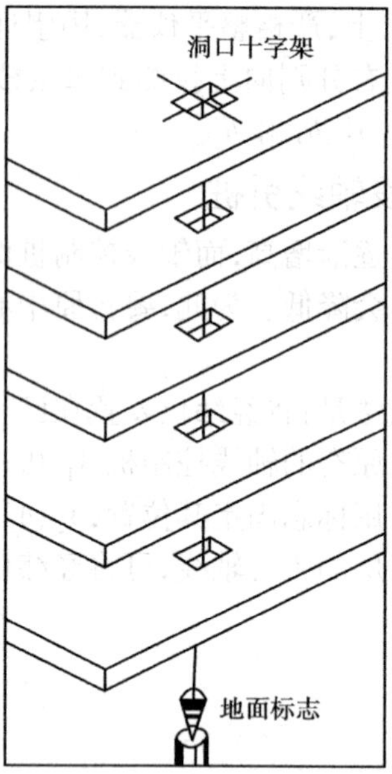

图 6.11　吊线锤法投测轴线

用吊线锤法实测时，要采取一些必要措施，如用铅直的塑料管套着锤线或将锤球沉浸于油中，以减少摆动。

3）激光铅垂仪法

（1）激光铅垂仪简介

激光铅垂仪是一种专用的铅直定位仪器，主要由氦氖激光管、精密竖轴、发射望远镜、水准器、基座、激光电源及接收屏等部分组成。适用于高层建筑物、烟囱及高塔架的铅直定位测量。

激光器通过两组固定螺钉固定在套筒内。激光铅垂仪的竖轴是空心筒轴，两端有螺扣，上、下两端分别与发射望远镜和氦氖激光器套筒相连接，二者位置可对调，构成向上或向下发射激光束的铅垂仪。仪器上设置有两个互成 90° 的管水准器，仪器配有专用激光电源。

（2）激光铅垂仪投测轴线的方法

①在首层轴线控制点上安置激光铅垂仪，利用激光器底端（全反射棱镜端）所发射的激光束进行对中，通过调节基座整平螺旋，使管水准器气泡严格居中。

②在上层施工楼面预留孔处，放置接受靶。

③接通激光电源，启动激光器发射铅直激光束，通过发射望远镜调焦，使激光束会聚成红色耀目光斑，投射到接受靶上。

④移动接受靶，使靶心与红色光斑重合。固定接受靶，并在预留孔四周作出标记。此时，靶心位置即为轴线控制点在该楼面上的投测点。

练习与思考题

1. 施工测量前期准备包括哪些工作?
2. 图纸会审主要会审哪几方面的图纸? 并简述其作用。
3. 建筑施工控制网有哪些特点?
4. 建筑定位的方法有哪些?
5. 恢复轴线位置有哪些方法?
6. 高层建筑物轴线的竖向投测,主要有哪两种?
7. 简述内控法。

项目 7　道路工程测量

道路是一个空间三维的工程结构物。以平、直较为理想,由于实际地形及其他因素的限制,路线的平面线形必然有转折,因此一般的道路都是由直线和曲线组成的空间曲线,其中线在水平面的投影就是平面线形。在路线方向发生改变的转折处,为了满足行车要求,需要用适当的曲线把前、后直线连接起来,这种曲线称之为平曲线。平曲线包括圆曲线和缓和曲线。道路平面线形由直线、圆曲线、缓和曲线三要素组成。圆曲线是具有一定曲率半径的圆弧。缓和曲线(回旋线)是在直线与圆曲线之间或两不同半径的圆曲线之间设置的曲率连续变化的曲线。我国公路缓和曲线的形式采用回旋线。

道路工程测量的工作内容分为两个阶段:

(1)勘测设计阶段

勘测设计又分为初测和定测。

①初测的工作任务:控制测量、带状地形图测量、纵断面测量、收集沿线地质水文资料、作纸上定线或现场定线、编制比较方案等,为初步设计提供依据。

②定测的工作任务:在选定设计方案的路线上进行路线中线测量,测纵断面图、横断面图,以及桥涵、路线交叉、沿线设施、环境保护等测量和资料调查,为施工图设计提供资料。

(2)道路施工测量

按照设计图纸恢复道路中线、测设路基边桩和竖曲线、工程竣工验收测量。

本项目主要论述中线测量和纵、横断面测量。

任务 7.1　中线测量

道路中线测量是通过直线和曲线的测设,将道路中线的平面位置具体地敷设到地面上,并标定里程,作为设计和施工的依据。道路中线测量也称中桩放样。

中线测量包括线路的交点(JD)和转点(ZD)的测设、线路转角(α)的测定、中线里程桩的测设、线路圆曲线测设等。道路的平面线形如图 7.1 所示。

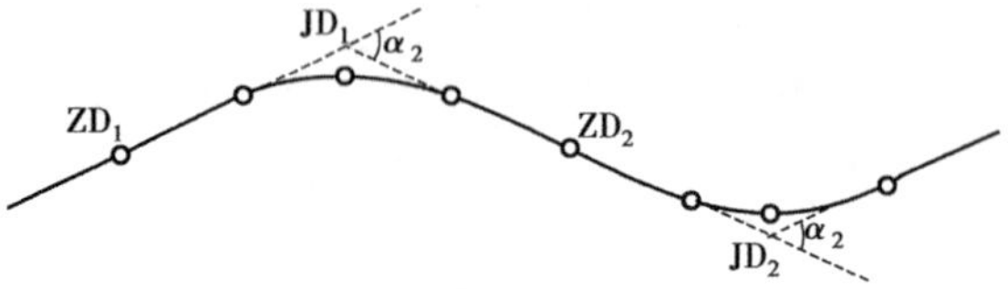

图 7.1　道路的平面线形

《工程测量规范》(GB 50026—2007)6.2.4 规定,定测放线测量应符合下列规定:

(1)作业前,应收集初测导线或航测外控点的测量成果,并应对初测高程控制点逐一检测。高程检测较差不应超过 $30\sqrt{L}$ mm(L 为检测路线长度,单位为 km)

(2)放线测量应根据图纸上定线线位,采用极坐标法、拨角法、支距法或 GPS-RTK 法进行。

(3)交点的水平角观测,正交点一测回,副交点两测回。副交点水平角观测的角值较差不应大于表7.1的规定。

表7.1 副交点测回间角值较差的限差

仪器精度等级	副交点测回间角值较差的限差/(″)
2″级仪器	15
6″级仪器	20

(4)线路中线测量,应与初测导线、航测外控点或 GPS 点联测。联测间隔为 5 km,特殊情况下不应大于 10 km。线路联测闭合差不应大于表7.2的规定。

表7.2 中线联测闭合差的限差

线路名称	方位角闭合差/(″)	相对闭合差
铁路、一级及以上公路	$30\sqrt{n}$	1/2 000
二级及以下公路	$60\sqrt{n}$	1/1 000

注:n 为测站数,计算相对闭合差时,长度采用初、定测闭合环长度。

7.1.1 交点和转点的测设

线路的平面线形是由直线和曲线组成的,线路改变方向时,两相邻直线延长线的相交点称为线路的交点(用 JD 表示),它是详细测设线路中线的控制点。而转点是指当相邻两交点之间距离较长或互不通视时,需要在其连线上或延长线上定出一点或数点以供交点、测角、量距或延长线时瞄准使用。这种在道路中线测量中起传递方向作用的点称为转点(用 ZD 表示)。通常对于一般低等级公路,可以采用一次定测的方法直接在现场标定;而对于高等级公路或地形复杂地段,则必须首先在初测的带状地形图上定线,又称纸上定线,然后再用下列方法进行实地测设,又叫现场定线。

1)交点的测设

(1)放点穿线法

放点穿线法是纸上定线放样到现场时常用的方法,具体做法如图7.2所示。

①在图上量取支距。

②在实地放支距。用皮尺和方向架(或经纬仪)按图上所量支距在实地标定出路线点1、2作为临时点。

③穿线。由于图解数据和测设误差的影响,所放的点一般不在一条直线上,这时可以

采用目估法或经纬仪法穿线，适当调整各点，使其位于同一条直线 AB 上，如图 7.2 所示。

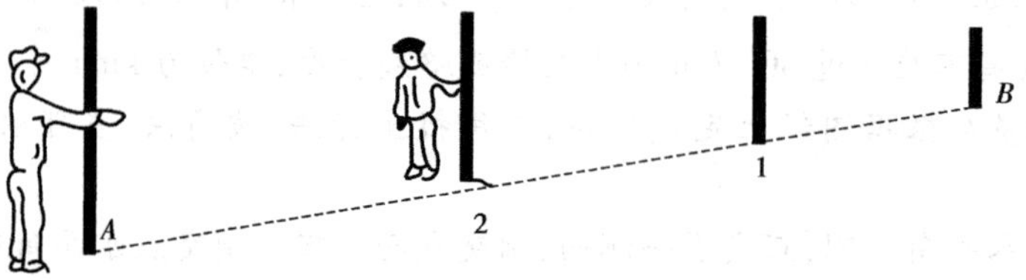

图 7.2　目估穿线法

④定交点。如图 7.3 所示，当相邻两直线 AB、CD 测设于实地后，即可延长直线交会定交点(JD)，其操作步骤如下：

a. 将经纬仪安置在 B 点，盘左瞄准 A 点，倒转望远镜，沿视线方向，在交点(JD)附近打下两个木桩（俗称骑马桩），并沿视线方向用铅笔在两桩顶上分别标出 a、b 点的位置。

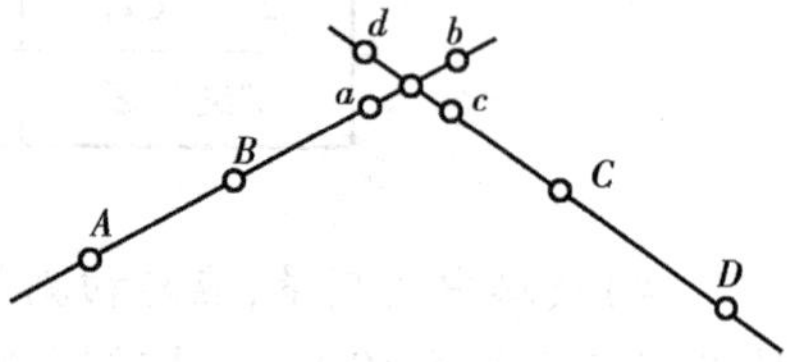

图 7.3　放点穿线法

b. 盘右仍瞄准 A 点后，再倒转望远镜，用与上述同样的方法在两桩顶上又标出 a、b 点的位置。

c. 分别取盘左、盘右的中点并在两桩上钉上小钉得到 a、b 两点。

d. 用细线将两点连接（这种以盘左、盘右两个盘位延长直线的方法称为正倒镜分中法）。

e. 将仪器搬到 C 点，瞄准 D 点，同法定出 c、d 两点，拉上细线。

f. 在两条细线交点处打下木桩，并钉上小钉，即为交点 JD。

(2)拨角放线法

根据在地形图上定线所设计的交点坐标，反算出每一段直线的距离和坐标方位角，从而算出交点上的转向角，从中线的起点开始，用经纬仪在现场直接拨角量距定出交点位置。如图 7.4 所示，N_1、N_2…为导线点，在 N_1 安置经纬仪，拨角 β_1，量出距离 S_1，定出交点 JD_1。在 JD_1 安置经纬仪，拨角 β_2，量出距离 S_2，定出 JD_2。依次可定出其他交点。

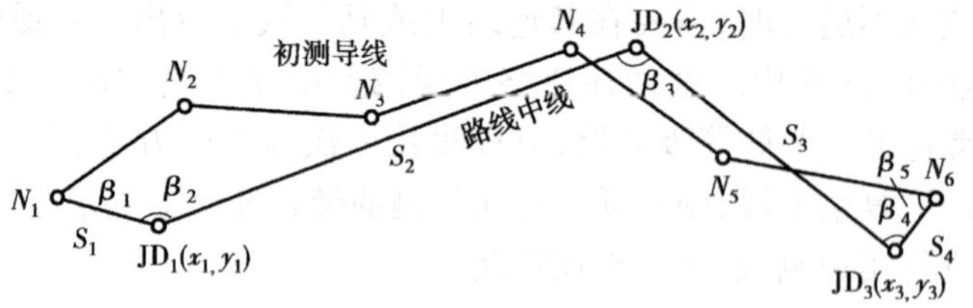

图 7.4　拨角放线法

这种方法工作效率高，用于测量控制点较少的线路，缺点是放线误差容易积累，因此一般连续放出若干个点后应与初测导线点闭合，以检查误差是否过大，然后重新由初测导线点开始放出以后的交点。方位角闭合差≤ ±40″，长度闭合差≤1/5 000。

2)转点的测设

当相邻两交点间互不通视或直线段距离较长时，需要在其连线上测定一个或几个转点

(ZD),以便在交点测量转向角和直线量距时作为照准和定线的目标。直线上一般每隔200～300 m设一转点,在道路与其他道路交叉处以及需要设置桥涵等处也要设置转点。

转点的测设可采用下述方法:

(1)两交点间设转点

如图7.5所示,JD_4、JD_5为相邻而互不通视的两个交点,ZD′为初定转点。将经纬仪置于ZD′,用正倒镜分中法延长直线JD_4—ZD′至JD_5'。设JD_5'与JD_5的偏差为f,用视距法测定a、b,则ZD′应横向移动的距离e可按下式计算:

$$e = \frac{a}{a+b}f \tag{7.1}$$

将ZD′按e值移至ZD。

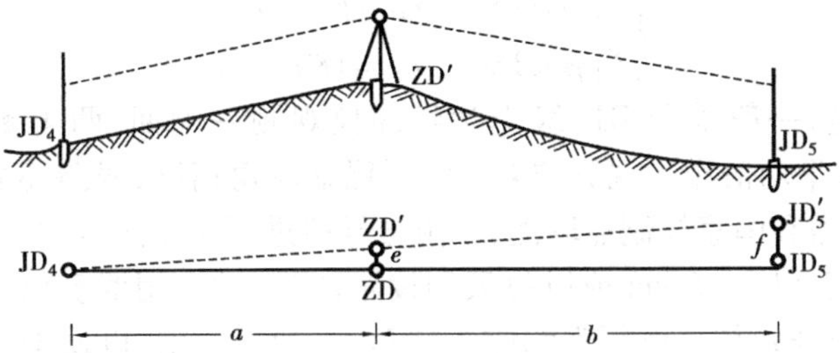

图7.5　两交点间设转点

(2)延长线上设转点

如图7.6,JD_7、JD_8互不通视,可在其延长线上初定转点ZD′。将经纬仪置于ZD′,用正倒镜法照准JD_7,并以相同竖盘位置俯视JD_8,在JD_8点附近测定两点后取中点的JD_8'。若JD_8'与JD_8重合或偏差值在容许范围之内,即可将ZD′作为转点。否则应重设转点,量出值,用视距法测出a、b,则ZD′应横向移动的距离e可按下式计算:

$$e = \frac{a}{a-b}f \tag{7.2}$$

将ZD′按e值移至ZD。

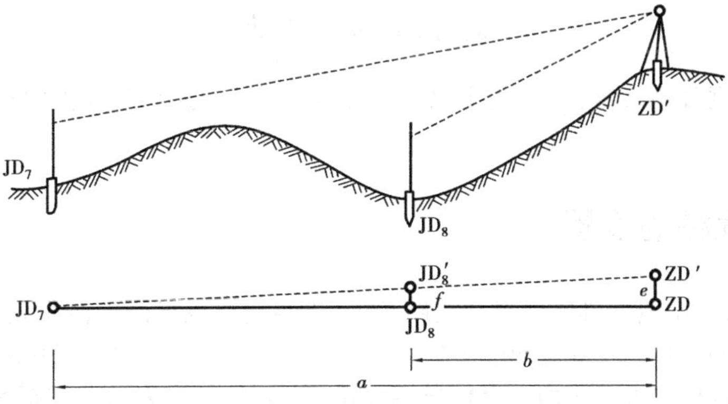

图7.6　延长线上设转点

7.1.2 转角的测定

线路从一个方向转向另一个方向时，偏转后的方向与原方向间的夹角称为转角，用 α 表示。在线路的转弯处一般要求设置曲线，而曲线的设计要用到转角，所以，设计前必须测设出转角的大小。

转角有左右之分，偏转后的方向在原方向的左侧称为左转角 $\alpha_{左}$，反之称为右转角 $\alpha_{右}$，如图 7.7 所示。

在线路测量中，一般不直接测转角，而是先直接测转折点上的水平夹角，然后计算出转角。在转折点上，通常是观测线路的水平右夹角，因此转角公式可按下式计算：

$$\begin{cases} 当\ \beta > 180°, \alpha_{左} = \beta - 180° \\ 当\ \beta < 180°, \alpha_{右} = 180° - \beta \end{cases} \tag{7.3}$$

右夹角 β 的测定，一般采用 DJ_6 级光学经纬仪观测一测回，两半测回角度差不大于 $\pm 40''$，在容许值内取平均值作为观测结果。为了保证测角精度，线路还需要进行角度闭合差校核；高等级公路需和国家控制点联测，按附合导线进行角度闭合差计算和校核；低等级公路可分段进行校核，以 3 ~5 km 或以每天测设距离为一段，用罗盘仪测出始边和终边的磁方位角。每天作业开始与结束须观测磁方位角，至少各一次，以便与根据观测水平夹角值推算的方位角校核，其两者之差不得超过 2°。

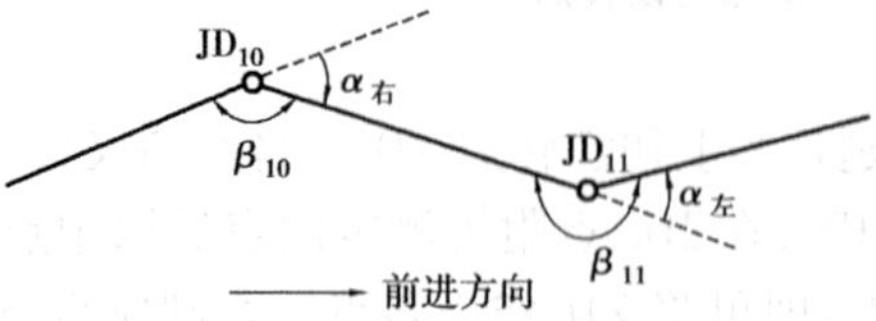

图 7.7　转角

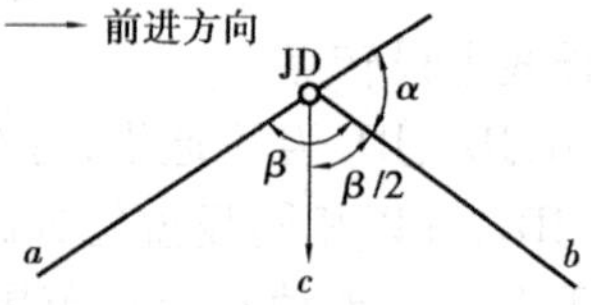

图 7.8　角的分角线方向

根据曲线测设的要求，在右角测定后，要求在不变动水平度盘位置的情况下，定出角的分角线方向（图 7.8），并钉桩标志，以便将来测设曲线中点。测角时，后视方向的水平度盘读数为 b，前视方向的读数为 a，分角线方向的水平度盘读数为 c。因 $\beta = a - b$，则

$$c = b + \frac{\beta}{2} 或 c = \frac{a + b}{2}$$

此外，在角度观测后，还须用测距仪测定相邻交点间的距离，以供中桩量距人员检核之用。

7.1.3 里程桩的设置

为了确定线路中线的具体位置和线路长度，满足线路纵横断面测量及线路施工放样，由线路的起点开始每隔 20 m 或 50 m（曲线上根据不同半径每隔 20 m、10 m 或 5 m）钉设木桩标记，称为里程桩。桩上正面写有桩号，背面写有编号，桩号表示该桩至线路起点的水平距离。如某桩至路线起点距离为 4 200.75 m，桩号为 K4 +200.75。编号是反映桩间的排列顺序，以 9 为一组，循环进行。

里程桩分为整桩和加桩两种。整桩是按规定每隔 20 m 或 50 m 为整桩设置的里程桩，

百米桩、公里桩和线路起点桩均为整桩。加桩分地形加桩、地物加桩、曲线加桩、关系加桩等。地形加桩是指沿中线地形坡度变化处设置的桩；地物加桩是指沿中线上的建筑物和构筑物处设置的桩。曲线加桩是指曲线起点、中点、终点等设置的桩；关系加桩是指路线交点和转点(中线上传递方向的点)的桩。对交点、转点和曲线主点桩还应注明桩名缩写，目前我国线路主要点名称采用见表7.3。

表7.3　线路主要点名称表

主要点名称	简称	缩写	主要点名称	简称	缩写
交点	JD		公切点		GQ
转点	ZD		第一缓和曲线起点	直缓点	ZH
圆曲线起点	直圆点	ZY	第一缓和曲线终点	缓圆点	HY
圆曲线中点	曲中点	QZ	第二缓和曲线起点	圆缓点	YH
圆曲线终点	圆直点	YZ	第二缓和曲线终点	缓直点	HZ

在设置里程桩时，如出现桩号与实际里程不相符的现象称为断链。断链主要是由于计算和丈量发生错误，或由于线路局部改线等造成的。断链有“长链”和“短链”之分，当线路桩号大于地面实际里程时叫短链，反之叫长链。

路线总里程 = 终点桩里程 + 长链总和 − 短链总和

7.1.4　圆曲线测设

圆曲线的测设方法一般分以下两步：

第一步，先测设圆曲线上起控制作用的点，如起点(ZY)、终点(YZ)和曲中点(QZ)，这一步称为圆曲线上主点的测设；

第二步，在已测定的主点间进行加密，按规定桩距测设曲线上的其他各桩点，这一步称为圆曲线的详细测设。

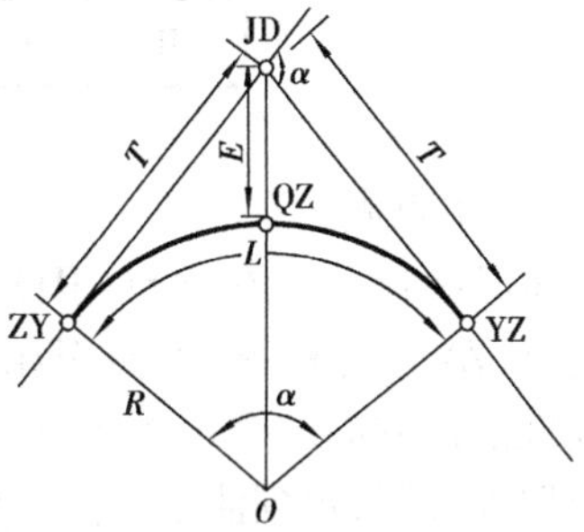

图7.9　圆曲线的主点图

1)圆曲线的主点测设

(1)圆曲线测设元素的计算

如图7.9所示，设线路交点(JD)的转角为α，圆曲线半径为R。圆曲线的测设元素可按下式计算：

切线长　$$T = R\tan\frac{\alpha}{2} \tag{7.4}$$

曲线长　$$L = R\alpha\left(\frac{\pi}{180}\right) \tag{7.5}$$

外矢距　$$E = R\left(\sec\frac{\alpha}{2} - 1\right) \tag{7.6}$$

曲线差　$$D = 2T - L \tag{7.7}$$

【例 7.1】 某线路交点(JD)的转角 $\alpha=45°00'$,曲线设计半径 $R=200$ m,求切线长 T,外矢距 E 及曲线差 D。

【解】 由式(7.4)、式(7.5)、式(7.6)、式(7.7)可求出:

$$T=82.84\text{ m}\quad E=16.48\text{ m}\quad L=157.00\text{ m}\quad D=8.68\text{ m}$$

(2)里程计算

交点(JD)的里程是经实地测量得出的。由图 7.9 可知,圆曲线主点里程为:

ZY 里程 = JD 里程 − T

YZ 里程 = ZY 里程 + L

QZ 里程 = YZ 里程 − $L/2$

JD 里程 = QZ 里程 + $D/2$ (检核)

接前面例题,设 JD 点的里程为 K1 +573.36,求 ZY、YZ、QZ 三点的里程,并检核,见表 7.4。

表 7.4 曲线主点桩里程计算表

JD		K1 +573.36
$-T$		82.84
ZY		K1 +490.52
$+L$		157.00
YZ		K1 +647.52
$-L/2$		78.5
QZ		K1 +569.02
$+D/2$		4.34
JD	检 核	K1 +573.36(主点桩号计算无误)

(3)主点测设

将经纬仪安置在交点(JD)上,后视相邻交点或转点,沿视线方向量取切线长度,得曲线起点(ZY),并检查 ZY 点至相邻里程桩的距离,较差应在限差之内后并打桩。再将望远镜瞄准前视方向的交点或转点,沿此方向量切线长度,得曲线终点(YZ)。最后沿分角线方向量取外矢距,得到曲线中点(QZ)点。主点是控制桩,测设时应注意校核,并保证一定的精度。

2)圆曲线的详细测设

曲线的主点定出以后,还应沿着曲线加密曲线,才能将圆曲线的形状和位置详细地在地面上表示出来。圆曲线的详细测设就是测设除主点以外的一切曲线桩,包括一定距离的里程桩和加桩。圆曲线详细测设方法有多种,现介绍几种常用的方法。

(1)偏角法

偏角法测设圆曲线上的细部点是以曲线的起点(或终点)作为测站,计算出测站至曲线上任一细部点的弦线与切线的夹角——弦切角(称为偏角)和弦长或相邻细部点的弦长,如图 7.10 所示。

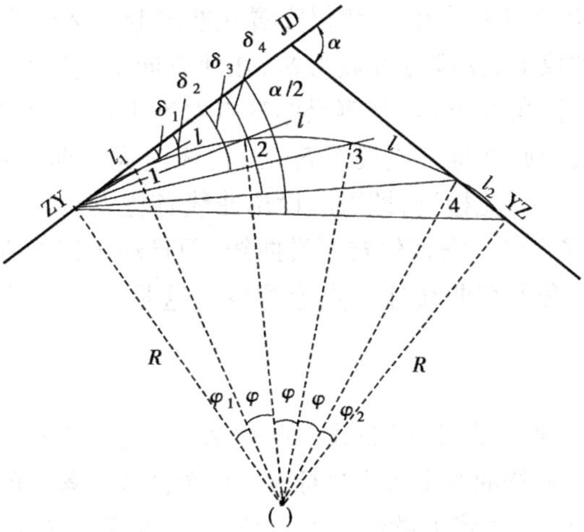

图7.10　偏角法

①偏角的计算。采用偏角法测设曲线，一般采用整桩号设桩，现设整弧段长为 l，与其相对应的弦长为 d，首尾两弧长分别为 l_1、l_2，即

$$L = l_1 + n \cdot l + l_2 \tag{7.8}$$

弧长 l_1、l_2 和 l 所对的相应圆心角为 φ_1、φ_2 及 φ，可按下列公式计算：

$$\begin{cases} \varphi_1 = \dfrac{180°}{\pi} \dfrac{l_1}{R} \\ \varphi_2 = \dfrac{180°}{\pi} \dfrac{l_2}{R} \\ \varphi = \dfrac{180°}{\pi} \dfrac{l}{R} \end{cases} \tag{7.9}$$

弧长 l_1、l_2 和 l 所对应的弦长 d_1、d_2 及 d，可按下列公式计算：

$$\begin{cases} d_1 = 2R \cdot \sin \dfrac{\varphi_1}{2} \\ d_2 = 2R \cdot \sin \dfrac{\varphi_2}{2} \\ d = 2R \cdot \sin \dfrac{\varphi}{2} \end{cases} \tag{7.10}$$

曲线上各点的偏角等于所对应的弧长所对应的圆心角的一半，则

$$\begin{cases} \text{第一点偏角 } \delta_1 = \dfrac{\varphi_1}{2} \\ \text{第二点偏角 } \delta_2 = \dfrac{\varphi_1}{2} + \dfrac{\varphi}{2} \\ \text{第三点偏角 } \delta_3 = \dfrac{\varphi_1}{2} + \dfrac{\varphi}{2} + \dfrac{\varphi}{2} \\ \qquad \vdots \\ \text{终点 YZ 偏角 } \delta_i = \dfrac{\varphi_1}{2} + \dfrac{\varphi}{2} + \cdots + \dfrac{\varphi_2}{2} = \dfrac{\alpha}{2} \end{cases} \tag{7.11}$$

②偏角的测设。如图 7.10 所示，经纬仪安置在曲线起点 ZY，瞄准交点(JD)，置水平度盘读数为零；顺时针转动仪器，使度盘读数为 δ_1，在此方向上量取弦长 d_1，并打桩记为 1 点，写上该桩号的里程；然后把角拨至 δ_2，将钢尺的零点对准 1 点，以弦长为半径画弧与经纬仪的方向相交于 2 点，其余依此类推。当拨至 δ_i 时，视线应通过曲线终点 YZ，最后一个细部点至曲线终点的距离为 d_i，以此检测，即可测设出曲线各桩点。

偏角法不仅可以在 ZY 点上安置仪器测设曲线，而且还可以在 YZ 或 QZ 点上安置仪器进行测设，也可以将仪器安置在曲线任一点上测设。这是一种测设精度较高、实用性较强的常用方法。

(2)切线支距法

切线支距法又称直角坐标法，是以曲线的起点 ZY 或终点 YZ 为坐标原点，以切线为 X 轴，经过原点的半径为 Y 轴，按曲线上各点坐标 x、y 设置曲线上各点的位置，如图 7.11 所示。

如图 7.11 所示，设 P_i 为曲线上欲测设的点位，该点至 ZY 点或 YZ 点的弧长为 l_i，φ_i 为 l_i 所对的圆心角，R 为圆曲线半径，则 P_i 的坐标可按下式计算：

$$\begin{cases} x_i = R\sin\varphi_i \\ y_i = R(1-\cos\varphi_i) \end{cases} \qquad i = 1,2,3,\cdots \tag{7.12}$$

测设时可采用整桩距法设桩，即按规定的弧长(20 m、10 m 或 5 m)设桩，但在测设第一个桩点时，为了避免出现零数的桩号，可先测一段小于整数的弧，得一整桩号，然后从此点开始按规定的弧长测设。具体施测步骤如下；

①根据曲线桩的计算资料 $P_i(x_i,y_i)$，在 ZY(YZ)点安置经纬仪，瞄准交点 JD 定出切线方向，用钢尺或皮尺沿切线方向量取 P_i 点的横坐标 x_i 得垂足点 N_i；

②在垂足点 N_i 用方向架或经纬仪定出切线的垂线，沿此方向量出纵坐标 y_i，即可定出曲线上 P_i 点位置；

③校核方法：丈量所定各桩点间的弦长进行校核，如果不符或超限，应查明原因。

此方法适用于地势平坦地区，具有测法简单、误差不积累、精度高等优点。

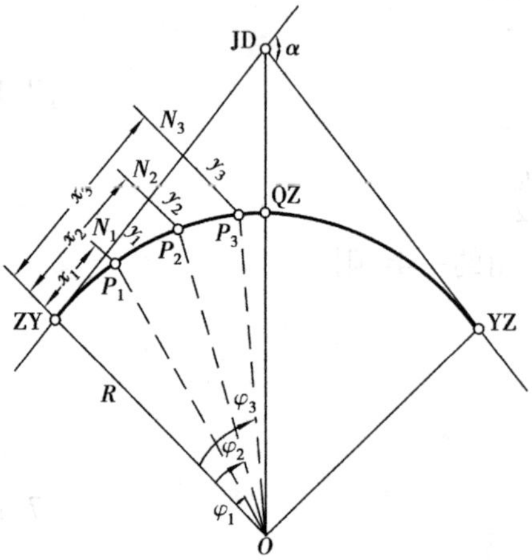

图 7.11　切线支距法

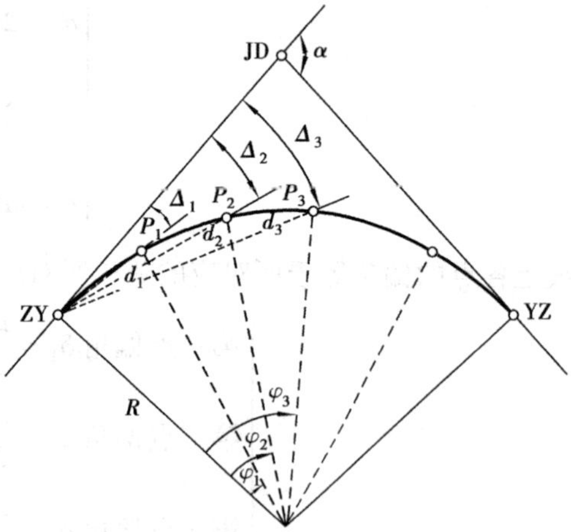

图 7.12　极坐标法

(3)极坐标法

当地面量距困难时，可采用光电测距仪或全站仪测设圆曲线，这时用极坐标法测设就显得极为方便。如图 7.12 所示,仪器安置于曲线的起点(ZY),后视切线方向,拨出偏角后,在仪器视线上测设出弦长 d_1,即可放样点 P_1。

偏角计算方法与上述的偏角法相同,弦长也可以参照偏角法弦长计算公式,由弦长 d_i 对应的圆心角和半径 R 求出,即

$$d_i = 2R\sin\frac{\varphi_i}{2} = 2R\sin\Delta_i \tag{7.13}$$

7.1.5 缓和曲线的测设

1) 缓和曲线

(1) 缓和曲线的作用

当列车以高速由直线进入曲线时,就会产生离心力,危及列车运行安全和影响旅客的舒适。为此要使曲线外轨比内轨高些(称超高),使列车产生一个内倾力 F_1',以抵消离心力的影响,如图 7.13 所示。为了解决超高引起的外轨台阶式升降,需在直线与圆曲线间加入一段曲率半径逐渐变化的过渡曲线,这种曲线称缓和曲线。另外,当列车由直线进入圆曲线时,由于惯性力的作用,使车轮对外轨内侧产生冲击力,为此,加设缓和曲线以减少冲击力。再者,为避免通过曲线时,由于机车车辆转向架的原因,使轮轨产生侧向摩擦,圆曲线的部分轨距应加宽,这也需要在直线和圆曲线之间加设缓和曲线来过渡。

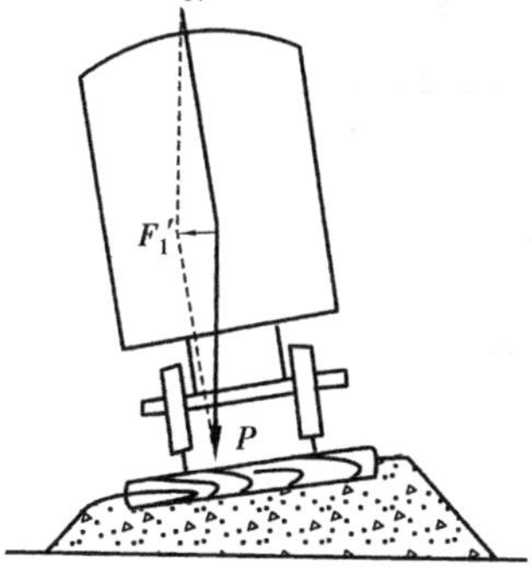

图 7.13 离心力

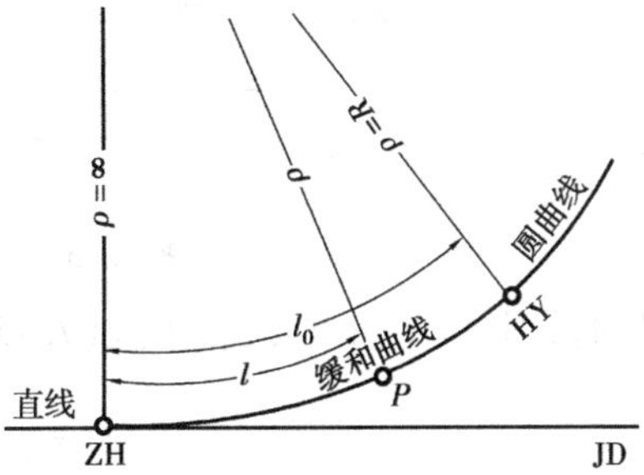

图 7.14 缓和曲线

(2) 缓和曲线的性质

缓和曲线是直线与圆曲线间的一种过渡曲线。它与直线分界处的半径为∞,与圆曲线相连处的半径与圆曲线半径 R 相等。缓和曲线上任一点的曲率半径 ρ 与该点到曲线起点的长度成反比,如图 7.14 所示。

$$\rho \propto 1/l \quad 或\ \rho l = C$$

式中 C——一个常数,称为缓和曲线的半径变更率。

当 $l - l_0$ 时,$\rho - R$,所以:

$$Rl_0 = C$$

式中,l_0 为缓和曲线总长。

$\rho l = C$ 是缓和曲线的必要条件,实用中能满足这一条件的曲线可作为缓和曲线,如辐射螺旋线、三次抛物线等。我国的缓和曲线均采用辐射螺旋线。

(3)缓和曲线方程式

按照 $\rho l=C$ 为必要条件导出的缓和曲线方程为:

$$\left.\begin{aligned} x &= l-\frac{l^5}{40C^2}+\frac{l^9}{3\,456C^4}+\cdots \\ y &= \frac{l^3}{6C}-\frac{l^7}{336C^3}+\frac{l^{11}}{42\,240C^5}+\cdots \end{aligned}\right\} \tag{7.14}$$

根据测设要求的精度,实际应用中可将高次项舍去,并顾及 $C=Rl_0$,则上式变为:

$$\left.\begin{aligned} x &= l-\frac{l^5}{40R^2l_0^2} \\ y &= \frac{l^3}{6Rl_0} \end{aligned}\right\} \tag{7.15}$$

式中 x,y——缓和曲线上任一点的直角坐标,坐标原点为直缓点(ZH)或缓直点(HZ),通过该点的缓和曲线切线为 x 轴,如图 7.15 所示;

l——缓和曲线上任意一点 P 到 ZH(或 HZ)的曲线长;

l_0——缓和曲线总长度。

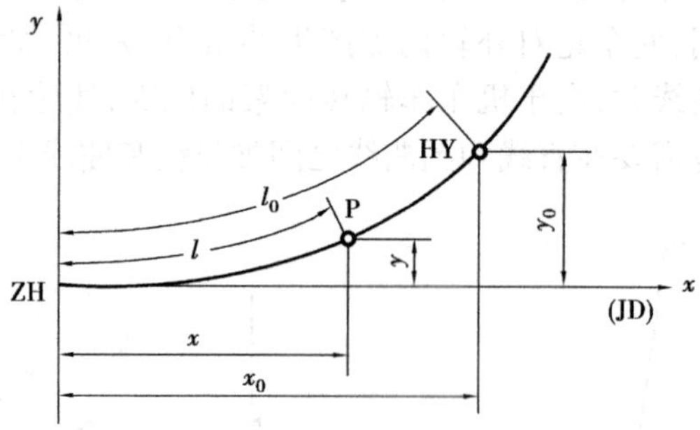

图 7.15 缓和曲线方程

当 $l=l_0$ 时,则 $x=x_0$,$y=y_0$,代入式(7.15)得:

$$\left.\begin{aligned} x_0 &= l_0-\frac{l_0^3}{40R^2} \\ y_0 &= \frac{l_0^2}{6R} \end{aligned}\right\} \tag{7.16}$$

式中 x_0,y_0——缓圆点(HY)或圆缓点(YH)的坐标。

(4)缓和曲线的插入方法

缓和曲线是在不改变曲线段方向和保持圆曲线半径不变的条件下,插入到直线段和圆曲线之间,如图 7.16 所示。缓和曲线的一半长度处在原圆曲线范围内,另一半处在原直线段范围内,这样就使圆曲线沿垂直切线方向向里移动距离 p,圆心 O' 移至 O,显然 $O'O=P\cdot\sec\frac{\alpha}{2}$。插入缓和曲线之后,使原来的圆曲线长度变短了。

插入缓和曲线之后,曲线主点有 5 个:直缓点 ZH、缓圆点 HY、曲中点 QZ、圆缓点 YH 及缓直点 HZ。

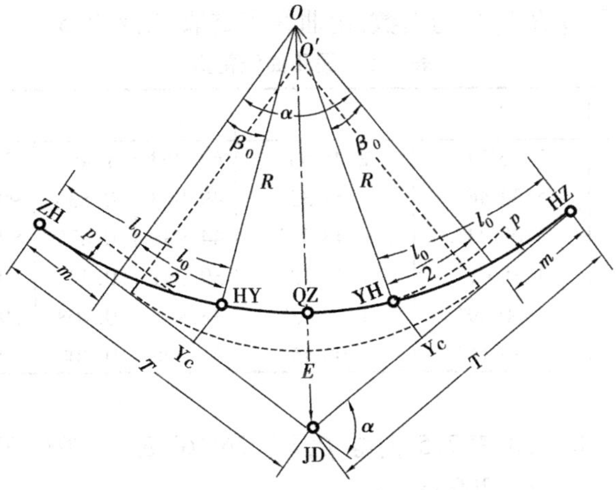

图7.16　缓和曲线插入

(5)缓和曲线常数的计算

β_0、δ、m、p、x_0、y_0 等称为缓和曲线常数,其物理含义及几何关系由图7.16和图7.17得知:

β_0——缓和曲线的切线角,即HY(或YH)点的切线角与ZH(或HZ)点切线的交角,亦即圆曲线一端延长部分所对应的圆心角。

δ_0——缓和曲线的总偏角。

m——切垂距,即ZH(或HZ)到圆心O向切线所作垂线垂足的距离。

p——圆曲线的内移量,为垂线长与圆曲线半径 R 之差。

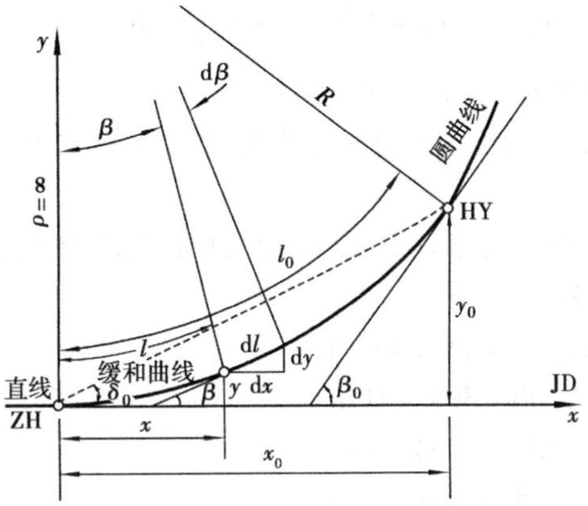

图7.17　缓和曲线常数

常数的计算公式如下:

$$\left.\begin{aligned}\beta_0&=\frac{l_0}{2R}\cdot\frac{180^\circ}{\pi}\\ \delta_0&=\frac{1}{3}\beta_0=\frac{l_0}{6R}\cdot\frac{180^\circ}{\pi}\\ m&=\frac{l_0}{2}-\frac{l_0^3}{240R^2}\\ p&=\frac{l_0^2}{24R}-\frac{l_0^4}{2\,688R^3}\approx\frac{l_0^2}{24R}\end{aligned}\right\}\tag{7.17}$$

缓和曲线常数亦可以 R 和 l_0 为引数,由曲线表查取,见表 7.5。

表 7.5　缓和曲线常数

R	l_0	β_0	δ_0	m	p	x_0	y_0
500	130	7°26′54″	2°28′58″	64.963	1.407	129.780	5.627
	100	5°34′46″	1°54′35″	49.983	0.833	99.900	3.331
	90	5°09′24″	1°43′08″	44.988	0.675	89.927	2.698
	80	4°35′01″	1°31′40″	39.991	0.533	79.949	2.123
	70	4°00′39″	1°20′13″	34.994	0.408	69.966	1.633
	60	3°26′16″	1°08′45″	29.996	0.300	59.978	1.200

如 $R=500$ m,$l_0=60$ m,由表 7.5 查得,$\beta_0=3°26'16''$,$\delta_0=1°08'45''$,$m=29.996$ m,$p=0.300$ m,$x_0=59.978$ m,$y_0=1.200$ m。

2)缓和曲线要素

(1)曲线综合要素

由图 7.16 可知,曲线综合要素计算公式如下:

$$\left.\begin{aligned} &\text{切线长} \quad T=m+(R+p)\tan\frac{\alpha}{2} \\ &\text{曲线长} \quad L=2l_0+\frac{\pi R(\alpha-2\beta_0)}{180°}=l_0+\frac{\pi R\alpha}{180°} \\ &\text{外矢距} \quad E_0=(R+p)\sec\frac{\alpha}{2}-R \\ &\text{切曲差} \quad q=2T-L \end{aligned}\right\} \tag{7.18}$$

使用时,亦可依据 R,α,l_0 由公路曲线综合要素表查取有关数据,表 7.6 是 $R=500$ 的公路曲线综合要素表。

【例 7.2】　已知 $R=500$ m,$l_0=60$ m,$\alpha=28°36'20''$,求曲线综合要素。

【解】　由表 7.6 查得:

$T=177.57+0.11-20.12=157.56$(m)

$L=349.44+0.20-40.00=309.64$(m)

$E_0=16.83+0.03-0.55=16.31$(m)

$q=5.70+0.01-0.24=5.47$(m)

表 7.6　公路曲线综合要素表($R=500$)

α	T	Δ	L	Δ	q	E_0	Δ
$l_0=100$ m							
28°00′	174.86		344.35		5.37	16.17	
05	175.24	8	345.07	15	5.41	16.26	2
10	175.63		345.80		5.46	16.35	
15	176.02		346.53		5.51	16.45	
20	176.40	15	347.25	19	5.55	16.54	4
25	176.79		347.98		5.60	16.64	

续表

α	T	Δ	L	Δ	q	E_0	Δ
$l_0=100$ m							
30	177.18		348.71		5.65	16.73	
35	177.57	8	349.44	15	5.70	16.83	2
40	177.95		350.16		5.74	16.92	
45	178.34		350.89		5.89	17.02	
50	178.73	15	351.62	19	5.84	17.12	4
55	179.12		352.35		5.89	17.21	
当 $l_0\neq100$ m 时的校正数							
线路等级	l_0	ΔT	ΔL	Δq	ΔE_0		
Ⅰ、Ⅱ	130	+15.13	+30.00	+0.26	+0.59		
Ⅰ	90	-5.04	-10.00	-0.08	-0.16		
Ⅱ	80	-10.07	-20.00	-0.14	-0.31		
Ⅲ	70	-15.10	-30.00	-0.20	-0.44		
Ⅲ	60	-20.12	-40.00	-0.24	-0.55		
专	40	-30.17	-60.00	-0.34	-0.72		
专	30	-35.18	-70.00	-0.36	-0.78		
专	20	-40.19	-80.00	-0.38	-0.83		

注：表中的 Δ 为 1′与 2′之插值，以 cm 为单位。

（2）主点的里程计算与测设

①主点里程计算。已知 ZH 里程为 33 +424.67，则主点里程为：

ZH	33 +424.67
$+l_0$	60
HY	33 +424.67
$+\frac{L}{2}-l_0$	94.82
QZ	33 +579.49
$+\frac{L}{2}-l_0$	94.82
YH	33 +674.31
$+l_0$	60
HZ	33 +734.31

ZH	33 +424.67
$+2T$	315.12
	33 +739.79
$-q$	5.47
HZ	33 +734.32　（校核）

②主点的测设。主点 ZH、HZ、QZ 的测设方法与前述圆曲线主点测设方法相同，而缓圆点 HY 和圆缓点 YH 的测设通常采用切线支距法，见图 7.15。自 ZH（或 HZ）沿切线方向量取 x_0，打桩、钉小钉，然后将经纬仪架在该桩上，后视切线沿垂直方向量取 y_0，打桩、钉小钉，得 HY（或 YH）点。

为保证主点测设精度，角度要用测回法分中定点，距离应往返丈量，在限差以内取平均值。

3)缓和曲线的详细测设

(1)偏角法

①偏角计算。由图7.18得知,缓和曲线上任一点 i 的偏角为:

$$\delta=\frac{l^2}{6Rl_0}\cdot\frac{180°}{\pi} \tag{7.19}$$

$$\delta=\frac{\beta}{3} \tag{7.20}$$

$$b=\beta-\delta=2\delta \tag{7.21}$$

式中 δ——缓和曲线上任一点的正偏角;

b——该点的反偏角。

同理可得,$b_0=2\delta_0$

由式(7.20)、式(7.21)得出结论(a):缓和曲线上任一点后视起点的反偏角,等于由起点测设该点正偏角的2倍。

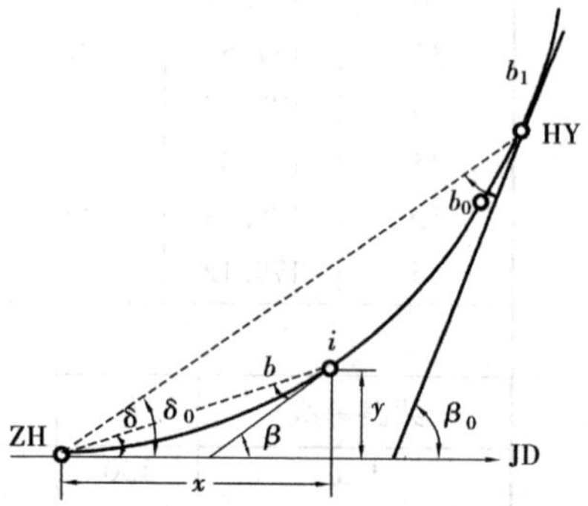

图7.18 偏角法计算缓和曲线

在铁路设计中,缓和曲线长度均为10 m的整倍数,为测设方便,一般每10 m测设一点。

若将缓和曲线等分为 N 段,则各分段点的俯角之间有如下关系:

$$\delta_i=\frac{l_i^2}{6Rl_0}$$

设 δ_1 为第1点的偏角,δ_i 为第 i 点的偏角,则由式(7.19)可知:

$$\delta_1:\delta_2:\cdots:\delta_n=l_1^2:l_2^2:\cdots:l_n^2 \tag{7.22}$$

由式(7.22)得出结论(b):偏角与测点到缓和曲线起点的曲线长度的平方成正比。

在等分的条件下,$l_2=2l_1,l_3=3l_1,\cdots,l_n=Nl_1$,故

$$\delta_2=2^2\cdot\delta_1,\delta_3=3^2\cdot\delta_1,\cdots,\delta_n=N^2\cdot\delta_1=\delta_0$$

$$\delta_1=\frac{1}{N^2}\delta_0 \tag{7.23}$$

由式(7.23)可得出结论(c):由缓和曲线的总偏角 δ_0,可求得缓和曲线上任一点的偏角 δ_i。

【例7.3】 已知 $R=500$ m,$l_0=60$ m,ZH的里程为DK33+424.67,求缓和曲线上各点的偏角。

【解】 按铁路测规要求,缓和曲线应10 m一点,则 $N=6$。

由式(7.20)可知:

$$\delta_0=\frac{\beta_0}{3}=\frac{l_0}{6R}\cdot\frac{180°}{\pi}=\frac{60}{6\times500}\cdot\frac{180°}{\pi}=1°08'45''$$

所以 $\delta_1=\frac{\delta_0}{N^2}=\frac{1°08'45''}{6^2}=1'55''$

各点偏角值计算见表7.7。

表7.7 偏角值计算表

里 程	偏角值
↑ZH DK33 + 424.67	0°00′0″
+434.67	$\delta_1 = 1'55''$
+446.67	$\delta_2 = 2^2 \cdot \delta_1 = 7'38''$
+454.67	$\delta_3 = 3^2 \cdot \delta_1 = 17'11''$
+464.67	$\delta_4 = 4^2 \cdot \delta_1 = 30'33''$
+474.67	$\delta_5 = 5^2 \cdot \delta_1 = 47'45''$
HY DK33 +484.67	$\delta_6 = 6^2 \cdot \delta_1 = 1°08'40'' = \delta_0$

②缓和曲线的测设方法。如图7.19所示,将经纬仪安置于ZH点,后视JD,将水平度盘安置在0°00′00″位置,转动照准部拨偏角δ_0,校核HY点位,如在视线方向上,即可开始测设其他点。依次拨$\delta_1,\delta_2,\cdots,\delta_n$,量出点与点之间的弦长与相应视线相交,即可定出曲线点1,2,…。

在缓和曲线的测设中,亦应注意偏角的正拨与反拨的度盘安置方法。

(2)切线支距法测设曲线

①坐标计算。如图7.20所示,它是以ZH(或HZ)为坐标原点,以切线为x轴,垂直切线方向为y轴。

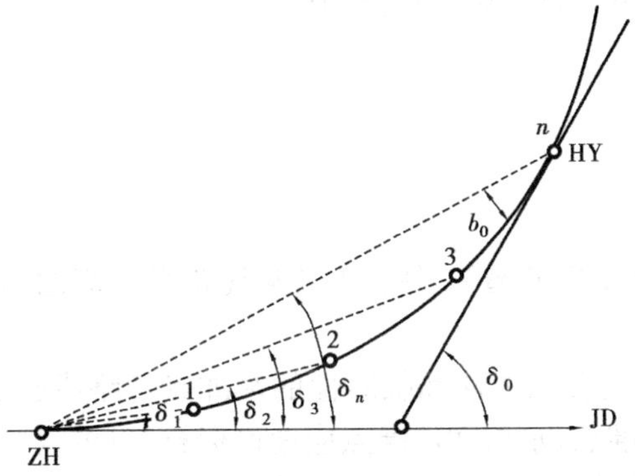

图7.19 偏角法测设缓和曲线

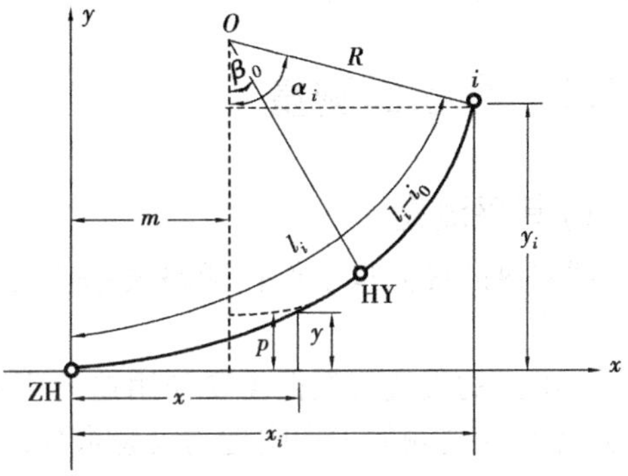

图7.20 切线支距法测设缓和曲线

缓和曲线部分

$$\left.\begin{aligned} x &= l - \frac{l^5}{40R^2 l_0^2} \\ y &= \frac{l^3}{6Rl_0} \end{aligned}\right\} \tag{7.24}$$

圆曲线部分

$$\left.\begin{aligned} x_i &= R \cdot \sin \alpha_i + m \\ y_i &= R(1 - \cos \alpha_i) + p \end{aligned}\right\} \tag{7.25}$$

式中

$$\alpha_i = \frac{l_i - i_0}{R} \cdot \frac{180°}{\pi} + \beta_0$$

②测设方法。与切线支距法测设圆曲线的方法相同。

(3)长弦偏角法测设曲线

由式(7.24)及式(7.25),可以按式(7.26)计算出曲线上任一点的弦长 c 及偏角 δ,将测距仪安置于 ZH(或 HZ)点,即可进行曲线测设。

$$\text{弦长}\quad c_i=\sqrt{x_i^2+y_i^2}$$
$$\text{偏角}\quad \delta_i=\arctan\frac{y_i}{x_i}\tag{7.26}$$

式中 δ_i,y_i——曲线上任一点 i 的坐标。

偏角法适用于山区,但其缺点是误差积累,故测设时要注意经常检核;支距法,其方法简单,误差不积累,缺点是安置仪器次数多,曲线点相互独立,故测设中的错误不易发现,它仅适用于平坦地区及支距 y 较小的曲线;长弦偏角法测设精度高、速度快,任何地区均可适用。

任务 7.2　纵横断面测量

路线定测阶段在完成中线测量以后,还必须进行路线纵、横断面测量。

路线纵断面测量又称为中线水准测量,它的任务是在道路中线测定之后,测定中线上各里程桩(简称中桩)的地面高程,并绘制路线纵断面图,来表示沿路线中线位置的地形起伏状态,主要用于路线纵坡设计。

横断面测量是测定中线上各里程桩处垂直于中线方向的地形起伏状态,并绘制横断面图,供路基设计、施工放边桩使用,并计算土石方量作为施工计量的依据。

7.2.1　纵断面测量

1)基平测量

线路纵断面测量工作包括路线基平测量(水准测量)、中平测量和线路纵断面图绘制三项内容。

水准点的设置应根据需要和用途的不同,设置永久性和临时性的水准点。路线起点、终点、需长期观测的工程附近均设置永久性水准点,永久性水准点应埋设标石,也可设置在永久性建筑物的基础上或用金属标志嵌在基岩上。水准点密度应根据地形和工程需要而定,在丘陵和山区每隔 0.5 ~1 km 设置一个,在平原地区每隔 1 ~2 km 设置一个。

基平测量时,应将起始水准点与附近的国家水准点联测,以获得绝对高程,同时在沿线水准测量中,也应尽量与附近国家水准点联测,形成附合水准路线,以获得更多的检核条件。当路线附近没有国家水准点或引测有困难时,也可参考地形图选定一个与实地高程接近的作为起始水准点的假定高程。

基平测量应使用不低于 DS_3 级水准仪,采用一组往返或两组单程在水准点之间进行观测。水准测量的精度要求,往返观测或两组单程观测的高差不符值应满足:

$$f_h\leqslant\pm30\sqrt{L}\ \text{mm(平原微丘区)或}\pm45\sqrt{L}\ \text{mm(山岭重丘区)}$$

式中,L 为水准路线长度,以 km 计(具体可参考《公路勘测规范》JTG C10—2007)。

若高差不符值在限差以内，取其高差平均值作为两水准点间高差，否则需要重测。最后由起始点高程及调整后高差计算各水准点高程。

2) 中平测量

中平测量即线路中桩的水准测量，一般以相邻两水准点为一测段，从一水准点开始，用视线高法逐点施测中桩的地面高程，附合到下一个水准点上。相邻两转点间观测的中桩，称为中间点。为了削弱高程传递的误差，观测时应先观测转点，后观测中间点。转点应立在尺垫上或稳定的固定点上，尺子读数至毫米，视线长度不大于 150 m；中间点尺子应立在紧靠中桩的地面上，尺子读数至 cm，视线长度可适当放长。

如图 7.21 所示，水准仪置于 1 站后，后视水准点为 BM_1，前视转点为 TP_1，将观测结果分别记入表 7.7 中平测量记录表的"后视"和"前视"栏内，然后观测 K0 +000、K0 +020、K0 +040，…，K0 +060 等各中桩点，将读数分别记入"中视"栏。将仪器搬到 2 站，后视转点为 TP_1，前视转点为 TP_2，然后观测各中桩地面点，用同法继续向前观测，直至附和到下一点水准点 BM_2，完成一测段的观测工作。

中平测量的精度要求，一般取测段高差 $\Delta H_{中}$ 与两端基平水准点高差 $\Delta H_{基}$ 之差的限差为 $\pm 50\sqrt{L}$mm，在容许范围内，即可进行中桩地面高程的计算。中桩地面高程复核之差不得超过 ±10 cm。

中间点的地面高程以及前视点高程，一律按所属测站的视线高程进行计算。每一测站的计算公式如下：

视线高程 = 后视点高程 + 后视读数

中桩高程 = 视线高程 − 中视读数

转点高程 = 视线高程 − 前视读数

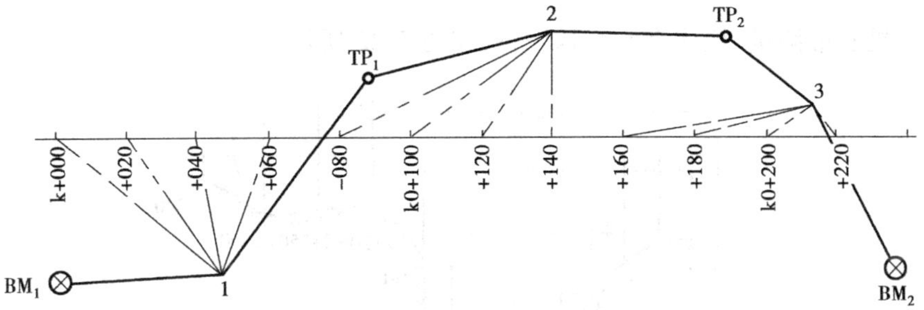

图 7.21　中平测量

表 7.8　中平测量记录表

路线名称：　　测量日期：　年　月　日　　测量员：　　记录员：　　第　页　共　页

测　点	水准尺读数/m			视线高/m	高程/m	备　注
	后　视	中　视	前　视			
BM_1	1.236			51.481	50.245	
TP_1			1.987		49.494	
0 +000		1.357			50.124	

续表

测　点	水准尺读数/m			视线高/m	高程/m	备　注
	后　视	中　视	前　视			
0 +020		1.592			49.889	
0 +040		1.678			49.803	
0 +060		1.829			49.652	
TP_1	1.565			51.059	49.494	
TP_2			1.421		49.638	
0 +080		2.007			49.052	
0 +100		1.921			49.138	
0 +120		1.880			49.179	
0 +140		1.634			49.425	
TP_2	2.158			51.796	49.638	
BM_2			0.508		51.288	
0 +160		2.015			49.781	
0 +180		1.623			50.173	
0 +200		1.357			50.439	
0 +220		0.936			50.860	

线路中桩水准测量，往往需要跨越深谷，如图 7.22 所示。

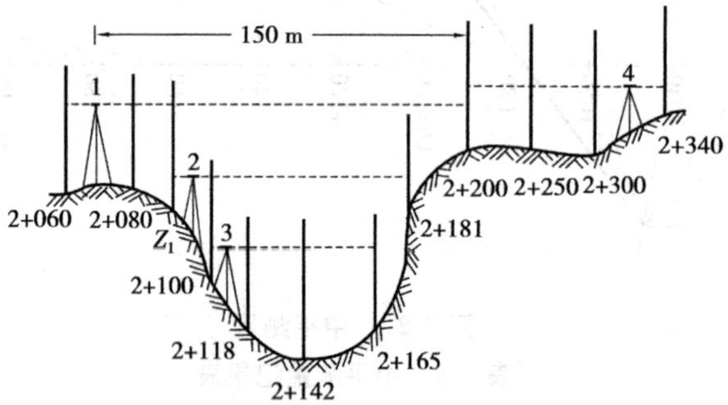

图 7.22　跨沟谷测量

为避免因仪器通过谷底的多次安置产生的误差，可在测站 1 先读取沟对岸的转点 2 + 200 的前视读数，然后以支水准路线形式测定谷底中桩高程；结束后，将仪器搬至测站 4 读取转点 2 +200 的后视读数。为了削减由于测站 1 前视距离长而产生的测量误差，可将测站 4 的后视距离适当加长。另外，沟底中桩水准测量因为是支水准路线，故应另行记录。当跨越的深谷较宽时，亦可采用跨河水准测量方法。

3)纵断面图的绘制

纵断面图是表示线路中线方向的地面起伏和设计纵坡的线状图,它反映中线方向的地面起伏,可在其进行纵坡设计,是线路设计和施工的重要资料,也是线路纵向设计的依据。

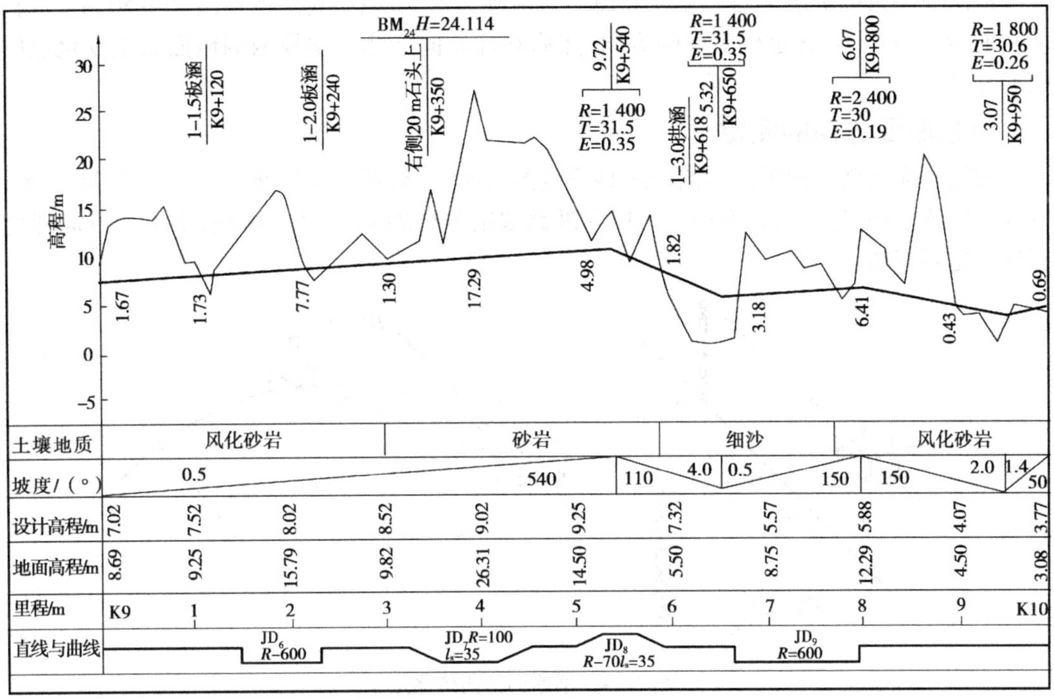

图 7.23　纵断面图

如图 7.23 所示,在图的上半部,从左至右绘有两条贯穿全图的线,表示带有竖曲线在内的经纵坡设计后的中线,是纵坡设计时绘制的;起伏变化较大的是地面线。此外,在图上还注有水准点位置、编号和高程,桥涵的类型、孔径、跨数、长度、里程桩号和设计水位,竖曲线示意图及其曲线元素,同某公路、铁路交叉点的位置、里程和有关说明等。在图的下部几栏表格中,注记有关测量和纵坡设计的资料,其中包括以下几项内容:

①直线与曲线。直线与曲线为中线示意图,曲线部分用直角的折线表示,上凸的表示右偏,下凸的表示左偏,并在凸出部分注明交点编号和曲线半径。

②里程。一般按比例标注百米桩和公里桩,里程比例一般按 1∶1000、1∶2000 或 1∶5000,为突出地面坡度变化,高程比例是里程比例的 10 倍。

③地面高程。按中平测量成果填写相应里程桩的地面高程。

④设计高程。按中线设计纵坡计算的路基高程。根据设计纵坡坡度 i 和相应的水平距离 D,按下式便可从 A 点的高程 H_A 推算 B 点的高程:

$$H_B = H_A + D_{AB} \cdot i \tag{7.27}$$

⑤坡度。从左至右向上斜的线表示上坡(正坡),下斜的线表示下坡(负坡),斜线上以百分数注记坡度的大小,斜线下为坡长,水平路段坡为零。

⑥土壤地质说明。标明路段的土壤地质情况。

7.2.2 横断面测量

横断面测量的宽度由路基宽度及地形情况确定，一般在中线两侧各测 15 ~ 50 m。进行横断面测量，首先要确定横断面的方向，然后在此方向上测定中线两侧地面坡度变化点的距离和高差。

1) 横断面方向的测定

直线段横断面方向即是与路中线相垂直的方向，一般用方向架测定。如图 7.24 所示，将方向架置于中桩点上，以其中一方向对准路线前方（或后方）某一中桩，则另一方向即为横断面施测方向。

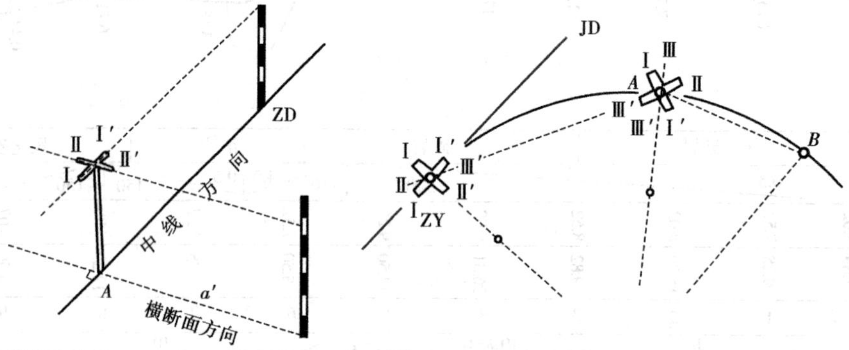

图 7.24 横断面方向的测定

2) 横断面测量方法

横断面测量中的距离和高差一般准确到 0.1 m 即可满足工程要求。因此，横断面测量多采用简易的测量工具和方法，以提高工作效率。下面介绍几种常用方法。

(1) 抬杆法（标杆皮尺法）

如图 7.25 所示，*A*、*B*、*C* 为横断面方向上所选定的变坡点，施测时，将标杆立于 *A* 点，皮尺靠中桩地面拉平，量出至 *A* 点的平距，皮尺截取标杆的高度即为两点的高差，同法可测出 *A* 至 *B*、*B* 至 *C*……等测段的距离和高差。此法简便，但精度较低。

(2) 水准仪法

当横断面测量精度要求较高，横断面方向高差变化不大时，多采用此法。施测时用钢尺（或皮尺）量距，水准仪后视中桩标尺，求得视线高程后，再分别在横断面方向的坡度变化点上立标尺，视线高程减去诸前视点读数，即得各测点高程。

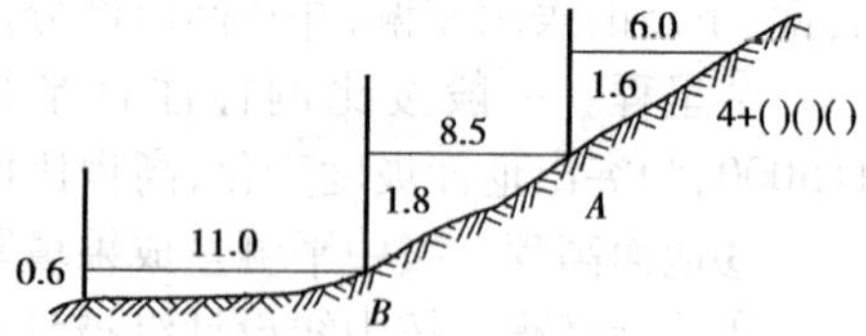

图 7.25 抬杆法

(3) 经纬仪法

在地形复杂、横坡较陡的地段，可采用此法。施测时，将经纬仪安置在中桩上，用视距法测出横断面方向各变坡点至中桩间的水平距离与高差。

横断面测量中，高速公路、一级公路一般采用水准仪皮尺法、经纬仪法，二级及二级以下公路可采用标杆皮尺法，限差应符合表 7.9 的规定。

《工程测量规范》(GB 50026—2007)6.2.6 规定,横断面测量的误差不应超过表7.9的规定:

表7.9 横断面测量的限差

线路名称	距 离	高 程
铁路、一级及以上公路	$l/100+0.1$	$h/100+l/200+0.1$
二级及以下公路	$l/50+0.1$	$h/50+l/100+0.1$

注:①l 为测站至线路中线桩的水平距离,m。

②h 为测站至线路中线桩的高差,m。

3)横断面图的绘制

根据横断面测量成果,在毫米方格纸上绘制横断面图,距离和高程取同一比例尺(通常取1∶100或1∶200),一般是在野外边测边绘,这样便于及时对横断面图进行检核。

绘图时,先在图纸上标定好中桩位置,然后由中桩开始,分左右两侧逐一按各测点间的距离和高程绘于图纸上,并用直线连接相邻点,即得该中桩的横断面图。图7.26所示为横断面图上绘有设计路基横断面的图形。

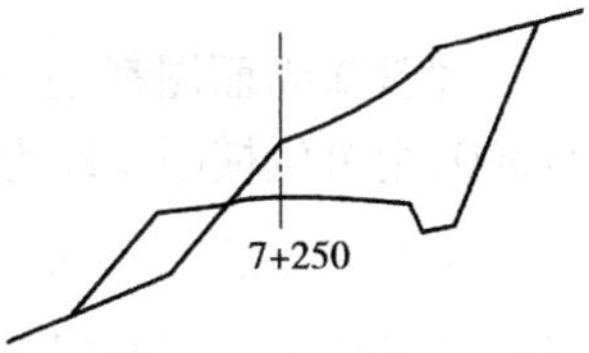

图7.26 横断面图的绘制

7.2.3 土石方工程量计算

1)路基断面图绘制

横断面图画好后,经路基设计,在透明纸上按与横断面图相同的比例尺分别绘制出路堑、路堤和半填半挖的路基设计线,称为标准断面图,然后按纵断面图上该中桩的设计高程把标准断面图套到该实测的横断面图上,俗称"套帽子";也可以将路基断面设计线直接画在横断面图上,绘制成路基断面图。图7.27所示为半填半挖的路基断面图,通过计算断面图的填、挖断面面积及相邻中桩间的距离,便可以计算出施工的土石方量。

2)横断面面积计算

路基填、挖面积,就是横断面图上原地面线与路基设计线所包围的面积。横断面面积一般为不规则的几何图形,计算方法有积距法、几何图形法、求积仪法、坐标法和方格法等。常用的有积距法和几何图形法,现作简单介绍。

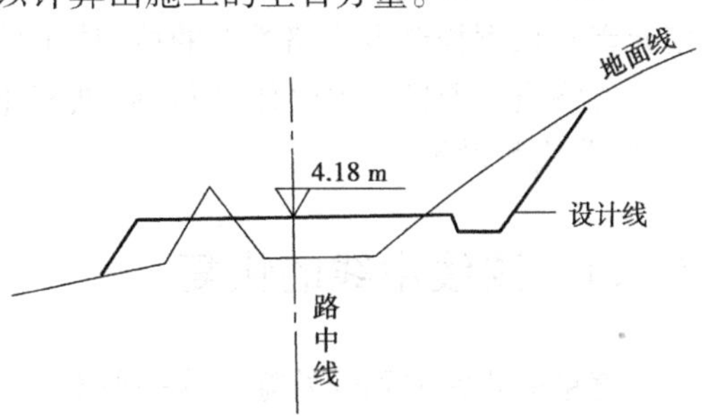

图7.27 半填半挖的路基断面图

(1)积距法

积距法是单位横宽 b 把横断面划分为若干个梯形和三角形条块(图7.28),则每一个小条块的近似面积等于其平均高度 h_i 乘以横距 b,断面积总和等于各条面积的总和,即

$$A = h_1 b + h_2 b + \cdots + h_n b = b\sum_{i=1}^{n} h_i \tag{7.28}$$

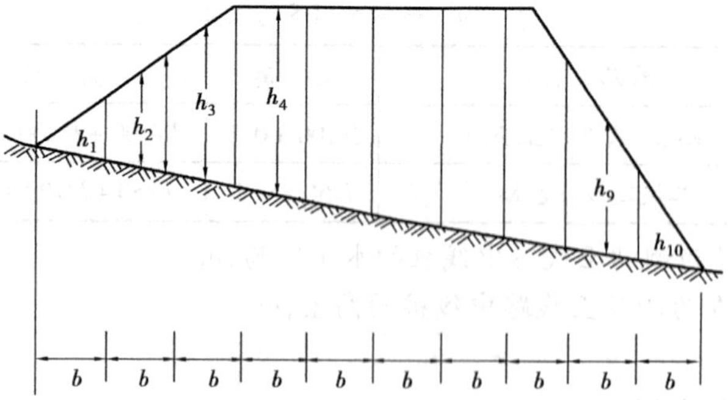

图 7.28 积距法

通常横断面图都是测绘在方格纸上，一般可取粗线间距 1 cm 为单位，如测图比例尺为 1∶500，则单位横距 b 即为 5 m，按上式即可求得断面面积。

平均高差总和 $\sum h_i$ 可用"卡规"求得，如填挖断面较大时，可改用纸条，即用厘米方格纸折成条作为量尺量得。该法计算迅速、简单方便，可直接得出填挖面积。

(2)几何图形法

几何图形法是当横断面地面较规则时，可分成几个规则的几何图形，如三角形、梯形或矩形等，然后分别计算面积，即可得出总面积值。另外，计算横断面面积时，应注意：

①将填方面积 A_T 和挖方面积 A_W 分别计算；

②计算挖方面积时，边沟在一定条件下是定值，故边沟面积可单独计算出直接加在挖方面积内，而不必连同挖方面积一并卡积距；

③横断面面积计算取值到 0.1 mm²，算出后可填写在横断面图上，以便计算土石方量。

任务 7.3　道路工程施工测量

道路施工测量就是利用测量仪器和设备，按照设计图纸中的各项元素(如道路平、纵、横元素)，依据控制点或路线上的控制桩的位置，将道路的中桩标定在实地上，以指导施工。

道路施工测量的主要任务包括：恢复中线测量、施工控制桩测设、路基边桩和边坡测设、竖曲线测设等。

7.3.1　路线中线的恢复

道路勘测完成到开始施工这一段时间内，有一部分中线桩可能被碰或丢失，因此施工前应进行复核并进行恢复。在恢复中桩时，应将道路附属物，如涵洞、检查井和挡土墙的位置一并确定。对于部分改线地段，应重新定线，并绘制相应的纵横断面图。

《工程测量规范》(GB 50026—2007)规定：

6.2.5 定测中线桩位测量，应符合下列规定：

(1)线路中线上，应设立线路起终点桩、千米桩、百米桩、平曲线控制桩、桥梁或隧道轴线控制桩、转点桩和断链桩，并应根据竖曲线的变化加桩。

(2)线路中线桩的间距，直线部分不应大于50 m，平曲线部分宜为20 m。当铁路曲线半径大于800 m且地势平坦时，其中线桩间距可为40 m。当公路曲线半径为30～60 m或缓和曲线长度为30～50 m时，其中线桩间距不应大于10 m；对于公路曲线半径小于30 m、缓和曲线长度小于30 m或回头曲线段，中线桩间距不应大于5 m。

(3)中线桩位测量误差，直线段不应超过表7.10的规定，曲线段不应超过表7.11的规定。

表7.10　直线段中线桩位测量限差

线路名称	纵向误差/cm	横向误差/cm
铁路、一级及以上公路	S/2 000＋0.1	10
二级及以下公路	S/1 000＋0.1	10

注：S为转点桩至中线桩的距离，m。

表7.11　曲线段中线桩位测量闭合差限差

线路名称	纵向相对闭合差/m		横向闭合差/m	
	平地	山地	平地	山地
铁路、一级及以上公路	1/2 000	1/1 000	10	10
二级及以下公路	1/1 000	1/500	10	15

6.2.7　施工前应复测中线桩，当复测成果与原测成果的较差符合表7.12的限差规定时，应采用原测成果。

表7.12　中线桩复测与原测成果较差的限差

线路名称	水平角/(″)	距离相对中误差	转点横向误差/mm	曲线横向闭合差/cm	中线桩高程/cm
铁路、一级及以上公路	≤30	≤1/2 000	每100 m小于5，点间距大于等于400 m小于20	≤10	≤10
二级及以下公路	≤60	≤1/1 000	每100 m小于10	≤10	≤10

7.3.2　施工控制桩的测设

因中线桩在路基施工中都要被挖掉或堆埋，为了在施工中能控制中线位置，应不易受施工干扰，在便于引用、易于保存桩位的地方测设施工控制桩。测设方法如下：

1)平行线法

平行线法是在路基以外测设两排平行于中线的施工控制桩，如图7.29所示，此法多用于地势平坦、直线段较长的线路。

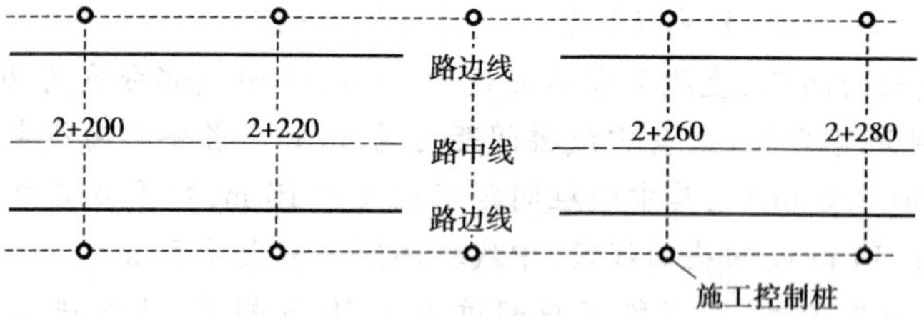

图 7.29　平行线法

2) 延长线法

延长线法是在道路转弯处的中线延长线上或者在曲线中点至交点连线的延长线上，测设两个能够控制交点位置的施工控制桩。

7.3.3　路基边桩和边坡的测设

1) 路基边桩的测设

路基边桩测设就是把设计路基的边坡线与原地面线相交的点测设出来，在地面上钉设木桩（称为边桩），以此作为路基施工的依据。将每一个横断面的设计路基边坡线与实际地面的交点用木桩标定出来，边桩的位置由两侧边桩至中桩的距离来确定，常用的放样方法是解析法。

此法是根据路基填挖高度、边坡高、路基宽度和横断面地形情况，先计算出路基中心桩至边桩的距离，然后在实地沿横断面方向按距离将边桩放出来。具体方法有以下几种：

(1) 平坦地区的边桩放样

如图 7.30(a) 所示为填方路堤，坡脚桩至中桩的距离为：

$$D = \frac{B}{2} + mH \tag{7.29}$$

如图 7.30(b) 所示为挖方路堑，路堑中心桩至边桩的距离为：

$$D = \frac{B}{2} + S + mH \tag{7.30}$$

式中　B——路基宽度；

m——边坡率（$1:m$ 为坡度）；

H——填挖高度；

S——路堑边沟顶宽。

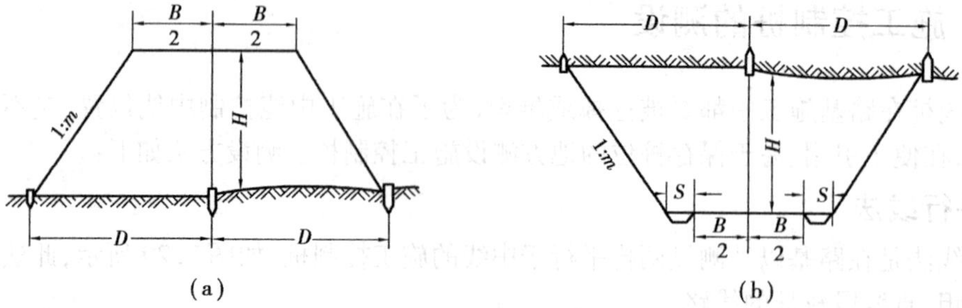

图 7.30　平坦地区的边桩放样

(2)倾斜地区的边坡放样

在倾斜地段,边坡至中桩的平距随着地面坡度的变化而变化。如图7.31(a)所示,路堤坡脚至中桩的距离 $D_{上}$ 与 $D_{下}$ 分别为:

$$\begin{cases} D_{上} = \dfrac{B}{2} + m(H - h_{上}) \\ D_{下} = \dfrac{B}{2} + m(H + h_{下}) \end{cases} \tag{7.31}$$

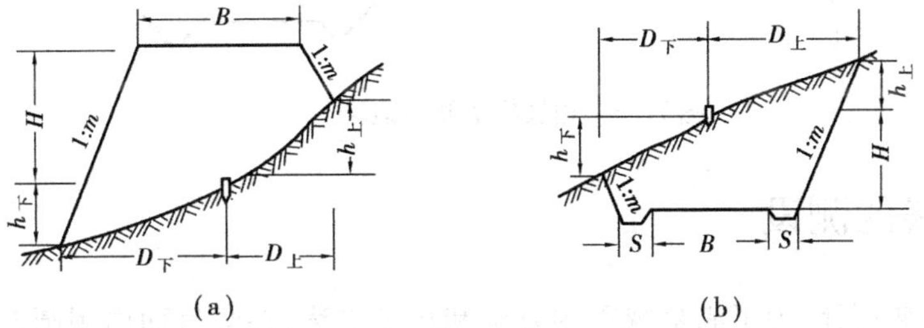

图7.31　倾斜地区的边坡放样

如图7.31(b)所示,路堑坡顶至中桩的距离 $D_{上}$ 与 $D_{下}$ 分别为:

$$\begin{cases} D_{上} = \dfrac{B}{2} + S + m(H + h_{上}) \\ D_{下} = \dfrac{B}{2} + S + m(H - h_{下}) \end{cases} \tag{7.32}$$

式中,$h_{上}$、$h_{下}$ 为上、下侧坡脚(或坡顶)至中桩的高差。其中 B、S 和 m 为已知,故 $D_{上}$ 与 $D_{下}$ 随 $h_{上}$、$h_{下}$ 变化而变化。由于边桩未定,所以 $h_{上}$、$h_{下}$ 均为未知数。实际工作中,采用"逐点趋紧法",在现场边测边标定。如果结合图解法,就更为简便。

2)路基边坡的测设

在测设出边桩后,为保证填、挖的边坡达到设计要求,还应把设计的边坡在实地标定出来以便施工。

(1)用竹杆、绳索测设边坡

如图7.32(a)所示,O 为中桩,A、B 为边桩,CD 为路基宽度。测设时在 C、D 处竖立竹杆,于高度等于中桩填土高度 H 处 C'、D'用绳索连接,同时由 C'、D'用绳索连接到边桩 A、B 上。当路堤填土不高时,可挂一次线;当填土较高时,可按图7.32(b)所示分层挂线。

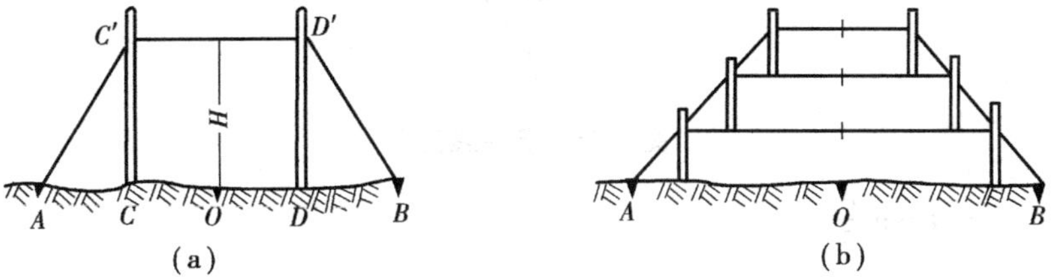

图7.32　边坡测设

(2)用边坡样板测设边坡

施工前按照设计边坡制作边坡样板,施工时按照边坡样板进行测设。

①用活动边坡尺测设边坡:做法如图7.33(a)所示,当水准器气泡居中时,边坡尺的斜

边所指示的坡度正好为设计坡度,可依此来指示与检验路堤的填筑或检核路堑的开挖。

②用固定边坡样板来测设边坡:如图 7.33(b)所示,在开挖路堑时,于坡顶外侧按设计坡度设立固定样板,施工时可随意指示并检核开挖和修整情况。

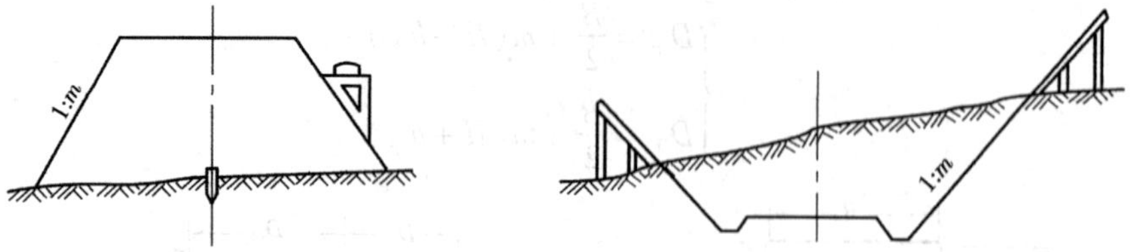

图 7.33　边坡样板测设边坡

7.3.4　竖曲线的测设

在线路的纵坡变更处,为了满足视距的要求和行车平稳,在竖直面内用圆曲线将两段纵坡连接起来,这种曲线叫竖曲线。如图 7.34 所示为凸竖曲线和凹竖曲线。

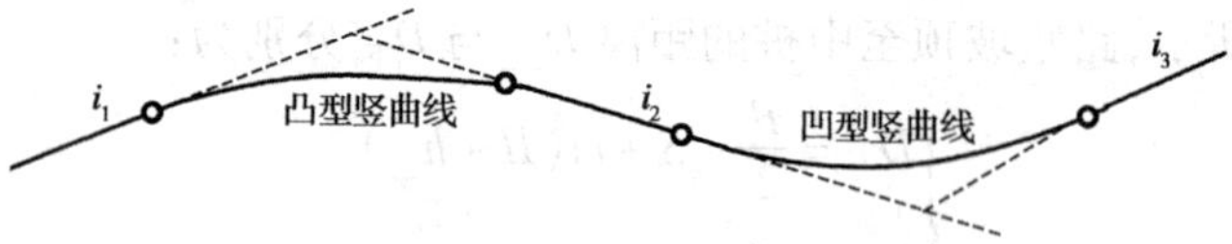

图 7.34　凸、凹竖曲线

测设竖曲线时,根据路线纵断面图设计中所设计的竖曲线半径 R 和相邻坡道的坡度 i_1、i_2,计算测设数据。如图 7.35 所示,竖曲线元素的计算可用平曲线的计算公式:

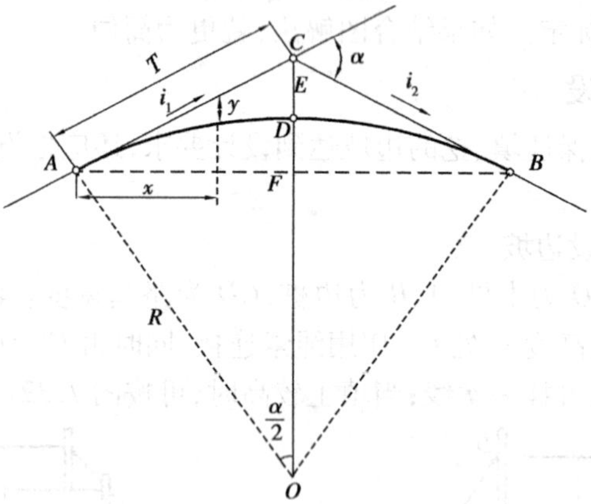

图 7.35　竖曲线元素

切线长　$T = R\tan\dfrac{\alpha}{2}$

曲线长　$L = R\dfrac{\alpha}{\rho}$

外矢距　$E = R\left(\sec\dfrac{\alpha}{2} - 1\right)$

由于竖曲线的坡度转折角 α 很小,计算公式可简化为:

$$\alpha = (i_1 - i_2)/\rho$$

$$\tan\frac{\alpha}{2} \approx \frac{\alpha}{2\rho}$$

因此,计算公式可简化为:

切线长 $T = \frac{1}{2}R(i_1 - i_2)$

曲线长 $L = R(i_1 - i_2)$

对于 E 值也可按下面的近似公式计算:因为 $DF \approx CD = E$,$\triangle AOF \backsim \triangle CAF$,则 $R : AF = AC : AF = AC : 2E$,因此 $E = \frac{AC \cdot AF}{2R}$,又因为 $AF \approx AC = T$,得 $E = \frac{T^2}{2R}$。

同理,可导出竖曲线中间各点按直角坐标法测设的纵距(即标高改正值)计算式:

$$y_i = \frac{x_i^2}{2R}$$

式中,y_i 值在凹形竖曲线中为正值,在凸形竖曲线中为负值。

【例7.4】 测设凹形竖曲线,已知 $i_1 = -1.114\%$,$i_2 = +0.154\%$,变坡点的桩号为K1+670,高程为48.60 m,设计半径 $R = 5\ 000$ m。求各测设元素、起点和终点的桩号与高程、曲线上每10 m间隔里程桩的高程改正数与设计高程。

【解】 按以上公式求得 $L = 63.4$ m,$T = 31.7$ m,$E = 0.10$ m。

起点桩号 = K1 + (670 − 31.7) = K1 + 638.3

终点桩号 = K1 + (638.3 + 63.4) = K1 + 701.70

起点高程 = 48.6 + 31.7 × 1.114% = 48.95 m

终点高程 = 48.6 + 31.7 × 0.154% = 48.65 m

按 $R = 5\ 000$ m 和相应的桩距,即可求得竖曲线上各桩的高程改正数。

练习与思考题

1. 名词解释

中线测量、交点、转点、转角、平面曲线、缓和曲线、中平测量、纵断面图、竖曲线

2. 勘测设计阶段,道路工程测量的工作内容有哪些?

3. 交点的测设方法有哪些?

4. 里程加桩的种类有哪些?分别阐述。

5. 圆曲线的测设方法有哪些?各适用于什么情况?

6. 纵断面测量的任务是什么?

7. 横断面测量的任务是什么?

8. 横断面面积计算方法有哪些?

9. 道路施工测量的主要任务是什么?

10. 已知某公路3号曲线的转向角 $\alpha_{右} = 30°06'15''$,$R = 300$ m,ZY点里程为DK3 + 319.45 m,里程从ZY到YZ为增加,求:

(1)圆曲线要素及主要里程;

(2)置镜于交点(JD),测设各主点的方法;

(3)在 ZY 点置镜,用切线支距法测设前半个曲线的资料(每 10 m 一点);

(4)在 YZ 点置镜,用偏角法测设后半个圆曲线的资料(曲线点要求设置在 20 m 倍数的里程上)。

11. 根据表 7.13 给出的资料绘路线断面图。地质:粒土;地物:耕地;比例尺:距离 1∶5 000,高程 1∶500。

表 7.13　题 11 表

里　程	地面标高	里　程	地面标高	里　程	地面标高
DK12 +100	90.52	DK12 +800	91.18	DK13 +400	89.40
+200	91.70	(QZ) +827.71	92.36	+500	74.40
+300	92.70	+900	93.43	+560	94.80
+400	92.50	DK13 +000	96.00	+700	93.30
+500	91.50	(YH) +085.42	91.77	+800	92.15
(ZH) +540	90.60	+100	91.05	+900	90.95
(YH) +570	91.05	(HZ) +115.42	92.46	DK14 +000	89.56
+600	90.00	+200	94.07	+100	90.28
+700	89.75	+300	91.51	+200	97.27
		+350	90.90		

设计坡度:DK12 + 100—DK12 + 850 为 + 1%;DK12 + 850—DK13 + 550 为 - 3%;DK13 +550—DK14 +200 为 2%。

12. 根据表 7.14 给出的水准仪施测横断面数据,完善计算资料,并绘断面图。

表 7.14　题 12 表

左　侧						右　侧					
标高	前视	仪器高	后视	距离	测站	测站	距离	后视	仪器高	前视	标高
503.72			1.2		K2 +300	K2 +300		0.36			503.72
	1.68			1.06			15			2.1	
	1.80			15			20			1.89	
	2.35			21.5			30.61	1.9		0.47	
	2.91			30			35			1.53	
							40			0.86	

项目 8　水利工程测量

水利工程测量是指在水利工程规划设计、施工建设、运营管理各阶段所进行的测量工作。

在规划设计阶段，测量工作的主要任务是为水工设计提供必要的地形资料和其他测量数据。由于水利枢纽工程不同的设计阶段，枢纽位置的地理特点不同，以及建筑物规模大小等因素，对地形图的比例尺要求各不相同，因而在为水利工程设计提供地形资料时，应根据具体情况确定相应的比例尺。

在水利枢纽工程施工期间，测量工作的主要任务是按照设计意图，将设计图纸上的建筑物以一定的精度要求测设于实地。为此，在施工开始之前，必须建立施工控制网，作为施工放样的依据。然后根据控制网点并结合现场条件选用适当的放样方法，将建筑物的轴线和细部测设于实地，便于施工人员进行施工安装。此外，在施工过程中，有时还要对地基及水工建筑物本身或基础，进行施工中的变形观测，以了解建筑物的施工质量，并为施工期间的科研工作收集资料。

在工程竣工或阶段性完工时，要进行验收和竣工测量。

一个水利枢纽通常是由多个建筑物构成的综合体。其中包括挡水建筑物（常称为大坝），它的作用大，在投入运营之后，由于水压力和其他因素的影响将产生变形。为了监视其安全，便于及时维护和管理，充分发挥其效益，以及为了科研目的，应对它们进行定期或不定期的变形观测。观测内容和项目较多，用工程测量的方法观测水工建筑物几何形状的空间变化常称为外部变形观测，通常包括水平位移观测、垂直位移观测、挠度观测和倾斜观测等。从外部变形观测的范围来看，不仅包括建筑物的基础、建筑物本身，还包括建筑物附近受水压力影响的部分地区。除外部变形观测之外，还要在混凝土大坝坝体内部埋设专用仪器，检测结构内部的应力、应变变化情况，称其为内部变形观测。这种观测常由水工技术人员完成。在这一时期，测量工作的特点是精度要求高、专用仪器设备多、重复性大。

综上所述，水利工程测量贯穿于水工建设的各个阶段，其主要工作内容有：平面、高程控制测量，地形测量（包括水下地形测量），纵横断面测量，定线和放样测量，变形观测等。

任务 8.1　施工控制网

勘测阶段在水利枢纽建筑区所布设的控制网，主要是为测绘大比例尺地形图服务的，控制网的设计精度取决于测图比例尺的大小，点位采用均匀分布。因此，控制点的密度、精度及点的分布，都不能满足施工放样的要求。在施工时必须重新建立施工控制网。

8.1.1 施工控制网的特点

分析水工建筑物放样的精度要求,可以看出有以下两个特点:

一是松散性。一个水利枢纽建筑物可以分成不同的整体,各部分(如大坝、溢洪道、船闸等)之间具有松散的联系。不仅如此,在松散联系的各部分内部,如电站中各机组之间,它们的联系也是松散的,我们可以利用这些松散部位作误差调整或吸收误差。

二是整体性。一些相互关联的水工结构物之间和金属结构的建筑物都具有较高的相对精度要求,需尽可能采用相同的控制点或建筑物轴线、辅助轴线进行放样。

8.1.2 施工控制网的划分

根据水工建筑物放样要求的上述特点,在考虑布设施工控制网时,首先应划分工程部位的松散区段和整体区段:将闸门区段、水电厂房、船闸段、溢洪段等作为整体区段,而将这些建筑物的连接处作为松散区段;以有金属结构联系的建筑物划分为整体区段,否则为松散区段。因此,应先区分开各部分对放样精度的不同要求,然后确定设计方案。

根据所划分的整体区段的多少、彼此相距的远近、面积的大小,以及所占整个施工区面积的比例,来考虑施工控制网的布设方案。如果整个区段相距较近,且合并面积占整个施工区面积的比例较大,而整个主要建筑区的面积又不大(1 km^2 左右)时,可考虑采用全面提高整个施工控制网精度的方案,采用这种布网方案的控制网精度,需根据整体性要求最高的建筑物来设计。当整体性区段彼此相距较远,或整体性建筑物虽相距较近,但它们联系后的面积较大时,则以不合并为宜。此时,整个施工场地的控制网可只考虑放样各整体性区段的轴线(即只考虑绝对精度),而对局部的整体性区段则通过加密控制网来进行放样;根据首级控制网(基本网)的精度(取决于仪器设备)及欲放样的整体性区段的放样要求,来决定加密控制网作为附合网或独立加强网(即在精度上高于首级控制)。

8.1.3 施工控制网的布设原则

根据上述施工控制网的特点与水工建筑物对放样精度要求的特点,施工控制网布设时应遵循如下原则:

①施工控制网应作为整个工程技术设计的一部分,所布设的点位应画在施工设计总平面图上,以防止控制桩被破坏。

②点位的布设必须顾及施工顺序和方法、场地情况、对放样的精度要求、可能采用的放样方法以及对控制点使用的频繁性等,以考虑放样精度要求高的主要建筑物密集处为主。一般来说,由于上游的点位随着坝身的升高,上、下游间通视将被阻挡而使一部分点位失去作用,故在布网时点位的分布应以坝的下游为重点;但为了放样方便,布点时仍应适当照顾上游。

③河面开阔地区的大型水利枢纽以分级布设基本网和定线网为宜。对于高山狭谷,河面较窄地区的大、中型水利枢纽,在条件允许时可布设全面网,条件不具备则可采用分级布网。根据具体情况,也可布设精度高于上一级的加密网。

《工程测量规范》(GB 50026—2007)规定:

8.4.1　水工建筑物施工平面控制网可采用 GPS 网、三角形网、导线及导线网等形式;首级施工平面控制网等级,应根据工程规模和建筑物的施工要求按表 8.1 选用。

各等级施工平面控制网的平均边长应符合表 8.2 的规定。

表 8.1　首级施工平面控制网等级的选用

工程规模	混凝土建筑物	土石建筑物
大型工程	二等	二或三等
中型工程	三等	三或四等
小型工程	四等或一级	一级

表 8.2　水工建筑物施工平面控制网的平均边长

等　级	二等	三等	四等	一级
平均边长/m	800	600	500	300

8.4.2　水工建筑物施工高程控制网的建立应满足下列要求:

(1)施工高程控制网,宜布设成环形或附和路线;其精度等级的划分,依次为二、三、四、五等。

(2)施工高程控制网等级的选用,应符合表 8.3 的规定。

表 8.3　施工高程控制网等级的选用

工程规模	混凝土建筑物	土石建筑物
大型工程	二等或三等	三等
中型工程	三等	四等
小型工程	四等	五等

(3)施工高程控制网的最弱点相对于起算点的高程中误差,对于混凝土建筑物不应大于 10 mm,对于土石建筑物不应大于 20 mm。根据需要,计算时应顾及起算数据误差的允许。

8.4.3　手工建筑物施工控制网应定期复测,复测精度与首次测量精度相同。

④在设计总平面图上,建筑物的平面位置以施工坐标系表示。此时,直线型大坝的坝轴线通常取作坐标轴,所以布设施工控制网时应尽可能把大坝轴线作为控制网的一条边。

⑤施工放样需要的是控制点间的实际距离,所以控制网边长通常投影到建筑物平均高程面上,有时也投影到放样精度要求高的高程面上,如水轮机安装高程面上。

如图 8.1(a)所示为某大型水利枢纽施工控制网的基本网形。坝轴线包括在三角网内,且作为三角网的一条边(01 ~06),这样三角网可直接采用以坝轴线方向为坐标轴的施工坐标系。坝址附近江面开阔,充分利用江中的两个沙洲来布点,既可缩短边长、增加点的密度,又提高了控制网的精度。控制网中布设了两菱形基线网(大坝的上、下游各一个),这不仅提供了可靠的检核条件,还可以使大坝地区控制网具有一定的精度。

如图 8.1(b)所示为另一水利枢纽施工控制网布设实例。该枢纽的大坝在河床部分为混凝土重力坝,两岸为土坝,其主要建筑物有厂房、溢流坝和升船机道等。混凝土坝总长为 636 m,最大坝高为 78 m。该水利枢纽地处山区,河道两岸比较狭窄。基本网为沿河两岸布设的三角锁,由 6 个三角形共 8 个点组成。其中基东、控$_4$、基西、控$_8$、控$_3$ 等点控制了大坝轴线，为加密大坝定线网提供依据。在大坝附近下游河滩上布设了一条基线作为起始边，使大坝建筑区的控制网精度为最高，这对于主要建筑物的施工放样是很有利的。一般来说，基本网应布设两条基线，如受地形条件限制，第二条基线的精度不高，可不参加平差而只起检核作用。

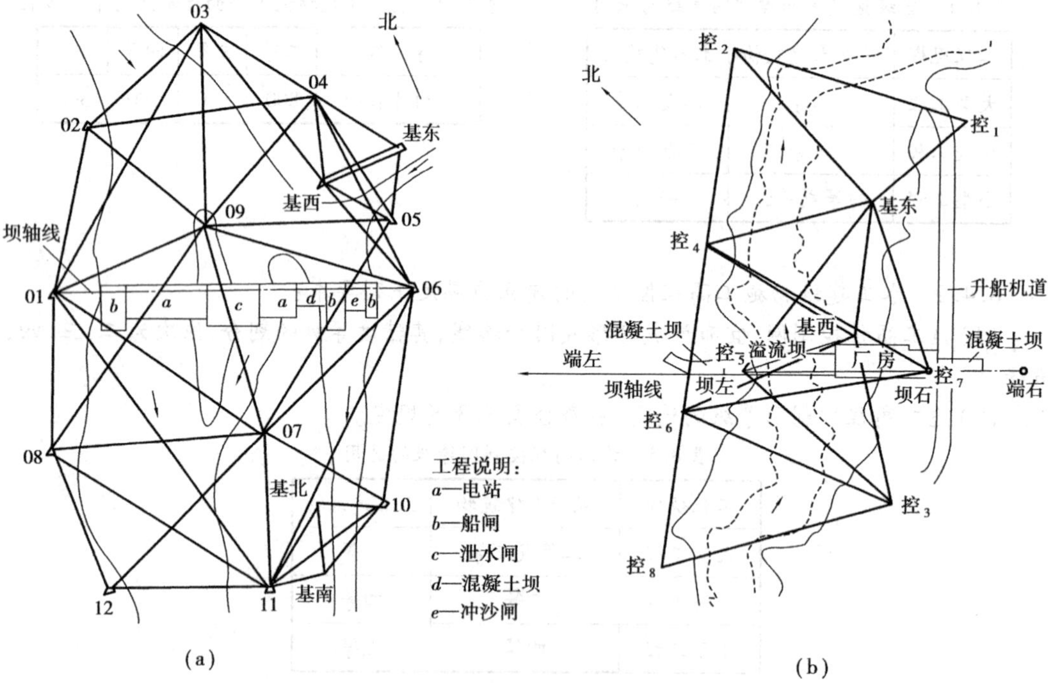

图 8.1　大坝施工控制网

目前由于全站仪的广泛使用，使测距精度高于测角精度，边角网及导线网也逐渐应用于水利枢纽工程的施工控制网中，控制网的精度也越来越高，更有利于大坝及其精密设备的施工放样。

任务 8.2　混凝土重力坝的放样

如图 8.2(a)所示是一般混凝土重力坝的示意图。它的施工放样工作包括：坝轴线的测设、坝体控制测量、清基开挖线的放样和坝体立模放样等。

8.2.1　坝轴线测设

混凝土重力坝的轴线是坝体与其他附属建筑物放样的依据，它的位置正确与否直接影响建筑物各部分的位置。一般先在图纸上设计坝轴线的位置，然后根据图纸上量出的数据，计算出两端点的坐标以及和附近施工控制网中三角点之间的关系，在现场用交会法或极坐标法测设坝轴线两端点，如图 8.2(b)中的 A 和 B。为了防止施工时受到破坏，需将坝轴线两端点延长到两岸的山坡上，各定 1 ~ 2 点，分别埋桩，用以检查端点的位置。

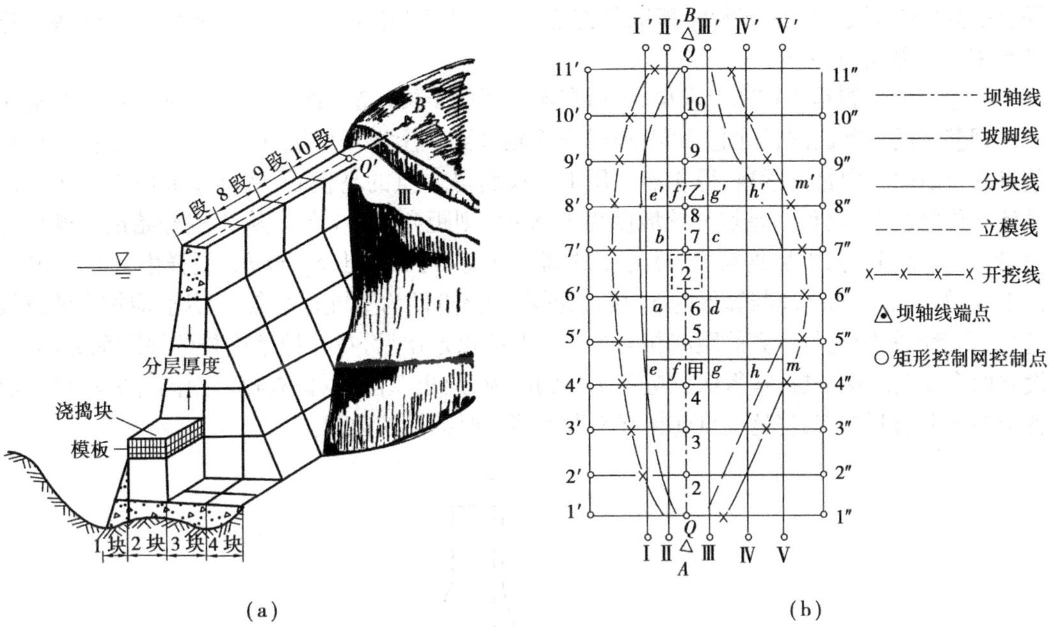

图8.2 混凝土重力坝的坝体控制网

8.2.2 坝体控制测量

混凝土坝的施工采取分层分块浇筑的方法,每浇一层一块就需要放样一次,因此,要建立坝体施工控制网作为坝体放样的定线网。一般常用施工坐标系进行放样,坝体施工控制网可布设成矩形网。

如图8.2(b)所示,是以坝轴线 AB 为基准布设的矩形网,它是由若干条平行和垂直坝轴线的控制线所组成,格网的尺寸按施工分块的大小而定。测设时,将经纬仪安置在 A 点,照准 B 点,在坝轴线上选甲、乙两点,通过这两点测设与坝轴线相垂直的方向线,由甲、乙两点开始,分别沿垂线方向按分块的宽度定出 e、f 和 g、h、m 以及 e'、f' 和 g'、h'、m' 等点。最后将 ee'、ff'、gg'、hh' 及 mm' 等连线延伸到开挖区外,在两侧山坡上设置Ⅰ,Ⅱ,…,Ⅴ和Ⅰ',Ⅱ',…,Ⅴ'等放样控制点。然后在坝轴线方向上,按坝顶的高程,找出坝顶与地面相交的两点 Q 与 Q',再沿坝轴线按分块的长度定出坝基点2,3,4,…,10,通过这些点各测设与坝轴线相垂直的方向线,并将方向线延长到上、下游围堰上或两侧山坡上,设置1',2',3'…,11'和1",2",3",…,11"等放样控制点。

在测设矩形网的过程中,测设直角时须用盘左、盘右取平均值,丈量距离应细心校核,以免发生错误。

8.2.3 清基中的放样工作

在清基工作之前,要修筑围堰工程,将围堰以内的水排尽,就可以开始清基开挖线的放样。如图8.2(b)所示,可在坝体控制点1'、2'等点上安置经纬仪,瞄准对应的控制点1"、2"

等,在这些方向线上定出该断面基坑开挖点(图8.2(b)中有"×"记号的点),将这些点连接起来就是基坑开挖线。

开挖点的位置是先在图上求得,然后在实地用逐步接近法测定的。如图8.3所示是通过某一坝基点设计断面图,从图上可以查得由坝轴线到坝上游坡脚点A'的距离,在地面上由坝基点p沿断面方向量此距离,得A点。用水准仪测得A点的高程后,就可以求得它与A'点的设计高程之差h_1,当设计基坑开挖坡度为$1:m$时,则距离$S_1=mh_1$。从A点开始沿横断面方向量出S_1,得(Ⅰ)点,然后再实测(Ⅰ)与A'的高差h_2,又可计算出$S_2=mh_2$,同样由A点量出S_2得Ⅰ点,如果量得的距离与算得的S_2接近相等,则该点即为基坑开挖点。否则,应按上法继续进行,到量出的距离与计算的距离相等为止。开挖点定出后,在开挖范围外的该断面方向上,设立两个以上的保护桩,量得保护桩到Ⅰ点的距离,绘出草图,以备查核。用同样方法可定出各个断面上的开挖点,将这些点连接起来即为清基时的开挖边线。

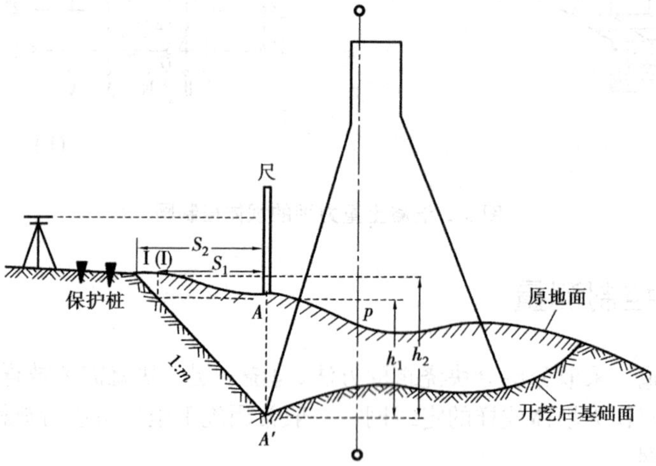

图8.3　清基放样示意图

8.2.4　坝体立模中的放样工作

1)坝坡面的立模放样

坝体立模是从基础开始的,因此立模时首先要找出上、下游坝坡面与岩基的接触点。

如图8.4所示是一个坝段的横断面图,假定要浇筑混凝土块$A'B'E'F'$,首先需要放样出坡脚点A'的位置:可先从设计图上查得块顶B'的高程$H_{B'}$及距坝轴线的距离a以及上游设计坡度$1:m$;而后取坡面上某一点C',设其高程为$H_{C'}$,则$S_1=a+(H_{B'}-H_{C'})\mathrm{m}$,由坝轴线起沿断面量出$S_1$得$C$点,并用水准仪实测$C$点的高程$H_C$,如果它与$A'$点的设计高程$H_{A'}$值相等,$C$点即为坡脚点;否则,应根据实测的$C$点高程,再计算$S_2=a+(H_{B'}-H_{C'})\mathrm{m}$,从坝轴线量出$S_2$得$A'$点,用逐步接近法最后就能得到坡脚点的位置。连接各相邻坡脚点,即为浇筑块上游坡脚线,沿此线就可按$1:m$坡度架立坡面板。

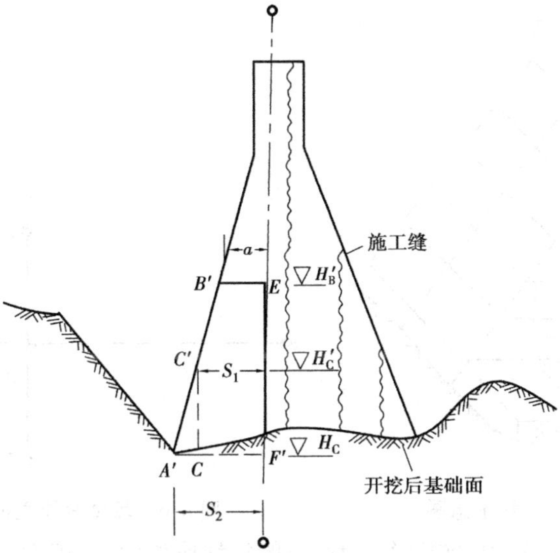

图 8.4　坝坡立模放样

2)坝体分块的立模放样

在坝体中间部分的分块立模时,可将分块线投影到基础面或已浇好的坝块面上。如图8.5所示是第六坝段最底层分成甲、乙、丙三个坝块。随着坝体向上浇筑,大坝的宽度变窄,坝块可能减少,但对不同的水平层,每一块的形状都呈矩形。顾及大坝浇筑,每层厚度一般为1.5~3 m,对于100多米高的大坝,重复放样的次数很多。为了混凝土浇筑的立模放样,通常在两岸建立标志,形成平行坝轴的方向线,在上、下游围墙上建立垂直坝轴线的方向线,然后用方向线法放样立模控制线。根据所建立的方向线放样立模点的顺序是:在一条方向线的一个端点(图8.6中 A 点)安置全站仪,照准该方向线的另一端点(B 点)上的标志,在 P 点附近根据全站仪标出这一方向线 ab;在另一方向线的一端点(C 点)安置全站仪,照准 D 点上的标志,在 P 点附近再标出一方向线 cd。两条方向线的交点即为欲放样的立模点 P。对于放样的 P 点,也可以首先计算其在施工控制网中的坐标,然后用全站仪根据其坐标值用极坐标法或直角坐标法直接放样。坝体填筑及混凝土建筑物轮廓点施工放样允许偏差见表8.4。

表 8.4　填筑及混凝土建筑物轮廓点施工放样的允许偏差

建筑材料	建筑物名称	允许偏差/mm	
		平面	高程
混凝土	主坝、厂房等各种主要水工建筑物	±20	±20
	各种导墙及井、洞衬砌	±25	±20
	副坝、围堰心墙、护坦、护被、挡墙等	±30	±30
土石料	碾压式坝(堤)边线、心墙、面板堆石坝等	±40	±30
	各种坝(堤)内设施定位、填料分界线等	±50	±50

注:允许偏差是指放样点相对于临近控制点的偏差。

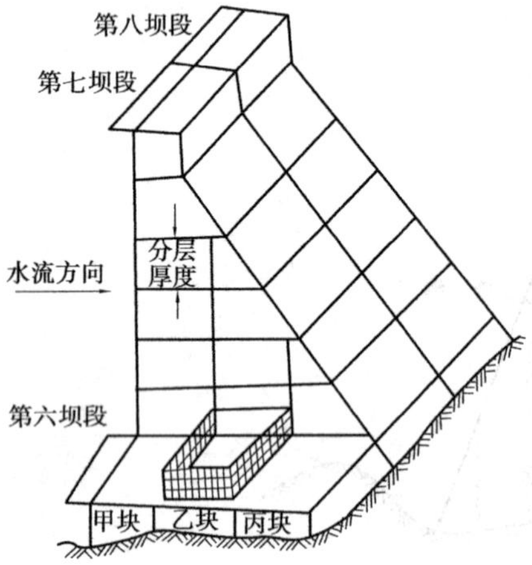

图 8.5　坝体分块示意图

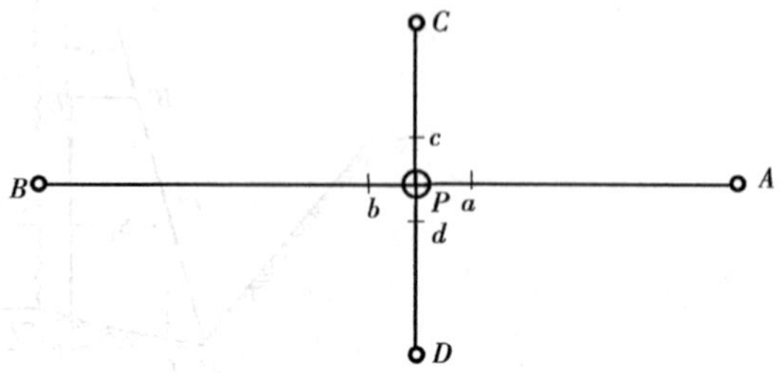

图 8.6　坝体分块立模放样示意图

在重力坝的立模放样中，实际作业时，一般每坝块放样时，用方向法放出 1 ~ 2 个点，如图 8.7 中的 O 点，再由它们用直角坐标法或极坐标法放样出坝块的细部(图 8.7)。当然也可以用全站仪在控制点上直接放样出每坝块的各个角点，再通过丈量各边的长度来检核，以确定放样的精度。

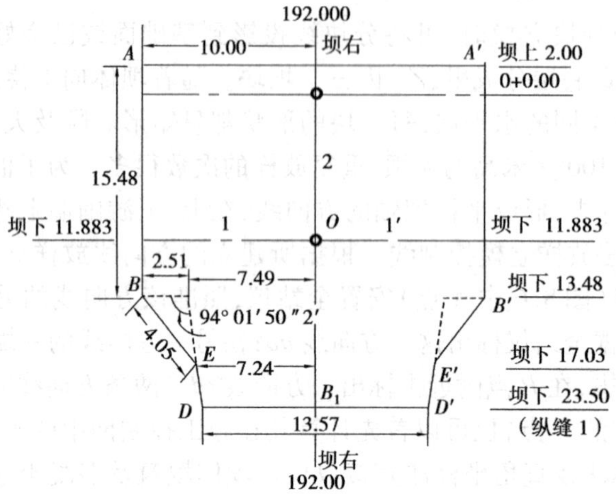

图 8.7　每块坝体的细部放样

任务 8.3　渠道测量

渠道是农田水利基本建设的重要内容之一，分灌溉渠道和排水渠道两类。无论兴修灌渠还是排渠，都必须进行测量，为设计施工提供依据。一般中小型渠道的测量步骤为：踏勘和选线、中线测量、纵横断面测量和土方计算及施工放样。

8.3.1　渠道的踏勘和选线

选择渠道线路应考虑以下几个主要条件：

①渠道要尽量短而直，避开障碍物，以减少工程量和水流损失。

②灌溉渠道应尽量选在比灌区稍高的地方，以便自流灌溉；而排水渠道应选在排水区较低的地方，以便排出区内的积水。

③土质要好，坡度要适当，以防渗漏、淤塞、冲刷和坍塌。

④挖、填土石方量要小，渠道建筑物要少，尽量利用旧沟渠，要考虑综合利用，如对山区渠道布置应集中落差，以便发电。

根据上述条件，首先在图上选线，然后再到现场踏勘，最后进行实地选线。

图上选线：若渠道大而长，一般应在地形图上选出几条线路作为预选方案，然后权衡利弊，从中定出一条比较好的线路；如果渠道短而小，便可直接到实地踏勘、定线。

现场踏勘：在图上选出渠道线路后，由各方面人员组成小组，到实地沿着选出的渠线勘察一遍，即踏勘。在踏勘中，要进一步衡量选出的渠线是否符合要求，最后把确定下来的方案标绘到地形图上。

8.3.2　渠道中线测量

中线测量的任务是测出渠道的长度和转折角的大小，并在渠道转折处设置曲线。在渠道线路初步选定后，就要在实地标出渠道中心线，并在实地打桩。为了便于计算渠道长度及绘图施工，必须从渠道起点开始，沿着渠道方向丈量渠道长度，每隔 20 m、30 m、50 m 或 100 m 打一标桩(一般山地丘陵地区桩距20 m 或30 m，平地桩距50 m 或100 m)，称为里程桩。在两里程桩间地形坡度有明显的变化点或经过河、沟、坑、路以及需要构筑水利工程(涵洞、水泵房等)的地方，都应打桩，称为加桩。加桩可用直径 5 cm、长 30 cm 左右的木桩，打入地下，露出地面5 ~ 10 cm；桩头一侧削平朝向渠道起点，以便于注记。在标定渠线的同时，应丈量出各标桩至起点的水平距离，用红铅笔或油漆记在桩头上或面向起点的桩侧面，作为桩号。注记时，在距离的公里数和米数之间写“ + ”号，如距离起点 1 050 m 的标桩应写作 1 +050，详见图 8.8 所示；起点桩号应写成 0 +000。渠道较长时，还要在丈量距离时，绘出渠线草图(图 8.8)，作为设计渠道时参考。绘制草图时，不必像绘地形图那样细致，可以把整个渠线用一条直线表示，在线上用小黑点表示里程桩的位置，点旁写上桩号。遇到转弯处，用箭头指出转向角方向，写上转角度数，以便用圆曲线相连接，使水流舒畅。沿线的主要地形、建筑物，目测画下来，能显示出特征即可，并记下地质情况、地下水位等资料，以便绘制纵断面图和给设计施工安排提供参考。

当渠道的里程桩和加桩标定完成后，即可进行渠道的中线测量。渠道中线测量就是渠道纵断面水准测量，其任务是测量出渠道中线上各里程桩及加桩的高程，为绘制纵断面图、计算渠道上各点的填挖深度提供数据。

当渠线较长时，为了保证纵断面测量的精度和便于施工时引测高程，必须沿渠道中心线在施工范围以外埋设水准点，每 1 ~ 3 km 敷设临时水准点。水准点高程应尽可能与附近

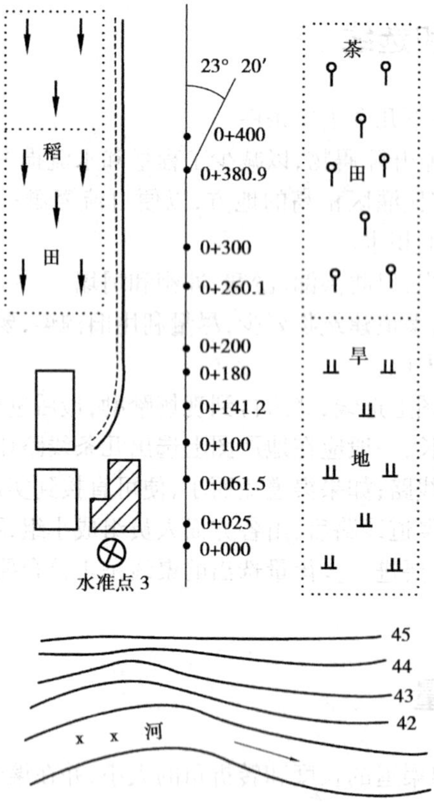

图 8.8 渠道测量草图

国家水准点联测。局部地区测量小型渠道时,若附近无国家水准点,可采用假定高程进行测量。水准点的测量一般按四等水准测量的精度要求进行实测。测定了水准点高程之后,可依次测量出渠道中心线各里程桩和加桩的高程。一般采用先计算仪器的视线高程,然后用视线高程减中视或前视读数来计算各桩点的高程。渠道纵断面测量的观测、记录、计算的方法与公路中线的纵断面测量的方法相同,不再详述。

8.3.3 渠道横断面测量

渠道横断面测量的任务是测出渠线上里程桩和加桩处两侧的地形起伏变化的情况,绘出横断面图,以便计算填挖土石方工程数量。横断面施测的宽度视渠道大小及地形变化情况而定,一般为渠道上口宽度的 2 ~ 3 倍,渠道横断面测量要求的精度比公路横断面测量要求的精度低,通常距离量至分米,高差量测至厘米即可。

施测时,首先应在渠道的各中心桩上(里程桩和加桩)定出横断面方向,而后以中心桩为依据向两侧施测,中心桩的左侧为左横断面,中心桩的右侧为右横断面,左右的确定是以顺水流方向为准。

由于横断面的测量精度要求比较低,因此标定横断面的方向可用量角器或简单的十字架。当用量角器测定断面方向时,首先用钢尺或施工线标出中心线,使量角器的一条直角边沿中心线方向，则另一条直角边所指的方向即为横断面的方向；用十字架来确定横断面的方向时，将十字架立于中心桩上，用其中的一根木条上的两钉瞄准前（或后）一个中心桩，则另一对钉连线所指引的方向，即为与中心线成垂直的横断面方向。

横断面的方向确定后，即可测量横断面上各地形变化点与中心桩的距离和高差。其测量方法有多种多样，有用标杆和皮尺配合测量，或用水准仪配合皮尺测量（图 8.10），也可以用全站仪直接测量距离和高差等。水准仪和全站仪的观测方法与公路中线的横断面测量相同，不再详述。在此只简单介绍标杆和皮尺配合（俗称为抬杆法）测量横断面的方法，在精度要求不高时，它是一种比较方便的重要方法，如图 8.9 所示。

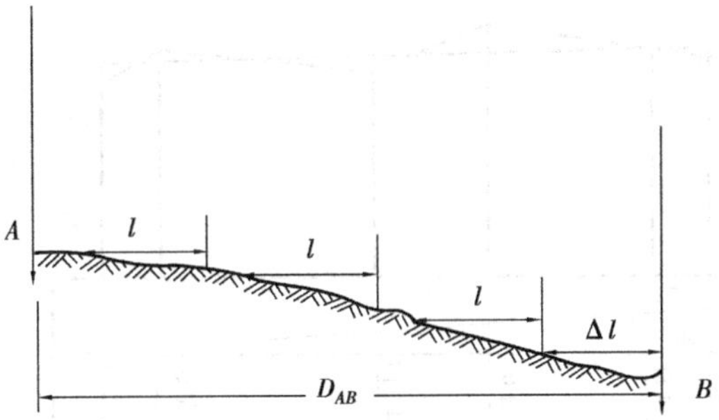

图 8.9　抬杆法测量横断面

图 8.10　水准仪测量横断面

标杆也称为花杆，红白相间，间隔 20 cm。将皮尺的零点端置于断面的中心桩上，拉平皮尺与竖立在横断面方向上点的标杆相交，从皮尺上读得水平距离，从标杆上读得高差。如 0 +020 桩左侧一段的第一点，读得水平距离 2.5 m，高差为 −0.40 m，测量结果用一分数表示，分母为距离，分子为高差（见表 8.5），接着继续由第一点向左测第二点，并记录距离、高差，直至测到要求的宽度，再在 0 +020 桩号右侧用同样的方法施测至要求的宽度，这样就完成了一个横断面的测量工作。记录手簿类似于表 8.5 所示，其他桩号以同法进行。

表 8.5　横断面测量记录表

路线名称：东风渠扩建工程　　测量日期：　年　月　日　　第　页　共　页

−0.2	−0.3	−0.5	−1.8	−0.6	−0.4	高差	桩号 0 +020	高差	0.8	1.5	2.6	0.7	0.3	0.4
1.6	2.1	4.6	5.1	3.0	2.5	平距		平距	3.2	1.9	4.8	5.5	2.9	3.4
测量：				记录：				复核：				监理工程师：		

8.3.4　渠道纵横断面图绘制

1）渠道纵断面图的绘制

通过渠道纵断面水准测量，得出渠道中线上各里程桩及加桩的高程。根据各里程桩及加桩的高程绘制成显示渠道纵向地面变化情况的图，称为纵断面图。它是设计渠底坡度和计算土方的一项重要资料。

渠道纵断面图通常绘在毫米方格纸上，纵轴表示高程，横轴表示距离。为了明显地显示出渠道中线的地势起伏情况，纵断面图的高程比例尺往往是距离比例尺的 10～20 倍。常用的比例尺：高程为 1∶100 或 1∶200，水平距离为 1∶1 000 或 1∶2 000。绘图时，先在纵断面图的里程横行内，按比例尺定出各里程桩和加桩的位置，并注上桩号，再将实测的里程桩和加桩的高程记入地面高程栏，并按高程比例尺在相应的纵向线上标定出来，将这些点连成折线，即为渠道纵向的地面线，如图 8.11 所示。

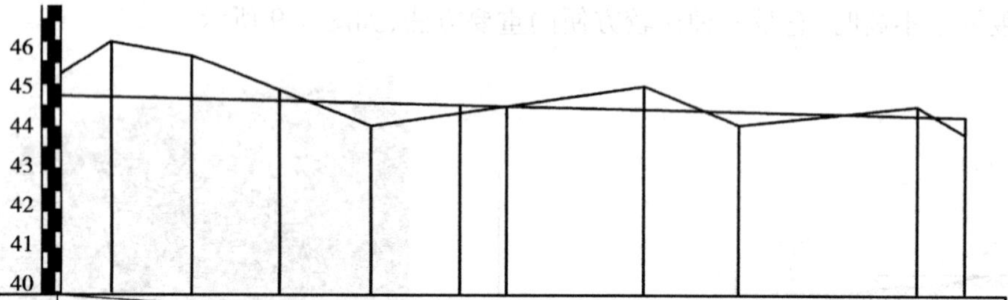

坡度	1.5‰ 400										
地面高程	45.21	46.00	45.90	44.90	44.12	44.41	44.60	44.95	44.17	44.32	43.92
设计高程	44.80	44.76	44.71	44.65	44.59	44.53	44.50	44.41	44.35	44.23	44.20
挖深	0.41	1.24	1.19	0.25			0.10	0.54		0.09	
填高					0.47	0.12			0.18		0.28
里程	0+000	0+025	0+061.5	0+100	0+141.2	0+180	0+200	0+260.1	0+300	0+380.9	0+400
直线及曲线	23° 20′ 右										

图 8.11　渠道纵断面图

在图 8.11 中的坡度栏内，斜线表示设计渠道的坡度方向线，斜线上方注明坡度的大小，下方注明这一坡度延续的距离。如图 8.11 所示的坡度为 1.5‰，延续距离为 400 m。各点的设计高程是指渠底的高程，它是根据渠道起点渠底的设计高程、设计坡度和水平距离逐点计算出来的，如 0＋000 的渠底设计高程为 44.80 m，设计坡度为下降 1.5‰，则 0＋025 的渠底设计高程应为 $44.80-\frac{1.5}{1\ 000}\times 25=44.76(\mathrm{m})$，将设计坡度线上两端点的高程标定到图上，两点的连线即为渠底的设计坡度线。地面高程与设计高程之差，就是挖深或填高的数值。

2）渠道横断面图的绘制

渠道横断面图的绘制方法基本上与纵断面图相同，为了方便计算面积，横断面图上水平距离和高程一般采用相同的比例尺，常用的比例尺为 1∶100 或 1∶200。图 8.12 是 0＋025 桩处的横断面图，纵横比例尺均为 1∶100。地面线是根据横断面测量的数据绘制而成的。设计横断面是根据里程桩挖深（1.24 m）、设计底宽（1.5 m）和渠道边坡（1∶1）绘成的。地面线与设计断面线所围的面积，即为挖方或填方的面积。图中所注数字：c 代表挖深，A_c 及

A_F 分别为算得的挖方面积(4.0 m^2)及填方面积(2.7 m^2)。

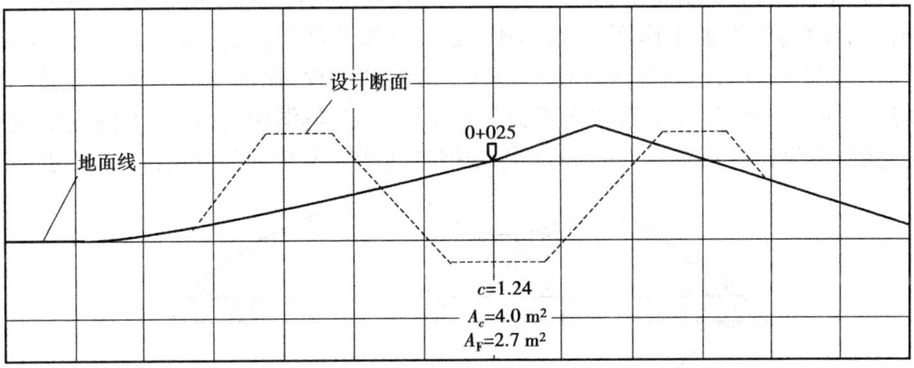

图 8.12　渠道横断面图

8.3.5　渠道施工断面放样

为了开挖土方有所依据,必须在每个里程桩及加桩上进行渠道横断面的放样工作,就是把渠道边坡与地面的交点用木桩标示出来。

渠道横断面图一般有三种形式:挖方断面,如图 8.13(a)所示;填方断面,如图 8.13(b)所示;半填半挖断面,如图 8.13(c)所示。

图 8.14 中虚线所表示的是一个半填半挖的渠道横断面图,按图上所注的数据,可从中心桩向两侧分别量距定出 A、B、C、D 与 E、F、G、H 等点,在开挖点(A、E)与外堤脚点(D、H)处分别打入木桩,堤顶边缘点(B、C 与 F、G)上按填高竖立竹杆,并扎紧绳子形成一个施工断面。

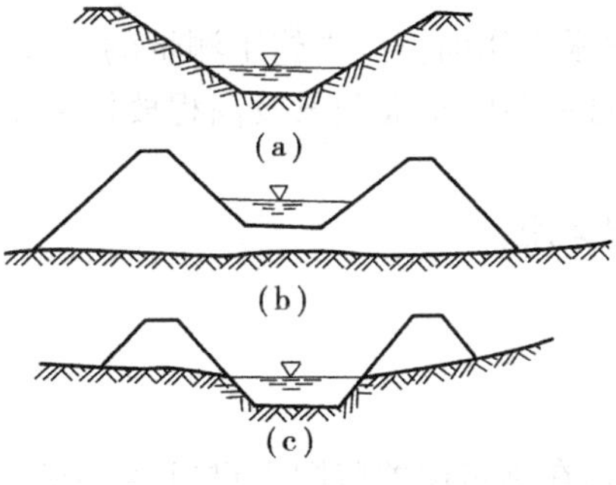

图 8.13　渠道横断面式样图

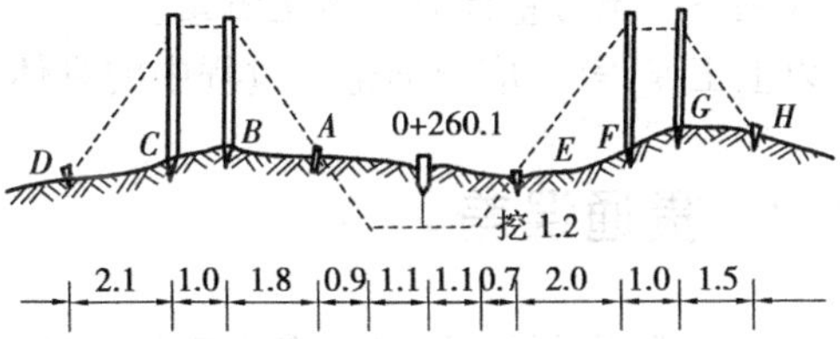

图 8.14　渠道横断面放样示意图

一般是每隔一段距离才放一个施工断面,以便于掌握施工标准。而其他里程桩只要钉出断面的开挖点与渠堤堤脚点,并分别洒以石灰线将各开挖点与各堤脚点连接起来,就能显示出整个渠道的开挖与填筑范围了。

任务 8.4　隧洞施工测量

根据隧洞的性质和用途可分为公路隧洞、铁路隧道、水工隧洞、过江(河)隧洞等多种工程隧洞。在水利工程建设中,为了施工导流、引水发电、修渠灌溉等,常常要修建隧洞。

这里主要介绍中小型隧洞施工测量的基本方法。

隧洞施工测量与隧洞的结构形式、施工方法有着密切联系，一般情况下隧洞多由两端相向开挖，有时为了增加工作面还在隧洞中心线上增开竖井，或在适当地方向中心线开挖平洞或斜洞(图8.15)，这就需要严格控制开挖方向和高程，保证隧洞的正确贯通。所以隧洞施工测量的任务是：建立平面和高程施工控制网，标定隧洞中心线，定出掘进中线的方向和坡度，保证按设计要求贯通，同时还要控制掘进的断面形状，使其符合设计尺寸。

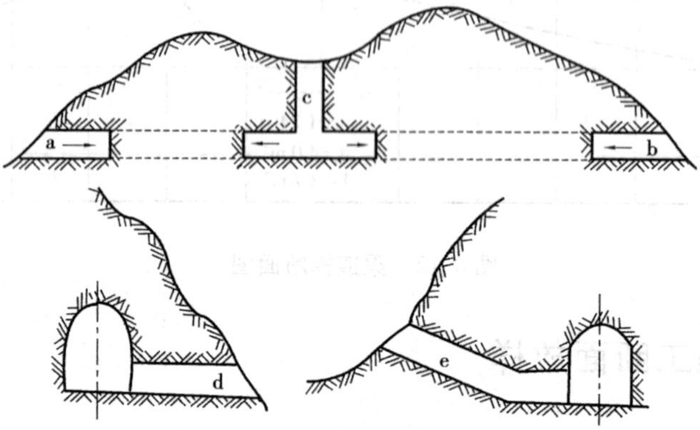

图8.15 隧洞开挖

a,b,c—平洞；d—竖井；e—斜井

8.4.1 隧洞施工测量程序

洞外控制测量程序：搜集有关资料→进行施工测量设计→建立控制网→测量→计算整理。

隧洞内开挖工作不断推进，洞内施工测量要紧跟工作面。洞内施工测量的一般工作程序：由隧洞外控制点放样到洞内点→标定开挖方向→洞内水准测量及高程放样→贯通后，洞中线调整→土方量计算→竣工测量。

以上工作程序，应根据施工过程中的具体情况运用。

8.4.2 贯通误差

地下工程测量最主要的任务在于保证地下工程在预定误差范围内贯通，由于测量误差积累，使两个相向开挖的施工中线不能理想的衔接，产生的错开现象称为贯通误差。

贯通误差在中线方向上的投影长度称为纵向贯通误差，允许值一般为±20 cm，纵向贯通误差只影响隧洞的长度。

在垂直于中线方向的水平投影长度称为横向贯通误差，影响隧洞断面的大小，如图8.16中Δ_y。如果横向贯通误差太大，会对施工产生很大影响，故应严格控制横向贯通误差。

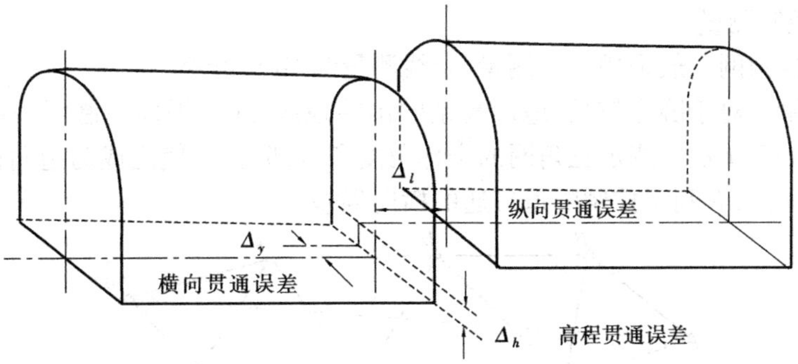

图8.16　横向贯通误差示意图

在垂线上的投影长度称为竖向贯通误差,也称为高程贯通误差,影响隧洞的坡度,如图8.16中Δ_h。

《工程测量规范》(GB 50026—2007)8.6.2规定,隧道工程的相向施工中线在贯通面上的贯通误差,不应大于表8.6的规定。

表8.6　隧道工程的贯通误差

类别	两开挖洞口间长度/km	贯通误差限差/mm
横向	$L<4$	100
	$4\leq L<8$	150
	$8\leq L<10$	200
高程	不限	70

注:作业时,可根据隧道施工方法和隧道用途的不同,当贯通误差的调整不会显著影响隧道中线几何形状和工程性能时,其横向贯通误差可适当放宽1~1.5倍。

8.4.3　洞外控制测量

1)控制网布设步骤

①收集资料。需要收集的资料很多,主要收集该区域的大比例尺地形图、路线的平面图、已有的控制测量资料以及气象、水文、交通等资料。

②现场踏勘。研究所收集的资料后,必须对隧洞穿越地区进行详细踏勘,观察和了解隧洞两侧的地物、地貌,注意隧洞走向以及隧洞与其他设施的位置关系。

③选点布网。结合现场踏勘选点,选定网的布设方案。布设方案的选择应根据已有的仪器情况、横向贯通误差大小、隧洞通过地形情况等进行综合考虑。

2)洞外控制测量

洞外控制测量一般布设成独立网。其目的是确定隧洞洞口位置,并为确定中线掘进方向和高程放样提供依据,包括平面控制测量和高程控制测量。

(1)平面控制测量

隧洞平面控制网一般采用三角测量、导线测量和 GPS 测量。

①三角测量。对于隧道较长、地形复杂的山岭地区，地面平面控制网一般布置成三角网形式，如图 8.17 所示。测定三角网的全部角度和全部边长，使之成为边角网。三角网的点位精度比导线高，有利于控制隧道贯通的横向误差。

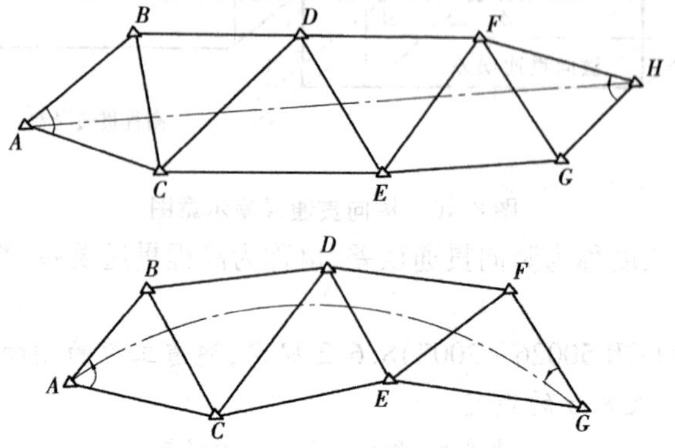

图 8.17　三角网控制测量

三角测量一般布设为线形三角锁，且测量一条或两条基线。布网时，三角点应尽量靠近轴线，洞口附近应至少布设两个控制点，洞口应尽可能的避免施工干扰，而且点位稳定、安全。

②导线测量。采用导线测量作为平面控制时，导线点应尽量靠近洞轴线布设，导线点个数不宜过多，且相邻导线边的距离大致相等。

③GPS 测量。用全球定位系统 GPS 技术作为地面平面控制时，只需要布设洞口控制点和定向点，而且要相互通视，以便施工定向用。不同洞口之间的点不需要通视，与国家控制点或城市控制点之间的联测也不需要通视。因此，地面控制点的布设灵活方便，且定位精度目前已优于常规控制方法。

《工程测量规范》(GB 50026—2007)8.6.4 规定，隧道洞外平面控制测量的等级，应根据隧道的长度选取，见表 8.7。

表 8.7　隧道洞外平面控制测量的等级

洞外平面控制网类别	洞外平面控制网等级	测角中误差/(″)	隧道长度 L/km
GPS 网	二等		$L>5$
	三等	—	$L\leqslant 5$
三角形网	二等	1.0	$L>5$
	三等	1.8	$2<L\leqslant 5$
	四等	2.5	$0.5<L\leqslant 2$
	一级	5	$L\leqslant 5$
导线网	三等	1.8	$2<L\leqslant 5$
	四等	2.5	$0.5<L\leqslant 2$
	一级	5	$L\leqslant 0.5$

(2)高程控制测量

为了保证隧洞在竖直面内正确贯通,将高程从隧道洞口(包括隧道的进出口、竖井口、斜井口和平洞口)传递到隧洞中去,作为控制开挖坡度和洞内高程的依据。

由竖井传递高程,如图8.18所示,根据地面上已知水准点 A 的高程 H_A 测定井底水准点 B 的高程 H_B。方法是:在地面上和井下各安置一台水准仪,并在竖井中悬挂一经过检定的钢尺(分划零点在井下),钢尺的下端悬挂重锤(重量与检定钢尺时的拉力相同),浸入盛油桶中,以减小摆动,A 点和 B 点上竖立水准尺,观测时,两台水准仪同时读取钢尺上及水准尺上的读数,由此求得 B 点的高程。

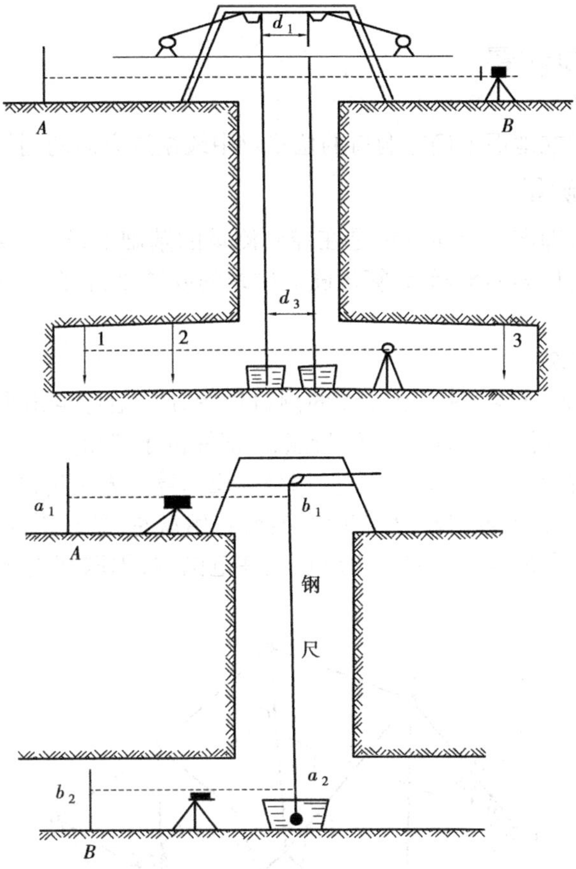

图8.18　由竖井传递高程

为了校核,应改变仪器高2~3次进行观测,各次所求高程的差值若不超过±5 mm,则取其平均值作为 B 点的高程。

隧洞的高程控制一般采用三、四等水准测量的方法施测,就可以达到高程贯通误差的允许值要求。

建立水准网时,基本水准点应布设在开挖爆破区域以外地基比较稳固的地方,作业水准点可布置在洞口与竖井附近,每一个洞口要埋设两个以上的水准点。

《工程测量规范》(GB 50026—2007)8.6.6规定,隧道洞外、洞内高程控制测量的等级,应分别依洞外水准路线的长度和隧道长度选取,见表8.8。

表 8.8　隧道洞外、洞内高程控制测量的等级

高程控制网类别	等级	每千米高差全中误差/mm	洞外水准路线长度或两开挖洞口间长度 S/km
水准网	二等	2	$S>16$
	三等	6	$6<S\leqslant16$
	四等	10	$S\leqslant6$

8.4.4　洞外定向测量

洞外定向测量，即在地面上确定洞口的位置及中线掘进方向的测量工作。

1）解析法定线测量

解析法定线测量，即洞外定向测量是在控制测量的基础上，根据控制点与图上设计的隧洞中线转折点、进出口等的坐标，计算出隧洞中线的放样数据，在实地将洞口位置和中线方向标定出来。

（1）洞口位置的标定

在实地布设三角网，应将图纸上设计的洞口位置在实地标定出来。如图 8.19 所示，*ABC* 为隧洞中线，*A*、*B* 为洞口位置，*C* 为转折点，*A* 正好位于三角点上，而 *C* 不在三角点上，需要根据各控制点坐标和 *B* 点的设计坐标，用坐标反算算出方位角，再计算出交会角。

放样时，在 5、6、7 安置经纬仪，分别测设交会角，用盘左、盘右测设平均位置，得三条方向线，若三条方向相交所形成的误差三角形在允许范围内，则取其内切圆圆心为洞口 *B* 的位置。

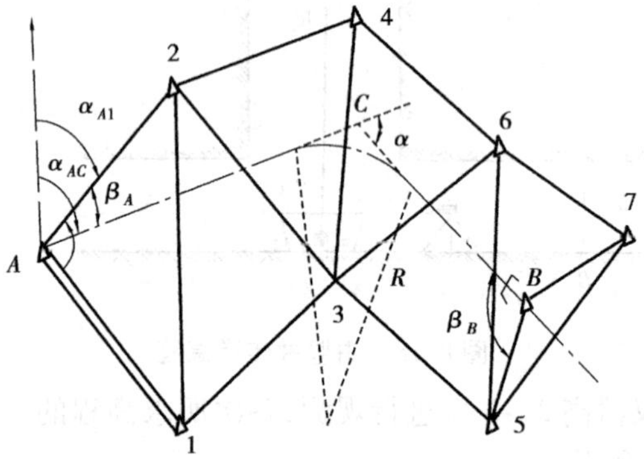

图 8.19　隧洞三角网布置图

（2）开挖方向的标定

隧道贯通的横向误差主要由隧道中线方向的测设精度所决定，而进洞时的初始方向尤其重要。因此，在隧道洞口，要埋设若干个固定点，将中线方向标定在地面，作为开始掘进及以后洞内控制点联测的依据。

如图8.20所示，用1、2、3、4标定掘进方向，再在洞口点 A 与中线垂直方向埋设5、6、7、8桩。所有固定点应埋设在不易受施工影响的地方，并测定 A 点至2、3、6、7点的平距。这样，在施工过程中可以随时检查或恢复洞口控制点的位置和进洞中线的方向及里程。

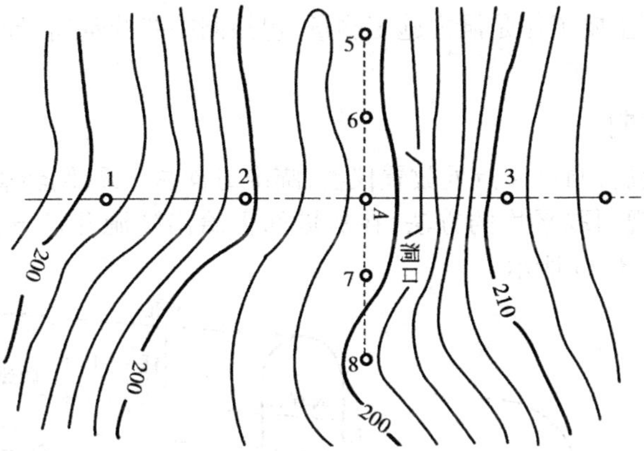

图8.20　掘进方向的标定

2）直接定线测量

直接定线测量：对于较短的隧洞，没有布设控制网时，则在现场直接选定洞口位置，然后用经纬仪按正倒镜定直线的方法标定隧洞中心线掘进方向，并求出隧洞的长度。

如图8.21所示，A、B 两点为现场选定的洞口位置，且两点互不通视，欲标定隧洞中心线，首先在 AB 连线上初选一点 C'；将经纬仪安置在 C' 点上，瞄准 A 点，倒转望远镜，在 AC' 的延长线上定出 D' 点，为了提高定线精度可用盘左盘右观测取平均，作为 D' 点的位置；然后搬仪器至 D' 点，同法在洞口定出 B' 点。通常 B' 与 B 不重合，此时量取 $B'B$ 的距离，并用视距法测得 AD' 和 $D'B'$ 的水平长度，求出 D' 点的改正距离，即

$$D'D = AD'/AB' \times B'B$$

在地面上从 D' 点沿垂直于 AB 方向量取距离 $D'D$ 得到 D 点，再将仪器安置于 D 点，依上述方法再次定线，由 B 点标定至 A 洞口。如此重复定线，直至 C、D 点位于 AB 直线上为止。最后在 AB 的延长线上各埋设两个方向桩 N_1、N_2 和 N_3、N_4，以指示开挖方向。

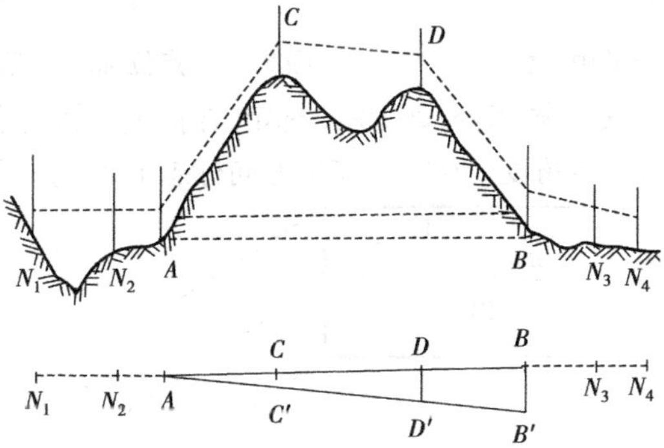

图8.21　隧洞直接定线图

8.4.5 洞内施工测量

隧洞的地下测量主要工作是洞内施工测量，包括洞中线的定向、导线的测量、水准测量及开挖段的放样等。

1）洞中线的定向

当洞口劈坡完成后，洞口 A 点处放置仪器，瞄准方向桩 1、2，倒转望远镜即为隧洞中线方向：采用盘左盘右观测取平均的方法，在劈坡面上给出隧洞开挖方向，如图 8.22 所示。洞内中线及腰线如图 8.23 所示。

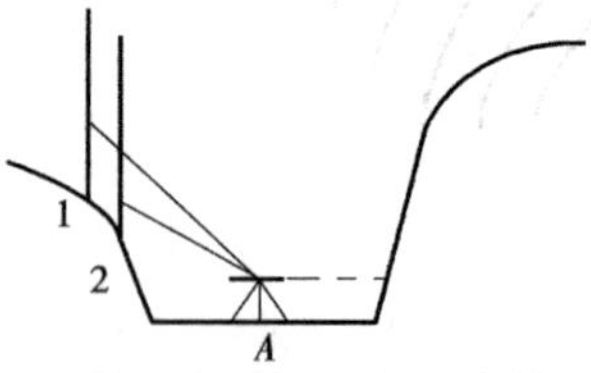

图 8.22 洞口开挖方向标定图

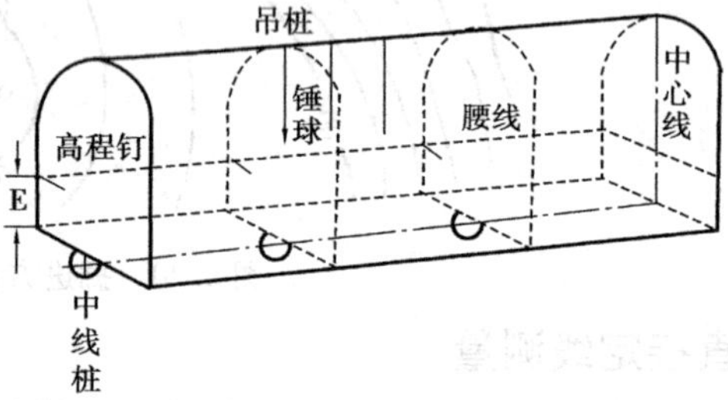

图 8.23 隧洞中线及腰线图

随着隧洞的掘进，需要继续把中心线向前延伸，一般当隧洞每掘进 20 m 要埋设一个里程桩。中线里程桩可以埋设在隧洞的底部或顶部，如图 8.24 所示。点位标志断面图如图 8.25所示。

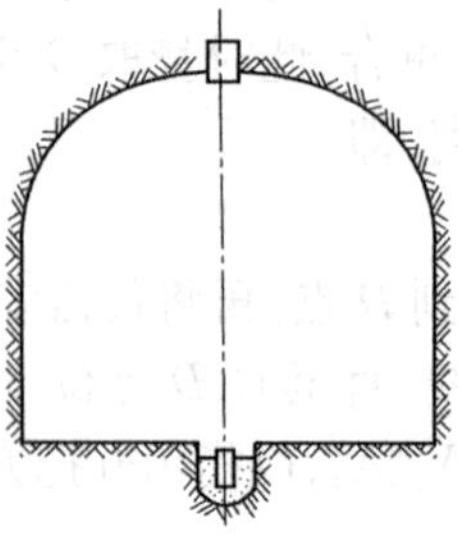

图 8.24 隧道中线桩

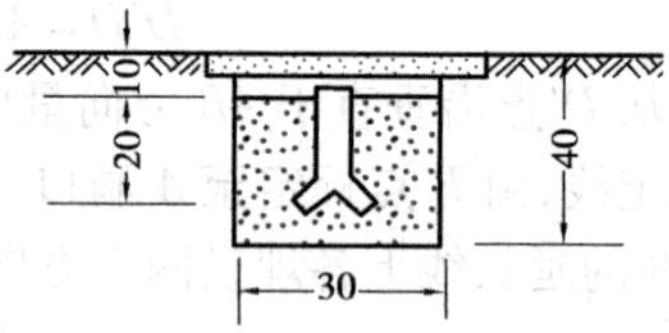

图 8.25 点位标志断面图（单位：cm）

对于不设置曲线的折线隧洞（图 8.26）中线标定，在掘进至转折点 A 时，在该点上安置经纬仪，瞄准后面中线桩 B，右转角度 $180° - \alpha$ 作出方向标志 1、2，用 1、2、A 三点指导向前开挖。

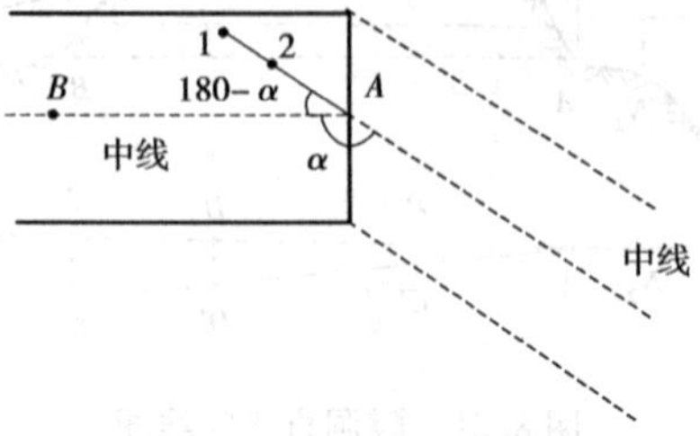

图 8.26 隧洞折线段测设

对于设置曲线的隧洞（图 8.27），可采用偏角法测设曲线隧洞的中线。Z、Y 分别为圆曲线的起点和终点，J 为转折点，L 为曲线全长，现将其 n 等分，则由公路测量圆曲线章节中求得每段曲线长所对的圆心角 φ，偏角 $\varphi/2$，对应的弦长 d。

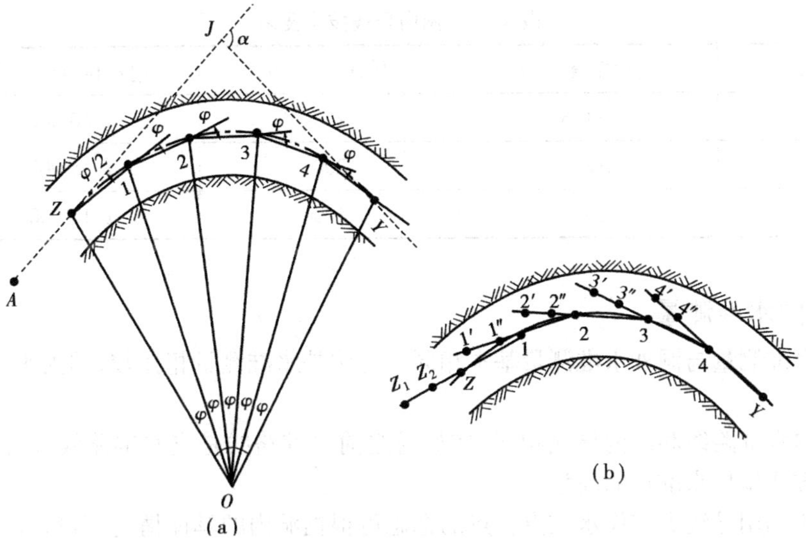

图 8.27 隧洞曲线测设

测设时，当隧洞沿直线掘进至曲线的起点 Z，并略过 Z 点一小部分，准确标出 Z 点。在 Z 点上安置经纬仪，后视中线桩 A，置角度 0°0′0″，再拨角 $180° - \varphi/2$，即得 Z—1 弦线方向，倒转望远镜，作出方向标志 Z_1、Z_2 点，根据 Z_1、Z_2、Z 三点的连线方向指导隧洞的开挖。当掘进到略大于弦长 d 后，按上述方法定 Z—1 方向。沿该方向用钢尺自 Z 点丈量弦长 d，即得曲线上的点 1。点 1 标定后，后视 Z 点，拨转角 $180° - \varphi$，即得 1—2 方向。

按上述方法掘进，沿视线方向量弦长 d，得曲线上的点 2，用同样的方法定出各点，直至曲线终点 Y。

2) 洞内导线测量

洞内导线测量与地面控制建立统一的坐标系统，根据导线坐标，放样隧洞中线，指示开挖方向，保证相向开挖的隧道在要求精度范围内贯通。

洞内导线测量要求洞内导线点通常设在隧道的洞口，每隔一定距离（50 ~ 100 m）选一中线桩作为导线点。导线点应尽量布设在干扰小、通视良好且稳固安全的地段。

洞内导线一般采用支导线布设形式，尽量沿线路中线布设，或与线路中线平移一段距离，边长接近相等。

《工程测量规范》（GB 50026—2007）8.6.5 规定，隧道洞内平面控制测量的等级，应根据隧道两开挖洞口间长度选取，见表 8.9。

表 8.9 隧道洞内平面控制测量的等级

洞内平面网类别	洞内导线网测量等级	导线测量中误差/(″)	两开挖洞口间长度/km
导线网	三等	1.8	$L \geq 5$
	四等	2.5	$2 \leq L < 5$
	一级	5	$L < 2$

为保证测量成果的正确性，最好由两组分别进行观测和计算。洞内导线的边长及角度的观测精度应按贯通误差计算准确。洞内导线技术要求见表8.10。

表8.10　洞内导线技术要求

等级	测角精度/(″)	导线边长/m	边长相对中误差
一	±1.8	250	1/20 000
二	±2.5	200	1/15 000
三	±5.0	100	1/10 000

3)洞内水准测量

洞内水准测量与洞外水准测量基本相同。与洞外水准测量相比较，洞内水准测量具有以下特点：

①洞内水准路线和洞内导线相同，在贯通之前水准路线是支水准路线，因而只有用多次测量的方法检核水准点的高程。

②一般利用导线点兼作水准点。点的标志可根据洞内的具体情况埋设在洞的底部、洞顶或两边侧墙上。

③由于洞内观测条件差，洞内水准路线是随开挖工作面的推进而延伸。为了满足施工放样的要求，一般先布设精度较低的临时水准路线，需进行往返测；然后再布设精度较高的水准路线，并在200 m左右埋设固定水准点。

④洞内水准测量的精度应根据竖向贯通误差和隧洞的长度来确定，也可参照《水利水电工程施工测量规范》(DL/T 5173—2012)的规定来进行观测。

练习与思考题

1.名词解释

纵向贯通误差　横向贯通误差　高程贯通误差　洞外定向测量

2.水利工程测量的任务及作用是什么？

3.水利工程测量施工控制网有哪些特点？

4.水利工程测量施工控制网布设的原则是什么？

5.混凝土重力坝的施工放样工作包括哪些？

6.如何测设平行于坝轴线的控制线？

7.渠道线路应考虑哪些条件？

8.渠道中线测量的作用是什么？

9.纵断面图的比例尺如何确定？

10.隧洞施工测量的基本任务是什么？

11.洞内施工测量的一般工作程序是什么？

项目9 建筑物变形观测

随着社会主义建设的蓬勃发展,各种大型建筑物,如高层建筑、水坝、大型桥梁、隧道及各种大型设备的出现,因变形而造成损失的也越来越多。这种变形总是由量变到质变而造成事故的。及时对建筑物进行变形观测,随时监视变形的发展变化,在未造成损失以前,及时采取补救措施,这就是变形观测的主要目的。它的另一个目的是检验设计的合理性,为提高设计质量提供科学的依据。

任务9.1 建筑物变形观测

9.1.1 变形观测概述

1)建筑物变形原因及分类

建筑物变形的原因有很多,其中地质条件、地震、荷载及外力作用的变化等是其主要原因。在建筑物的设计及施工中,都应全面考虑这些因素。如果设计不合理、材料选择不当、施工方法不当或施工质量低劣等其他原因,也会使变形超出允许值而造成损失。

建筑物产生变形时,必然会引起内部应力的变化,当应力变化达到极限值时,建筑物即遭到破坏。所以对有些建筑物,在测定变形的同时,应辅以应力测定。本章只涉及变形观测。

根据变形的性质,分为静态变形和动态变形两类。静态变形是时间的函数,观测结果只表示在某一期间内的变形;动态变形是指在外力作用下产生的变形,它是以外力为函数表示的,对于时间的变化,其观测结果表示在某一时刻的瞬时变形。

由于变形是随时间发展变化的,所以对静态变形要周期性地进行重复观测,以求取两相邻周期间的变化量;而对动态观测,则需用自动记录仪器记录其瞬时位置。本章主要说明静态变形的观测方法。

建筑物变形的表现形式,主要为水平位移、垂直位移和倾斜,有的建筑物也可能产生挠曲及扭转。当建筑物的整体性受到破坏时,则可产生裂缝。对于水工建筑物,还有应力应变观测、分层沉降观测、渗流观测、温度观测、滑坡崩塌观测等。

所谓变形,是指相对于稳定点的空间位置的变化,所以在进行变形观测时,必须以稳定点为依据。这些稳定点称为基准点或控制点。因而变形观测也要遵循从控制到碎部的原则。

根据观测结果,应对变形进行分析,得出变形的规律及大小,以判定建筑物是逐步趋于稳定还是变形继续扩大。如果变形继续扩大，且变形速率加快，则说明它有破坏的危险，应及时发出警报，以便采取措施。即使没有破坏，但变形超出允许值时，则会妨碍建筑物的正常使用。如果变形逐渐缩小，说明建筑物趋于稳定，到达一定程度即可终止观测。

2)变形观测的精度和频率

建筑物变形观测的精度，视变形观测的目的及变形值的大小而异，很难有一个明确的规定，国内外对此有各种不同的看法。原则上，如果观测的目的是为了监视建筑物的安全，精度要求稍低，只要满足预警需要即可，在1971年的国际测量工作者联合会(FIG)上，建议观测的中误差应小于允许变形值的1/10～1/20；如果目的是为了研究变形的规律，则精度应尽可能高些，因为精度的高低会影响观测成果的可靠性。当然，在确定精度时，还要考虑设备条件的可能，在设备条件具备且增加工作量不大的情况下，以尽可能高些为宜。

观测频率的确定，随荷载的变化及变形速率而异。例如，高层建筑在施工过程中的变形观测，通常楼层加高1～2层即应观测一次；大坝的变形观测，则随着水位的高低而确定观测周期。对于已经建成的建筑物，在建成初期，因为变形值大，观测的频率宜高；如果变形逐步趋于稳定，则周期逐渐加长，直至完全稳定后，即可停止观测。对于频临破坏的建筑物，或者是即将产生滑坡、崩塌的地面，其变形速率会逐渐加快，观测周期也要相应地逐渐缩短。观测的精度和频率两者是相关的，只有在一个周期内的变形值远大于观测误差，其所得结果才是可靠的。

《工程测量规范》(GB 50026—2007)10.1.3规定，变形监测的等级划分及精度要求，应符合表9.1的规定。

表9.1　变形监测的等级划分及精度要求

等级	垂直位移监测		水平位移监测	适用范围
	变形观测点的高程中误差/mm	相邻变形观测点的高差中误差/mm	变形观测点的点位中误差/mm	
一等	0.3	0.1	1.5	变形特别敏感的高层建筑、高耸构筑物、工业建筑、重大古建筑、大型坝体、精密工程设施、特大型桥梁、大型直立岩体、大型坝区地壳变形监测等
二等	0.5	0.3	3.0	变形比较敏感的高层建筑、高耸构筑物、工业建筑、古建筑、大中型坝体、直立岩体、高边坡、重要工程设施、重大地下工程、危害性较大的滑坡监测等
三等	1.0	0.5	6.0	一般性的高层建筑、多层建筑、工业建筑、高耸构筑物、直立岩体、高边坡、深基坑、一般地下工程、危害性一般的滑坡监测、大型桥梁等
四等	2.0	1.0	12.0	观测精度要求较低的建(构)筑物、普通滑坡监测、中小型桥梁等

注：变形观测点的高程中误差和点位中误差，是指相对于邻近基准点的中误差。

3）基准点与变形点的构造与布设

无论是水平位移的观测还是垂直位移的观测，都要以稳固的点作为基准点，以求得变形点相对于基准点的位置变化。对于用作水平位移观测的基准点，要构成三角网、导线网或方向线等平面控制网；对于用作垂直位移观测的基准点，则需构成水准网；由于对基准点的要求主要是稳固，所以都要选在变形区域以外，且地质条件稳定，附近没有震动源的地方。对于一些特大工程，如大型水坝等，基准点距变形点较远，无法根据这些点直接对变形点进行观测，所以还要在变形点附近相对稳定的地方，设立一些可以用来直接对变形点进行观测的点作为过渡点，这些点称为工作基点。工作基点由于离变形体较近，可能也有变形，因而也要周期性地进行观测。

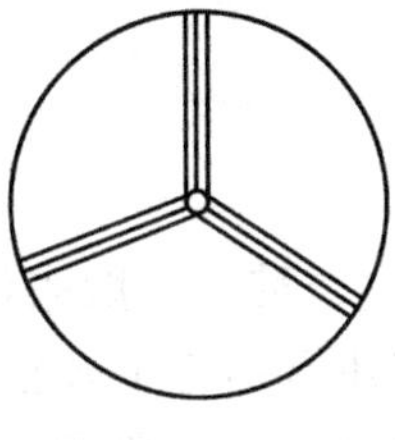

图9.1 强制对中器的构造

作为变形观测用的平面控制网，与地形测量或施工测量的控制网相比较，精度要求高，一般边长也较短。为了减少仪器对中误差对观测结果的影响，通常都埋设高1.3 m左右的观测墩，在墩顶安设强制对中器，以保证每次对中于同一位置上。强制对中器的构造如图9.1所示，中间有一螺孔，可用连接螺栓来固定仪器，也可将仪器的三个脚螺栓放置在互成120°的槽内，以使仪器中心与三条槽的交会点对准。观测墩的基础，宜建在基岩或其他稳固的地层上。

高程基准点的数目不应少于三个，因为少于三个时，如果有一点发生变化，就难以判定哪一点发生了变化。根据地质条件的不同，高程基准点（包括工作基点）可采用深埋式或浅埋式水准点。深埋式是通过钻孔埋设在基岩上，浅埋式的基础与一般水准点相同。点的顶部均设有半球状的不锈钢或铜质标志。

在变形观测时，不可能对建筑物的每一点都进行观测，而是只观测一些有代表性的点，这些点称为变形点或观测点。变形点要与建筑物固连在一起，以保证它与建筑物一起变化。为使点位明显、固定，以保证每次所观测的点位相同，也要设置观测标志。

变形点的数量和位置要能够全面反映建筑物变形的情况，并要顾及观测的方便。例如，对工业与民用建筑进行垂直位移观测时，其位置宜布设在建筑物的四角及荷载变化、楼层数变化以及地质条件变化处。对于大的建筑物，要求沿周边每隔10～20 m处布设一点，如图9.2所示。如果垂直位移是用水准测量的方法观测，在施工时，就在墙体底部离地面0.8 m左右处，按上述要求埋设凸出墙面的金属观测标志，以便于观测，如图9.3所示。这些标志要与墙体内的钢筋焊在一起，以保证它们的整体性。对于桥墩的垂直位移观测，则变形点宜布设在墩顶的四角，或垂直平分线的两端，以便于根据不均匀的垂直位移推求桥墩的倾斜程度。

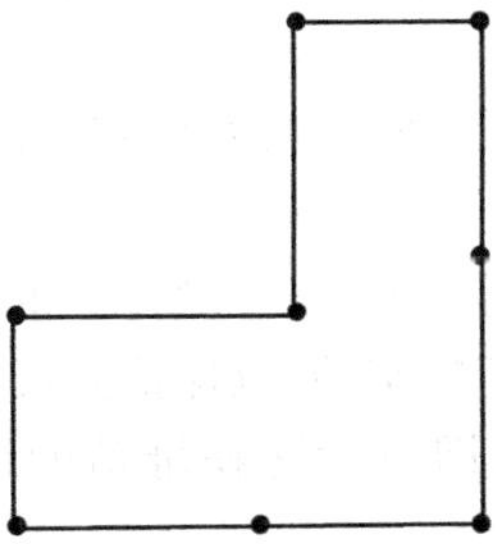

图9.2 建筑物监测点布置

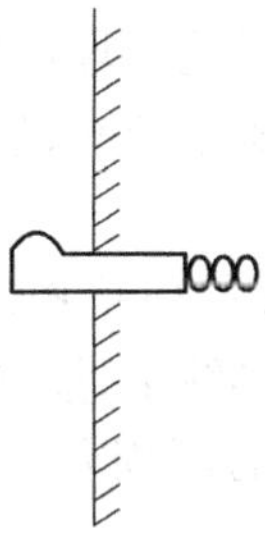

图9.3 监测标志与钢筋连接

水平位移变形点的布设,则视建筑物的结构、观测方法及变形方向而异。产生水平位移的原因很多,主要有地震、岩体滑动、侧向的土压力和水压力、水流的冲击等。其中有些对位移方向的影响是已知的,如水坝受侧向水压而产生的位移,桥墩受水流冲击而产生的位移等,即属这种情况。但有些对方向的影响是不知道的,如受地震影响而使建筑物产生的位移即是。对于不同的情况,宜采用不同的观测方法,相应的对变形点的布设要求也不一样。但不管以什么方式布设,变形点的位置必须具有变形的代表性,必须与建筑物固连,而且要与基准点或工作基点通视。在变形点上,如果可以安置觇标或仪器,则应设置强制对中器,以强制对中,减小对中误差;如果不能安置觇标,则应设置清晰而易于照准的目标,其颜色和图案的选择应有利于提高照准的精度。

9.1.2 垂直位移观测

建筑物受地下水位升降、荷载的作用及地震等的影响,会使其产生位移。一般来说,在没有其他外力作用时,多数呈下沉现象,对它的观测称沉降观测。在建筑物施工开挖基槽以后,深部地层由于荷载减轻而升高,这种现象称为回弹,对它的观测称为回弹观测。

垂直位移观测的高程依据是水准基点,即在水准基点高程不变的前提下,定期地测出变形点相对于水准基点的高差,并求出其高程,将不同周期的高程加以比较,即可得出变形点高程变化的大小及规律。

1)监测点布设注意事项及监测周期确定

(1)监测点布设注意事项

高层建筑垂直位移监测布设监测点时,应根据建筑物的大小、基础形式、结构特征及地质条件等因素确定。

①监测点应布置在建筑物沉降变化较显著的地方,并考虑在施工期间和竣工后能顺利进行监测的地方。

②在建筑物的四周角点、中点及内部承重墙上均需埋设监测点,并应沿房屋周长每隔10~12 m设置一个监测点,但工业厂房的每根柱子均应埋设监测点。

③由于相邻影响关系,在高层和低层建筑、新老建筑连接处,以及在相接触的两边都应布设监测点。

④在人工加固地基与天然地基交接和基础砌深相差悬殊处,以及在相接触的两边都应布设监测点。

⑤当基础形式不同时,需在情况变化处埋设监测点,地基土质不均匀、可压缩性土层的厚度变化不一等情况需适当埋设监测点。

⑥在振动中心基础上要布设监测点,对于烟囱、水塔等刚性整体基础上,应不少于3个监测点。

⑦宽度大于15 m的建筑物,在设置内墙体监测标志时,应设在承重墙上,并且尽可能布置在建筑物的纵横轴线上,监测标志上方应有一定的空间,以保证测尺直立。

⑧重型设备基础的四周及邻近堆置重物之处,即有大面积堆荷的地方,也应布置监测点。

⑨沉降监测点的埋设标高,一般在室外地坪+0.5 m较为适宜,但在布置时应根据建

筑物层高、管道标高、室内走廊、平顶标高等情况综合考虑。同时，还要注意所埋的监测点应避开柱间横隔墙、外墙上的雨水管等，以免所埋监测点无法检测而影响监测资料的完整性。

⑩在浇筑基础时，应根据沉降监测点的相应位置，埋设临时的基础监测点。

(2)监测周期确定

建筑物变形监测周期一般根据如下原则确定：

①沉降监测周期应能反映出建筑物的沉降变形规律。如砂土层上的建筑物，沉降在施工期间已大部分完成。根据这种情况，沉降监测周期应是变化的。在施工过程中，频率应大些，一般有3天、7天、半个月三种周期；到竣工使用时，频率可小些，一般有1个月、2个月、半年与1年等不同周期。

②在施工期间也可以按荷载增加的过程安排监测，即从监测点埋设稳定后进行第一次监测，当荷载增加25%时监测一次，以后每增加15%监测一次。

③建筑物使用阶段的观测次数，应视地基土类型和沉降速度而定。除有特殊要求外，一般情况下，可以在第1年监测4次，第2年2次，第3年后每年1次，直至稳定为止。

④观测期限一般不少于如下规定：砂土地基2年，膨胀土地基3年，黏土地基5年，软土地基10年。

2)垂直位移常用观测方法

常用观测方法：几何水准测量法、液体静力水准法、三角高程测量法。

3)垂直位移监测网的主要技术要求

由水准基点组成的水准网称为垂直位移监测网，它可布设成闭合环、结点或附合水准路线等形式。

如果设置有工作基点，则每年应进行一至两次与水准基点的联测，以检查工作基点是否发生变动。联测工作应尽可能选择固定的月份，即保证外界条件基本相同，以减少外界条件变化对成果的影响。

《工程测量规范》(GB 50026—2007)规定：

10.3.3　垂直位移监测基准网的主要技术要求应符合表9.2的规定。

表9.2　垂直位移监测监测网的主要技术要求

等级	相邻基准点高差中误差/mm	每站高差中误差/mm	往返较差或环线闭合差/mm	检测已测高差较差/mm
一等	0.3	0.07	$0.15\sqrt{n}$	$0.2\sqrt{n}$
二等	0.5	0.15	$0.30\sqrt{n}$	$0.4\sqrt{n}$
三等	1.0	0.30	$0.60\sqrt{n}$	$0.8\sqrt{n}$
四等	2.0	0.70	$1.40\sqrt{n}$	$2.0\sqrt{n}$

注：n为测段的测站数。

10.3.4　水准观测的主要技术要求应符合表9.3的规定。

表 9.3 水准观测的主要技术要求

等级	水准仪型号	水准尺	视线长度/m	前后视的距离较差/m	前后视的距离较差累积/m	视线离地面最低高度/m	基本分划、辅助分划读数较差/mm	基本分划、辅助分划所测高差较差/mm
一等	DS05	因瓦	15	0.3	1.0	0.5	0.3	0.4
二等	DS05	因瓦	30	0.5	1.5	0.5	0.3	0.4
三等	DS05	因瓦	50	3.0	3	0.3	0.5	0.7
	DS1	因瓦	50	2.0	3	0.3	0.5	0.7
四等	DS1	因瓦	75	5.0	8	0.2	1.0	1.5

注:①数字水准仪观测,不受基、辅分划读数较差指标的限制,但测站两次观测的高差较差,应满足表中相应等级基、辅分划所测高差较差的限值。

②水准路线跨江河时,应进行相应等级的跨河水准测量,其指标不受该表的限制。

4)变形点垂直位移的主要技术要求

变形点垂直位移观测的方法有多种,但常用的是水准测量。观测的精度等级和主要技术要求见表 9.4。

表 9.4 变形点垂直位移观测的精度要求和观测方法

等级	高程中误差/mm	相邻点高差中误差/mm	观测方法	往返较差、附合或环线闭合差/mm
一等	±0.3	±0.15	除按国家一等水准测量的技术要求施测外,尚需设双转点,视线≤15 m,前后视距差≤0.3 m,视距累计差≤1.5 m	$\leqslant 0.15\sqrt{n}$
二等	±0.5	±0.30	按国家一等水准测量的技术要求施测	$\leqslant 0.30\sqrt{n}$
三等	±1.0	±0.50	按国家二等水准测量的技术要求施测	$\leqslant 0.60\sqrt{n}$
四等	±2.0	±1.00	按国家三等水准测量的技术要求施测	$\leqslant 1.40\sqrt{n}$

注:n 为测站数。

由于变形观测是多周期的重复观测,且精度要求较高,为了避免误差的影响,需注意以下各点(三定原则):

①设置固定的测站与转点,使每次观测在固定的位置上进行(定点位)。

②人员固定,以减少人的误差的影响(定人员)。

③使用固定的仪器和水准尺,以减少仪器误差的影响(定仪器)。

9.1.3 水平位移观测

水平位移观测的平面位置是依据水平位移监测网,或称平面控制网。根据建筑物的结构形式、已有设备和具体条件,可采用三角网、导线网、边角网、三边网和视准线等形式。在采用视准线时,为了能够发现端点是否产生位移,还应在两端分别建立检核点。

为了方便，水平位移监测网通常都采用独立坐标系统。例如大坝、桥梁等往往以它的轴线方向作为 x 轴，而 y 坐标的变化即是它的侧向位移。为使各控制点的精度一致，都采用一次布网。

1）水平位移监测网的主要技术要求

监测网的精度应能满足变形点观测精度的要求。在设计监测网时，应根据变形点的观测精度，预估对监测网的精度要求，并选择适宜的观测等级和方法。

《工程测量规范》（GB 50026—2007）规定：

10.2.4　水平位移监测基准网的主要技术要求应符合表9.5的规定。

表9.5　水平位移监测基准网的主要技术要求

等级	相邻基准点的点位中误差/mm	平均边长 L/m	测角中误差/(″)	测边相对中误差	水平角观测测回数	
					1″级仪器	2″级仪器
一等	1.5	≤300	0.7	≤1/300 000	12	—
		≤200	1.0	≤1/20 000	9	—
二等	3.0	≤400	1.0	≤1/200 000	9	—
		≤200	1.8	≤1/10 000	6	9
三等	6.0	≤450	1.8	≤1/100 000	6	9
		≤350	2.5	≤1/80 000	4	6
四等	12.0	≤600	2.5	≤1/80 000	4	6

注：①水平位移监测基准网的相关指标，是基于相应等级相邻基准点的点位中误差的要求确定的。
②具体作业时，也可根据监测项目的特点在满足相邻基准点的点位中误差的要求前提下，进行专项设计。
③GPS水平位移监测基准网，不受测角中误差和水平角观测测回数的限制。

10.2.5　监测基准网的水平角观测，宜采用方向观测法。

10.2.6　监测基准网边长，宜采用电磁波测距，其主要技术要求应符合表9.6的规定。

表9.6　测距的主要技术要求

等级	仪器精度等级	每边测回数		一测回读数较差/mm	单程各测回较差/mm	气象数据测定的最小读数		往返较差/mm
		往	返			温度/℃	气压/Pa	
一等	1 mm级仪器	4	4	1	1.5	0.2	50	$\leqslant 2(a+b\times D)$
二等	2 mm级仪器	3	3	3	4			
三等	5 mm级仪器	2	2	5	7			
四等	10 mm级仪器	4		8	10			

注：①测回是指照准目标一次，读数2～4次的过程。
②根据具体情况，测边可采取不同时间段代替往返观测。
③测量斜距，须经气象改正和仪器的加、乘常数改正后才能进行水平距离计算。
④计算测距往返较差的限差时，a、b 分别为相应等级所使用仪器标称的固定误差和比例误差系数，D 为测量斜距（km）。

2)水平位移常用观测方法

变形点的水平位移观测有多种方法,常用观测方法有基准线法(是通过一条固定的基准线来测定监测点的位移),主要包括视准线法、引张线法、激光准直法、垂线法。而用于水利工程的外部变形监测,常用的观测方法有测角前方交会、后方交会、极坐标法、精密导线法、三角测量方法、GPS 观测法等,宜根据条件,选用适当的方法。

(1)测角前方交会

在变形点上不便于架设仪器时,多采用这种方法。如图9.4所示,A、B 为平面基准点,P 为变形点,由于 A、B 的坐标为已知,在观测了水平角 α、β 后,即可依下式求算 P 点的坐标。

$$\left.\begin{aligned} x_P &= \frac{x_A\cot\beta + x_B\cot\alpha - y_A + y_B}{\cot\alpha + \cot\beta} \\ y_P &= \frac{y_A\cot\beta + y_B\cot\alpha + x_A - x_B}{\cot\alpha + \cot\beta} \end{aligned}\right\} \tag{9.1}$$

点位中误差 m_P 的估算公式为:

$$m_P = \frac{m''_\beta D\sqrt{\sin^2\alpha + \sin^2\beta}}{\rho''\sin^2(\alpha+\beta)} \tag{9.2}$$

式中 m_β''——测角中误差;

D——两已知点间的距离;

ρ''——206 265″。

采用这种方法时,交会角宜在60°至120°之间,以保证交会精度。

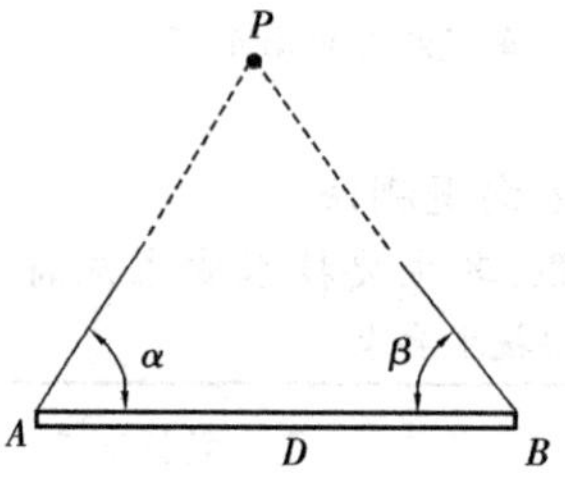

图9.4 前方交会

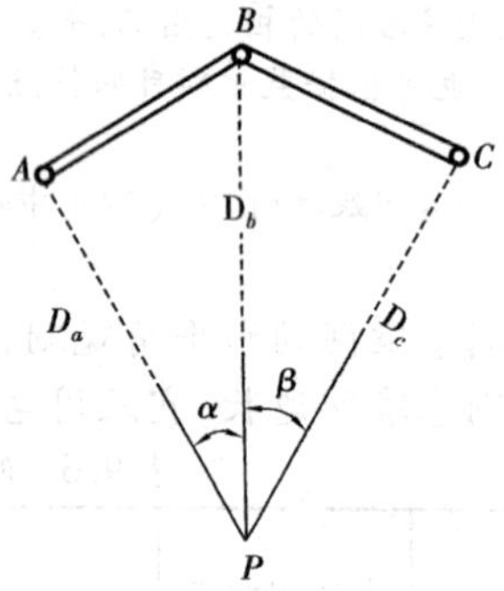

图9.5 后方交会

(2)后方交会

如果变形点上可以架设仪器,且与三个平面基准点通视时,可采用这种方法。如图9.5所示,A、B、C 为平面基准点,P 为变形点,当观测了水平角 α、β 后,即可依式(9.3)计算 P 点坐标。

$$\left.\begin{aligned} x_P &= x_B + \Delta x_{BP} = x_B + \frac{a - Kb}{1 + K^2} \\ y_P &= y_B + \Delta y_{BP} = y_B + K \cdot \Delta x_{BP} \end{aligned}\right\} \tag{9.3}$$

式中 $a = (x_A - x_B) + (y_A - y_B)\cot\alpha$

$b = -(y_A - y_B) + (x_A - x_B)\cot\alpha$

$c = -(x_C - x_B) + (y_C - y_B)\cot\beta$

$$d=(y_C-y_B)+(x_C-x_B)\cot\beta$$

$$K=\frac{a+c}{b+d}$$

点位中误差的估算公式为：

$$m_P=\frac{m''_\beta}{\rho''}\sqrt{\frac{D_{AB}^2D_c^2+D_{BC}^2D_a^2}{[D_c\sin\alpha+D_a\sin\beta+D_b\sin(\alpha+\beta)]^2}} \tag{9.4}$$

式中　m''_β——测角中误差。

采用这种方法时，需注意 P 点不能与 A、B、C 在同一圆周上，否则无定解。

(3)极坐标法

在光电测距仪出现以后，这种方法用得比较广泛，只要在变形点上可以安置反光镜，且与基准点通视即可。如图9.6所示，A、B 为基准点，其坐标已知，P 为变形点，当测出 α 及 D 以后，即可据以求出 P 点的坐标，由于计算方法简单，不再进行说明。

点位中误差的估算公式为：

$$m_P=\pm\sqrt{m_D^2+\left(\frac{m_\alpha}{\rho}D\right)^2} \tag{9.5}$$

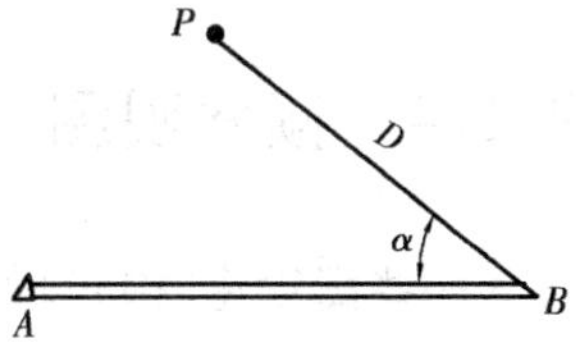

图9.6　极坐标法

(4)导线法

当相邻的变形点间可以通视，且在变形点上可以安置仪器进行测角、测距时，可采用这种方法。通过各次观测所得的坐标值进行比较，便可得出点位位移的大小和方向。这种方法多用于非直线形建筑物的水平位移观测，如对弧形拱坝和曲线桥的水平位移观测。

(5)视准线法

这种方法适用于变形方向为已知的线形建(构)筑物，是水坝、桥梁等常用的方法。如图9.7所示，视准线的两个端点 A、B 为基准点，变形点1、2、3等布设在 AB 的连线上，其偏差不宜超过2 cm。变形点相对于视准线偏移量的变化，即是建(构)筑物在垂直于视准点方向上的位移。量测偏移量的设备为活动觇牌，其构造如图9.8所示。觇牌图案可以左右移动，移动量可在刻划上读出。当图案中心与竖轴中心重合时，其读数应为零，这一位置称为零位。

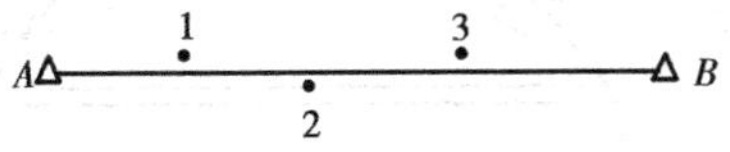

图9.7　视准线法

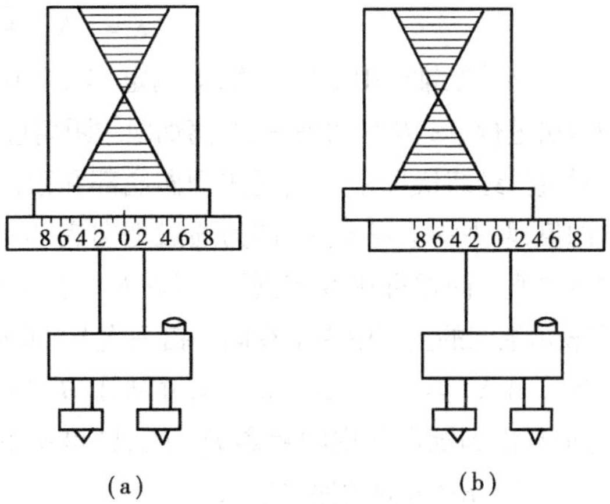

图9.8　活动觇牌构造

观测时在视准线的一端架设经纬仪，照准另一端的观测标志，这时的视线称为视准线。将活动觇牌安置在变形点上，左右移动觇牌的图案，直至图案中心位于视准线上，这时的读数即为变形点相对视准线的偏移量。不同周期所得偏移量的变化，即为其变形值。与此法类似的还有激光准直法，就是用激光光束代替经纬仪的视准线。

(6)引张线法

引张线法也是基准线法的一种，其工作原理与视准线法类似，但要求在无风及没有干扰的条件下工作，所以在大坝廊道里进行水平位移观测采用较多。所不同的是，在两个端点间引张一根直径为0.8 mm至1 mm的钢丝，以代替视准线。采用这种方法的两个端点应基本等高，上面要安置控制引张线位置的V形槽及施加拉力的设备。中间各变形点与端点基本等高，在上面与引张线垂直的方向上水平安置刻划尺，以读出引张线在刻划尺上的读数。不同周期观测时，尺上读数的变化即为变形点与引张线垂直方向上的位移值。

9.1.4 倾斜观测

一些高耸建(构)筑物，如电视塔、烟囱、高桥墩、高层楼房等往往会发生倾斜。倾斜度用顶部的水平位移值 K 与高度 h 之比表示，即

$$i=\frac{K}{h} \tag{9.6}$$

一般倾斜度用测定的 K 及 h 求算，如果确信建筑物是刚性的，也可以通过测定基础不同部位的高程变化来间接求算。高度 h 可用悬吊钢尺测出，也可用三角高程法测出。顶部点的水平位移值，可用前方交会及建立垂准线的方法测出。

1)前方交会法

采用前方交会法时，例如对高层楼房的墙角观测，则高处观测点与其理论位置的坐标差 Δx、Δy，即为在 x、y 方向上的位移值，其最大位移方向上的位移值为：

$$K=\sqrt{\Delta x^2+\Delta y^2} \tag{9.7}$$

像烟囱等圆锥形中空构筑物，应测定其几何中心的水平位移，这种情况可采用图9.9所示的方法进行。A、B 为两观测站，离烟囱的距离应不小于烟囱高度的2倍，并使 AP、BP 方向大致垂直。经纬仪先在 A 点观测烟囱底部和顶部相切两方向的值，取平均值得 a、a'，即为通过烟囱底部和顶部中心的方向值。同样再在 B 点观测，得 b、b'。若 $a\neq a'$，$b\neq b'$，则表示烟囱的上下中心不在同一铅垂线上，即烟囱有倾斜。计算出 $\Delta a=a'-a$，$\Delta b=b'-b$，并从 A、B 分别沿 AP、BP 方向量出到烟囱外皮的距离 D_A、D_B，则可按下式计算出垂直于 AP、BP 方向的偏移量 e_A、e_B：

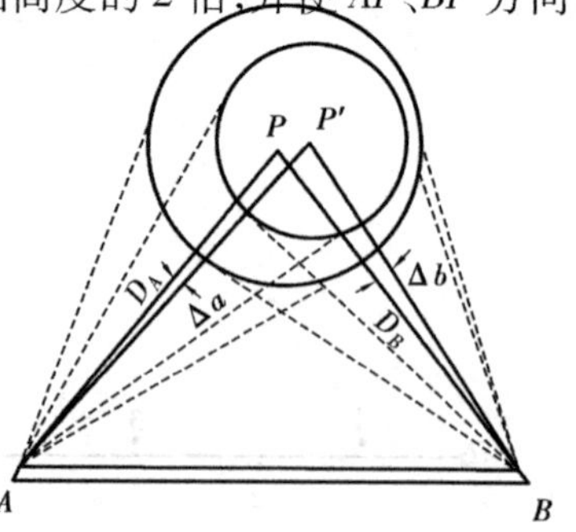

图9.9

$$\left.\begin{aligned} e_A &= \frac{\Delta a}{\rho}(D_A + R) \\ e_B &= \frac{\Delta b}{\rho}(D_B + R) \end{aligned}\right\} \tag{9.8}$$

式中,R 为烟囱底部的半径,可量出底部的周长后求得。烟囱总的偏移量 e 为:

$$e = \sqrt{e_A^2 + e_B^2} \tag{9.9}$$

根据 Δa、Δb 的正负号,还可以按下式计算出偏移的方向:

$$\alpha = \arctan \frac{e_A}{e_B} \tag{9.10}$$

α 为以 AP 为0°按顺时针方向计量的方位角。

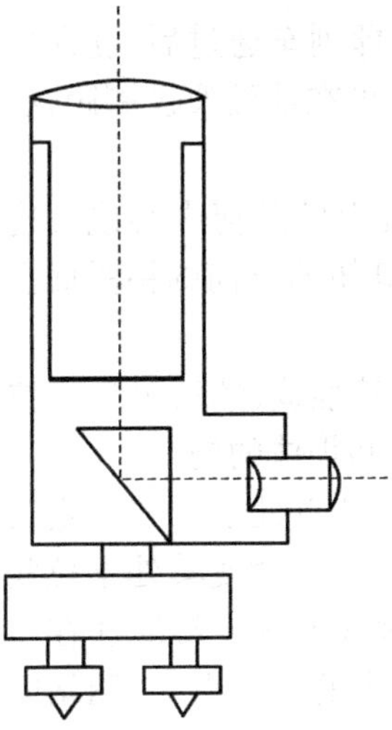

图9.10　铅垂仪构造

2)垂准线法

垂准线的建立,可以利用悬吊锤球,也可以利用铅垂仪(或称垂准仪)。

利用锤球时,是在高处的某点,如墙角、建筑物的几何中心处悬挂锤球,锤球线的长度应使锤球尖端刚刚不与底部接触,用尺子量出锤球尖至高处该点在底部的理论投影位置的距离,即为高处该点的水平位移值。

铅垂仪的构造如图9.10所示,当仪器整平后,即形成一条铅锤视线。如果在目镜处加装一个激光器,则形成一条铅垂的可见光束,称为激光铅垂线。观测时,在低部安置仪器,而在顶部量取相应点的偏移距离。

3)倾斜仪

在土石坝或岩土边坡的钻孔内用倾斜仪观测不同高程点位的清晰度,用以计算岩土内部的水平位移,以便分析岩土体的稳定性或产生内部裂缝的可能性,如图9.11所示。

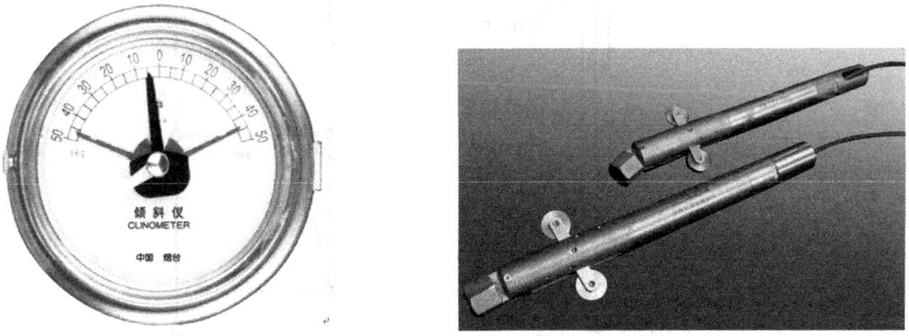

图9.11　倾斜仪

9.1.5　挠度观测

所谓挠度,是指建(构)筑物或其构件在水平方向或竖直方向上的弯曲值。例如桥的梁部在中间会产生向下弯曲,高耸建筑物会产生侧向弯曲。

如图 9.11 所示是对梁进行挠度观测的例子。在梁的两端及中部设置三个变形观测点 A、B 及 C，定期对这三个点进行沉降观测，即可依下式计算各期相对于首期的挠度值：

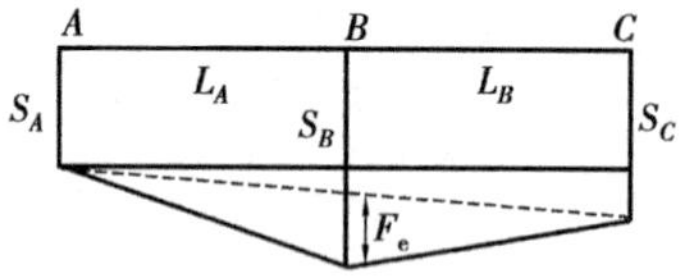

图 9.12　挠度观测

$$F_e = (S_B - S_A) - \frac{L_A}{L_A + L_B}(S_C - S_A) \qquad (9.11)$$

式中　L_A，L_B——观测点间的距离；

s_A，s_B，s_C——观测点的沉降量。

挠度观测的方法可用水准测量，如果由于结构或其他原因，无法采用水准测量时，也可采用三角高程的方法。

桥梁在动荷载（如列车行驶在桥上）作用下会产生弹性挠度，即列车通过后，立即恢复原状，这就要求在挠度最大时测定其变形值。为能测得其瞬时值，可在地面架设测距仪，用三角高程法观测，也可利用近景摄影测量法测定。

对高耸建（构）筑物竖直方向的挠度观测，是测定在不同高度上的几何中心或棱边等特殊点相对于底部几何中心或相应点的水平位移，并将这些点在其扭曲方向的铅垂面上的投影绘成曲线，就是挠度曲线。

对于水利工程的挠度观测，一般是在坝体内设置铅垂线作为基准线，然后测量坝体不同高度相对于铅垂线的位置变化，以测得各点的水平位移，从而得知坝体的挠度。

设置铅垂线的方法有正垂线和倒垂线两种。正垂线由一根悬挂点处于上部的垂线和一个安装在建筑物上处于垂线下部的测读站组成。垂线下部悬挂一重锤使其处于拉紧状态，重锤置于阻尼箱内，以抑制垂线的摆动，如图 9.13 所示。倒垂线的固定端灌注在整个垂线系统的下部，垂线由上面的浮筒拉紧。如果锚固安装在基础内的固定点上，测站的测量值是沿垂线测点的绝对位移量，如图 9.14 所示。

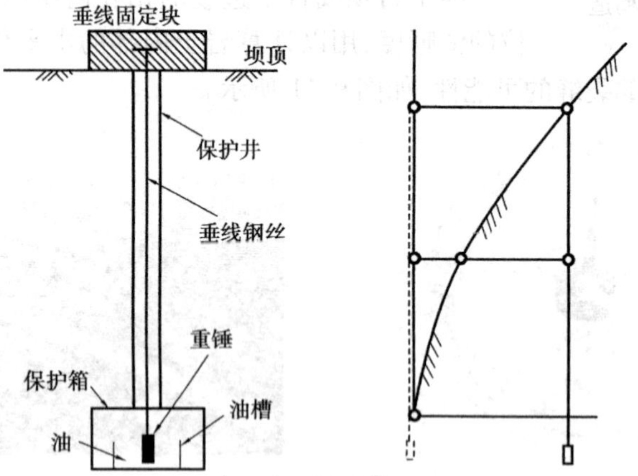

图 9.13　正垂线监测工作原理

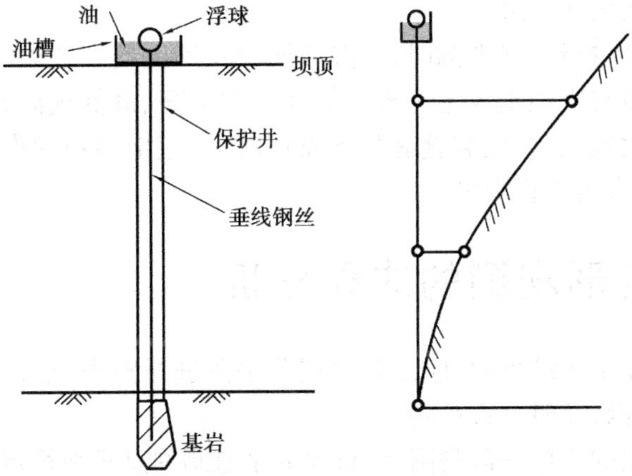

图9.14　倒垂线监测工作原理

9.1.6　裂缝观测

工程建筑物产生裂缝时,为了了解其现状和掌握其发展情况,应该进行观测,以便根据这些资料分析其产生裂缝的原因和它对建筑物安全的影响,及时地采取有效措施加以处理。当建筑物多处发生裂缝时,应先对裂缝进行编号,然后分别对裂缝的位置、走向、长度、宽度、深度和错距等进行定期观测。

通常可分为两类:土工建筑物裂缝观测和混凝土建筑物裂缝观测。

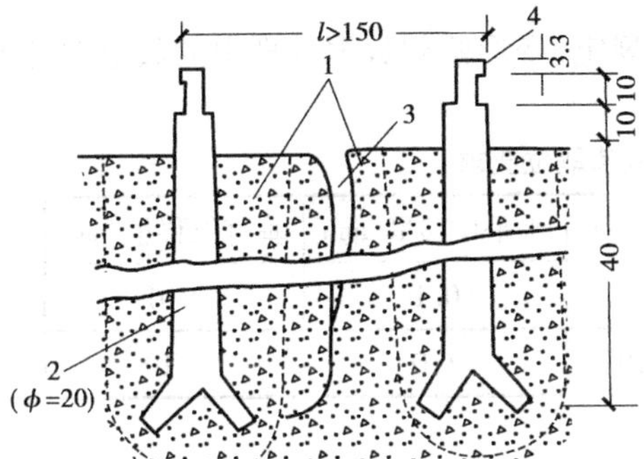

图9.15　混凝土建筑物裂缝观测(单位:mm)
1—钻孔后回填的混凝土;2—观测标点;
3—裂缝;4—游标卡尺卡着处

对混凝土建筑物上裂缝的位置、走向以及长度的观测,是在裂缝的两端用油漆画线作标志,或在混凝土表面绘制方格坐标,用钢尺丈量。

根据裂缝分布情况,可以对重要的裂缝,选择在有代表性的位置上埋设标志点(图9.15)。标志点系直径为20 mm、长约60 mm的金属棒,埋入混凝土内40 mm,外露部分为标志点,在其上面各有一个保护盖,两标点的距离不得少于150 mm。裂缝观测标点在裂缝两侧的混凝土表面上各埋一个,用游标卡尺定期地测定两个标点之间距离的变化值,以此来掌握缝宽的发展情况。

土坝裂缝观测,可根据情况,对全部裂缝或选择重要裂缝,或选择有代表性的典型裂缝进行观测。对于缝宽大于5 mm、或缝宽虽小于5 mm但长度较长或穿过坝轴线的裂缝、弧形裂缝、明显的垂直错缝以及与混凝土建筑物连接处的裂缝,必须进行观测。观测的次数,应视裂缝的发展情况而定,一般在发生裂缝的初期应每天一次,裂缝在显著发展和库水位变动较大时应增加观测次数,暴雨过后必须加测一次。只有当裂缝发展缓慢后,才适当减少观测次数。对于需长期观测的裂缝,应考虑与土坝位移观测的次数相一致。

对于混凝土大坝进行裂缝观测时，一般应同时观测混凝土的温度、气温、水温、上游水准等因素。观测次数与土坝基本上一样。但在出现最高、最低气温和上游最高水位时，或气温及上游水位变化较大时，或裂缝有显著发展时，均应增加观测次数。经过长期观测判明裂缝已不再发展，方可停止观测。

任务 9.2 变形观测的成果分析

变形观测的外业工作结束后，应及时对观测手簿进行整理、检查和分析。如有错误或误差超限，须找出原因，及时进行补测。

由于观测变形点的依据是监测网点，首要的是监测网点必须稳定可靠。为能判定其是否稳定，也要定期进行复测。如果各个点每次结果的平差值的较差在要求的范围内，则认为它是稳定的；如果某点的较差超限，则说明该点产生了变形。根据该点观测的变形点，其结果应考虑该点变形的影响。

变形量的计算，是以首期观测的成果作为基础，即变形量是相对于首期的结果而言的，所以要特别注意首期观测的质量。

变形观测的目的是从多次观测的成果中，发现变形的规律和大小，进而分析变形的性质和原因，以便采取措施。所以成果的表现形式应直观、清晰，通常采用以下形式：

9.2.1 数据处理中的数值取位

《工程测量规范》(GB 50026—2007)10.10.4 规定，变形监测数据处理中的数值取位要求，应符合表 9.7 的规定。

表 9.7 数据处理中的数值取位要求

等级	方向值/(″)	边长/mm	坐标/mm	高程/mm	水平位移量/mm	垂直位移量/mm
一、二等	0.01	0.1	0.1	0.01	0.1	0.01
三、四等	0.10	1.0	1.0	0.10	1.0	0.10

9.2.2 列表分析

将各次观测成果依时间先后列表，表 9.8 是一个沉降观测的例子。表中列出了每次观测各点的高程 H、与上一期相比较的沉降量 s、累计的沉降量 $\sum s$、荷载情况，在做变形分析时，对这些信息可以一目了然。

表9.8　沉降观测成果表

工程名称：×××住宅楼　　仪器：　　观测者：×××　　计算者：×××

日期	荷载/t	观测点											
		8			9			10			11		
		高程 H/m	沉降量 s/mm	累计沉降量 $\sum s$/mm	高程 H/m	沉降量 s/mm	累计沉降量 $\sum s$/mm	高程 H/m	沉降量 s/mm	累计沉降量 $\sum s$/mm	高程 H/m	沉降量 s/mm	累计沉降量 $\sum s$/mm
2014.5.10		44.624			44.528			44.652			44.666		
2014.6.10		44.621	3	3	44.519	3	3	44.651	1	1	44.661	5	5
2014.7.10	400	44.613	8	11	44.511	8	11	44.646	5	6	44.651	10	15
2014.8.10		44.603	10	21	44.505	6	17	44.637	9	15	44.643	8	23
2014.9.10	800	44.595	8	29	44.501	4	21	44.632	5	20	44.638	5	28
2014.10.10	1 200	44.589	6	35	44.497	4	25	44.629	3	23	44.632	6	34
2014.11.10		44.585	4	39	44.494	3	28	44.622	7	30	44.627	5	39
2014.12.10		44.582	3	42	44.492	2	30	44.620	2	32	44.623	4	43
2015.1.10		44.580	2	44	44.490	2	32	44.618	2	34	44.621	2	45
2015.2.10		44.579	1	45	44.489	1	33	44.617	1	35	44.620	1	46
2015.3.10		44.578	1	46	44.488	1	34	44.616	1	36	44.619	1	47
2015.4.10		44.578	0	46	44.488	0	34	44.616	0	36	44.619	0	47
2015.5.10		44.578	0	46	44.488	0	34	44.616	0	36	44.619	0	47

9.2.3　观测资料分析

对建筑物监测的各项观测资料进行综合性的定性和定量分析，找出变化规律及发展趋势，称为资料分析。其目的是对建筑物沉降、水平位移等建筑物的工作状态做出评估、判断和预测，达到有效监视建筑物安全运行的目的。常用的分析方法有：

(1)作图分析

将观测资料绘制成各种曲线，常用的是将观测资料按时间顺序绘制成过程线。通过观测物理量的过程线，分析其变化规律，将其与荷载、时间、水位、温度等过程线对比，研究相互影响关系。也可以绘制不同观测物理量的相关曲线，研究其相互关系。这种方法简便、直观，适用于初步分析阶段。

图9.16所示是一个表示荷载、时间与沉降量的关系曲线图。图中横坐标为时间 T，可以十天或一月为单位，纵坐标向下为沉降量 s，向上为荷载 P。所以横坐标轴以下是随着时间变化的沉降量曲线，即 s-T 曲线；横坐标轴以上则是荷载随时间而增加的曲线，即 P-T 曲线。施工结束后，荷载不再增加，则 P-T 曲线呈水平直线。从这个图上，可以清楚地看出沉

降量与荷载的关系及变化趋势是渐趋稳定。

根据同样方法,也可绘出其他变形与外界因素的关系曲线。

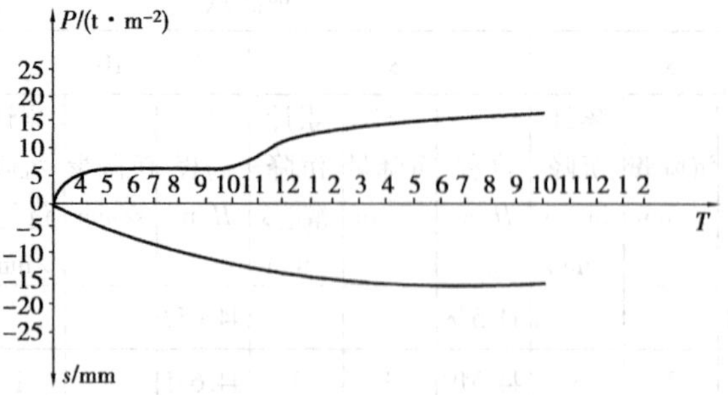

图 9.16　沉降曲线

(2)统计分析

用数理统计方法分析计算各种观测物理量的变化规律和变化特征,分析观测物理量的周期性、相关性和发展趋势。这种方法具有定量的概念,使分析成果更具实用性。

(3)对比分析

将各种观测物理量的实测值与设计计算值或模型试验值进行比较,相互验证,寻找异常原因,探讨改进运行和设计、施工方法的途径。由于建筑物,特别是水工建筑物实际工作条件的复杂性,必须用其他分析方法处理实测资料,分离各种因素的影响,才能对比分析。

(4)建模分析

采用系统识别方法处理观测资料,建立数学模型,用于分离影响因素,研究观测物理量的变化规律,进行实测值预报和实现安全控制。常用以下几种数学模型:

①统计模型:主要以逐步回归计算方法处理实测资料建立的模型。

②确定性模型:主要以有限元计算和最小二乘法处理实测资料建立的模型。

③混合模型:一部分观测物理量(如温度)用统计模型,一部分观测物理量(如变形)用确定性模型。这种方法能够定量分析,是长期观测资料进行系统分析的主要方法。

根据上述的各种信息,结合有关专业知识,即可对变形的原因、趋势等进行几何的和物理的分析,为工程措施提供依据。

需要指出的是,一般认为稳定的基准点,也不可能完全没有变形。所谓稳定,只是相对而言,即当变形对变形点的观测没有实际影响时,就视为是稳定的。

9.2.4　提交资料

《工程测量规范》(GB 50026—2007)10.10.6 规定,变形监测项目应根据工程需要,提交下列有关资料:

①变形监测成果统计表。

②监测点分布图、建筑裂缝位置及观测点分布图。

③水平位移量曲线图、等沉降曲线图(或沉降曲线图)。

④有关荷载、温度、水平位移量相关曲线图;荷载、时间、沉降量相关曲线图;位移(水平或垂直)速率、温度、位移量曲线图。

⑤其他影响因素的相关曲线图。

⑥变形监测报告。

练习与思考题

1. 名词解释

变形　基准点　变形点　基准线法　倾斜度　挠度　正垂线　倒垂线

2. 建筑物变形的原因是什么?

3. 建筑物变形的分类有哪些?

4. 高层建筑垂直位移监测点布设有哪些注意事项?

5. 建筑物变形监测周期一般是如何确定的?

6. 垂直位移常用的观测方法有哪些?

7. 常用的水平位移监测网有哪些?

8. 变形点的水平位移观测方法有哪些?

9. 基准线法包括哪些?

10. 对建筑物监测的资料进行综合性分析的方法有哪些?

参考文献

[1] 中华人民共和国国家标准. GB 50026—2007 工程测量规范[S]. 北京:中国计划出版社,2008.
[2] 中华人民共和国行业标准. CJJ/T 8—2011 城市测量规范[S]. 北京:中国建筑工业出版社,2011.
[3] 中华人民共和国交通部标准. JTG C01—2007 公路勘测规范[S]. 北京:人民交通出版社,2007.
[4] 中华人民共和国行业标准. DL/T 5173—2012 水利水电工程测量规范[S]. 北京:中国水利水电出版社,2013.
[5] 中华人民共和国行业标准. JGJ 8—2007 建筑变形测量规范[S]. 北京:中国建筑工业出版社,2008.
[6] 宁津生,等. 测绘学概论[M]. 武汉:武汉大学出版社,2004.
[7] 李青岳,陈永奇. 工程测量学[M]. 北京:测绘出版社,1995.
[8] 张正禄,等. 工程测量学[M]. 武汉:武汉大学出版社,2005.
[9] 陈龙飞,金其坤. 工程测量[M]. 上海:同济大学出版社,1990.
[10] 覃辉,等. 土木工程测量[M]. 上海:同济大学出版社,2004.
[11] 张乡铎,张正禄. 隧道工程测量[M]. 北京:测绘出版社,1998.
[12] 吴子安,吴栋材. 水利工程测量[M]. 北京:测绘出版社,1990.
[13] 罗斌. 道路工程测量[M]. 北京:机械工业出版社,2005.
[14] 周建郑. 建筑工程测量[M]. 3 版. 北京:中国建筑工业出版社,2013.
[15] 陈永奇. 变形观测数据处理[M]. 北京:测绘出版社,1988.